# Android 应用开发项目教程

主编 邱 斌 李超燕 陆正球

**内容提要**

本书按照项目开发的线索组织编写，以 8 个完整的项目展示 Android 开发的基础知识，分别为搭建 Android 开发环境、设计点餐 App 的用户界面、设计点餐 App 的 Layout 布局、设计点餐 App 的操作栏与导航栏、调用 Android 的系统组件、实现点餐 App 的网络访问、设计点餐 App 的交互界面、实现点餐 App 的数据存储。本书介绍了 Android 应用程序开发的基础理论和实践方法，可以让读者在完成项目的过程中掌握 Android 系统开发的知识。本书既可以作为高职院校移动应用开发课程的教材使用，也可作为 Android 程序设计爱好者的自学用书。

**图书在版编目（CIP）数据**

Android 应用开发项目教程 / 邱斌，李超燕，陆正球主编. — 上海：上海交通大学出版社，2024.2

ISBN 978-7-313-30148-2

Ⅰ. ① A... Ⅱ. ①邱 ... ②李 ... ③陆 ... Ⅲ. ①移动终端 – 应用程序 – 程序设计 – 高等职业教育 – 教材 Ⅳ. ① TN929.53

中国国家版本馆 CIP 数据核字（2024）第 031849 号

Android 应用开发项目教程
Android YINGYONG KAIFA XIANGMU JIAOCHENG

**主　　编：**邱　斌　李超燕　陆正球
**地　　址：**上海市番禺路 951 号
**出版发行：**上海交通大学出版社
**电　　话：**021-6407 1208
**邮政编码：**200030
**印　　制：**北京荣玉印刷有限公司
**经　　销：**全国新华书店
**开　　本：**889 mm × 1194 mm　1/16
**印　　张：**17.5
**字　　数：**468 千字
**版　　次：**2024 年 2 月第 1 版
**印　　次：**2024 年 2 月第 1 次印刷
**书　　号：**ISBN 978-7-313-30148-2
**电子书号：**ISBN 978-7-89424-475-8
**定　　价：**56.00 元

**版权所有　侵权必究**
**告读者：如发现本书有印装质量问题请与印刷厂质量科联系**
**联系电话：010-6020 6144**

## 编写委员会


主　编：邱　斌　李超燕　陆正球

副主编：李兆明　毛焕宇　陶阳明

# 在线课程说明

本书配套浙江省高等学校在线开放课程共享平台课程“移动 APP 应用开发”，读者可以通过在线平台进行在线学习。

进入浙江省高等学校在线开放课程共享平台官方网站（https://www.zjooc.cn/），搜索课程名称“移动 APP 应用开发”，选择对应课程，单击“微信扫一扫”下拉框，使用微信扫描二维码即可加入课程开始学习。

读者也可在浏览器中输入课程网址（https://www.zjooc.cn/course/2c91808380c1ba2c0180ca562c622457）选择课程在线学习。

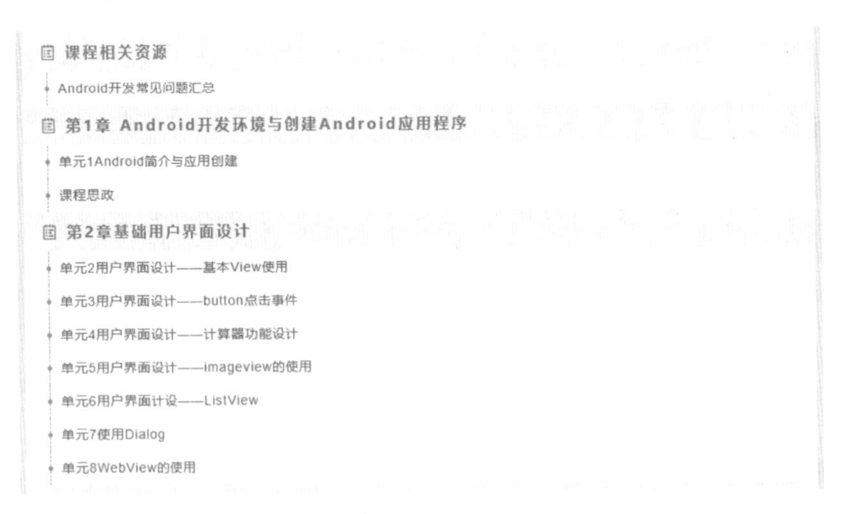

# 前言

党的二十大报告指出，“统筹职业教育、高等教育、继续教育协同创新，推进职普融通、产教融合、科教融汇，优化职业教育类型定位”，再次明确了职业教育的发展方向。必须坚持科技是第一生产力、人才是第一资源、创新是第一动力，深入实施科教兴国战略、人才强国战略、创新驱动发展战略，开辟发展新领域新赛道，不断塑造发展新动能新优势。从国内外职业教育实践来看，产教融合是职业教育的基本办学模式，也是对职业教育发展的本质要求，科教融汇则是深入实施科教兴国战略的重要抓手，利用科技赋能职业教育，是职业教育发展的必然要求。

基于 Android 的移动端开发已经成为计算机类相关专业学生从事移动互联网软件开发的必备技术，被许多开发人员作为一项必备技能进行学习和掌握。因此，深入学习基于 Android 的移动互联网应用开发理论和技术对相关专业的学生和开发人员而言非常重要。

本书以培养学生的实际项目应用能力为目标，以提高学生移动应用开发的编程能力为目的，从企业移动应用项目的研发实际需求出发，合理安排知识结构，由浅入深，通俗易懂，循序渐进，力争缩小高职院校专业人才培养和 IT 企业的人才需求之间的差距。

本书通过一个点餐 App 的开发过程讲解 Android 应用开发的相关知识，该开发过程贯穿了本书的各个内容模块的教学内容，整体分为 8 个项目。

项目 1 介绍智能手机操作系统的发展情况和常见的手机操作系统、Android 操作系统的特征和架构、Android 开发工具的安装配置方法，以及创建点餐 App 的方法与步骤。

项目 2 使用基本视图设计用户界面，编写单击事件监听器，介绍数据类型的转换和 ImageView 与 ListView 的使用，以及使用 Dailog 组件和 WebView 组件实现原生和 HTML 5 混合开发。

项目 3 使用 Android 的布局功能设计较为复杂的点餐 App 交互界面，使用 LinearLayout、FrameLayout、TableLayout、RelativeLayout、ConstraintLayout 和 GridLayout 等多种布局设计点餐 App 中的列表界面。

项目 4 使用 Toolbar 设计点餐 App 的顶部工具栏，使用 Fragment 设计点餐 App 的各个导航页面，使用 TabLayout 设计顶部导航栏页面，并结合 ViewPager 实现点餐 App 的导航界面的滑动切换功能。

项目 5 使用 Intent 组件实现界面跳转和系统功能调用，使用 Service 组件实现点餐 App 后台服务，使用 BroadcastReceiver 组件获取系统状态信息，使用 Notification 组件接收并显示通知信息。

项目 6 使用 Thread 和 Handler 类实现点餐 App 与服务器之间的异步通信功能；使用 OkHttp 组件的 GET 或 POST 模式发起网络请求，获取服务器端的数据；使用 JSON 数据与服务器之间实现数据交互，完成 JSON 数据构建与解析功能；使用 Postman 调试点餐 App 服务器端的接口程序。

项目 7 使用自定义的 Style 设计用户界面，使用 BottomNavigationView 组件设计点餐 App 的底部导航栏界面，使用 Banner 组件在点餐 App 中实现轮播图功能。

项目 8 使用 SharedPreferences 存储点餐 App 的用户配置信息，使用 SQLite 数据库存储点餐 App 的商家数据记录。

本书的主要特色如下。

1. 融入课程思政

本书在编写过程中坚持将知识目标和素质目标相结合，融入思政教育。本书在项目内容中融入了相关的职业道德规范，传播主流价值观，引导读者树立正确的人生观、价值观、职业观。本书的拓展模块介绍了国产的手机操作系统、手机芯片和相关零部件等产品和产业的发展现状，引导学生树立民族自信心和自豪感。

2. 内容面向主流技术框架和平台

本书教学内容采用主流的开发语言 Java 和 Android Studio 2022.2.1 版本，并在开发技术框架上使用 Android 13, 书中所有代码案例都对 Android 13 的 SDK 版本进行了适配。另外，本书中的点餐 App 开发也采用企业中最常用的组件和服务器架构技术，能够让读者在学习完本书后在最短的时间内适应企业移动项目开发的软件环境。

3. 项目立足企业级项目实践

本书立足企业的岗位技能的实际需求进行编写。本书内容从企业的相关岗位调研中得来，根据企业对移动应用开发岗位的知识与技能需求进行组织。本书立足于编写者的企业项目实际经验，将企业项目进行教学化改造，按照企业项目需求对知识技能进行梳理，以一个点餐 App 的开发过程组织教学，通过一个典型的企业项目案例——点餐 App 的开发，贯穿整本书的教学内容，每个项目和每个任务的内容都是围绕这个企业项目进行展开的。

4. 基于赛教融合的编写思路

本书的编写紧贴高职院校移动互联网应用开发竞赛的比赛规范，兼顾国赛的竞赛方案中对移动应用开发的知识技能的要求。通过本书的学习，学生可以掌握参加竞赛所必备的编程技能。

本书充分考虑初学者的学习特点，全书内容安排循序渐进、由易到难，同时尽可能地采取一步一步的教学方法，并对所有代码进行了详尽的注释，帮助读者更好理解书中的内容。此外，本书作者还为广大一线教师提供了服务于本书的教学资源库，有需要者可致电 13810412048 或发邮件至 2393867076@qq.com 获取。

本书由邱斌、李超燕、陆正球和李兆明共同编写完成。其中，宁波职业技术学院的邱斌负责全书审核及统稿工作，宁波职业技术学院的李超燕、浙江纺织服装职业技术学院的陆正球、宁波中软国际有限公司的李兆明、浙江纺织服装职业技术学院的毛焕宇和浙江邮电职业技术学院的陶阳明在编写教材中提供了内容素材和宝贵的意见。本书作者在编写过程中参考了相关资料，在此对相关资料的作者表示衷心的感谢。

由于时间和水平的原因，书中存在的不妥或疏漏之处，欢迎读者对本书进行批评指正，我们将不胜感激，并以最真诚的心希望与读者共同交流、共同成长，待再版时日臻完善。

编　者

2023 年 8 月

# 目录

## 项目 1　搭建 Android 开发环境 /1



## 项目 2　设计点餐 App 的用户界面 /13

## 项目 3　设计点餐 App 的 Layout 布局 /58



## 项目 4　设计点餐 App 的操作栏与导航栏 /96

## 项目 5　调用 Android 的系统组件 /127



## 项目 6　实现点餐 App 的网络访问 /156

## 项目 7 设计点餐 App 的交互界面 /214



## 项目 8 实现点餐 App 的数据存储 /239

# 项目 1 搭建 Android 开发环境

## 学习目标

### 知识目标

（1）掌握 Android 的特征，了解 Android 平台的基本架构。

（2）掌握 Android 开发环境的安装配置方法。

### 能力目标

（1）能够安装配置 Android 开发环境。

（2）能够使用 Android Studio 进行 Android 开发。

（3）能够使用 Android 虚拟设备调试程序。

### 素质目标

（1）学习 Android 安装配置方法，培养发现问题、解决问题的意识。

（2）学习手机操作系统的发展历史，树立规范意识，养成良好的编程习惯。

（3）了解国产操作系统的发展环境与现状，树立科技报国意识。

## 核心知识点导图

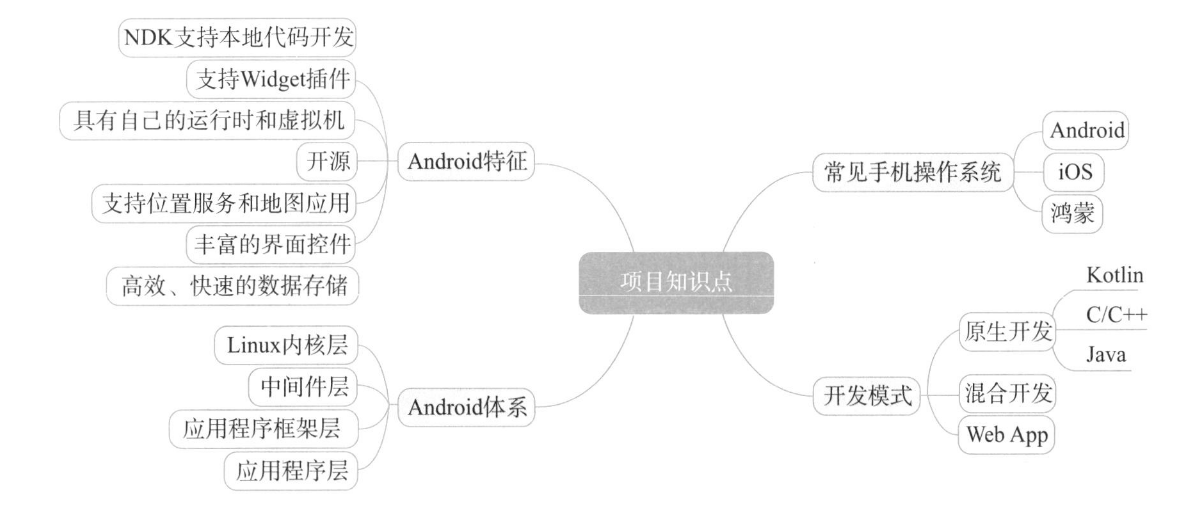

## 项目导入

在日常生活中，我们经常用到点餐软件，用户只需在点餐 App（application，应用程序）中选择相应食物，点餐 App 后台就能收到消息，通知商家制作和外卖骑手配送。那么点餐 App 是如何运行的呢？我们如何使用开发工具开发一个手机 App 来实现点餐的功能呢？本项目介绍了手机操作基本的发展情况及 Android 的特点与系统架构，并带领读者一步一步完成 Android Studio 软件和手机虚拟机的下载、安装和配置，并且完成第一个手机应用程序的创建。

# 任务 1 熟悉 Android 手机操作系统

## 任务要求

了解智能手机操作系统发展历史，理解 Android 操作系统的系统架构和特点。

### 1.1.1 手机操作系统简介

在早期的手机内部是没有智能操作系统的，所有的软件都是由手机生产商在设计时所定制的，因此，手机在设计完成后基本是没有扩展功能的。后期的手机为了提高手机的可扩展性，使用了专门为移动设备开发的操作系统，使用者可以根据需要安装不同类型的软件。 操作系统对于手机的硬件配置要求较高，所产生的硬件成本和操作系统成本使手机的售价明显高于不使用操作系统的手机。

目前占据智能手机操作系统市场份额最高的三种操作系统为 Android（安卓）、iOS 和鸿蒙。

Android 是谷歌发布的开源手机系统，由 Linux 操作系统、中间件和应用软件组成。它是第一个完全定制、免费、开放的手机平台。Android 使用 Java 语言开发，有较好的可移植性，能够在手机、平板电脑、电视上运行。

iOS 是苹果公司开发的操作系统。iOS 的系统构架由核心操作系统层、核心服务层、媒体层和可轻触层组成。

华为鸿蒙系统（HUAWEI Harmony OS）是华为公司在 2019 年 8 月 9 日发布的操作系统。华为鸿蒙系统是一款全新的面向全场景的分布式操作系统。借助鸿蒙系统可以创造一个超级虚拟终端互联的世界，将人、设备、场景有机地联系在一起，实现极速发现、极速连接、硬件互助、资源共享。

目前智能手机的操作系统市场主要被美国公司的 Android 和 iOS 所瓜分，鸿蒙的市场份额还较小。中国的手机操作系统若长期依赖美国操作系统，未必是件好事。由于操作系统是软件的核心，掌握操作系统的能力意味着可以操控和获取用户的敏感信息。如果长期依赖美国操作系统，可能会面临潜在的数据泄露、信息监控等风险。

从智能手机问世以来，曾经流行过的操作系统还有以下几种，如表 1-1 所示。

表 1-1 曾经流行过智能手机操作系统

| 智能手机操作系统 | 特点 |
| --- | --- |
| Windows Mobile | 由微软公司推出的移动设备操作系统，对硬件配置要求高、耗电量大、电池续航时间短、硬件成本高。Windows Mobile 系列包括 Pocket PC、Smartphone、Portable Media Center |
| Windows Phone 7 | 微软公司在 2010 年 10 月发布的全新智能手机操作系统，不但采用新颖的“方格子”用户界面，还支持整合当红的社交网站，内部支持搜寻功能、LBS（Location-Based Service）适地性服务、视频与音乐播放功能 |
| Symbian | 由塞班公司开发和维护，后被诺基亚收购。Symbian 是实时多任务的 32 位操作系统，具有功耗低、内存占用少、应用界面框架灵活的特点。该系统不开放核心代码，但公开了 API 文档 |
| BlackBerry（黑莓） | 由加拿大 RIM 公司推出的一种移动操作系统，特色是支持电子邮件推送功能，主要针对商务应用，具有很高的安全性和可靠性 |
| PalmOS | 由 3Com 公司的 Palm Computing 部门开发的 32 位嵌入式操作系统，针对移动设备设计，所占的内存小，操作界面采用触控式 |
| Linux | 摩托罗拉公司推出的智能手机操作系统，由桌面版 Linux 操作系统演变而来，开放源代码，可以降低手机的软件开发成本，第三方应用丰富。缺点是入门难度高，熟悉其开发环境的工程师少，集成开发环境较差 |
| Ubuntu Touch | 采用和 Android 相同的内核，在界面、底层逻辑、软件商店上，都使用桌面版 Ubuntu 的技术和美术风格，同时还附带了新颖的跨平台功能 |

与其他操作系统相比，Android 系统的优点及缺点如下。

（1）Android 系统的优点：是开源系统，系统发展更具前景；拥有快速增长的海量第三方免费软件，无“证书”限制，安装软件更自由；采用 Java 作为开发语言，应用开发的生态系统较好。

（2）Android 系统的缺点：是开源系统，不同厂商都会在 Android 系统的基础上进行不同程度的定制，不同品牌之间手机系统对应用软件的兼容性存在一定的问题，这会造成 Android 操作系统“碎片化”；应用程序开发者需要对不同厂商的不同型号的手机进行兼容性检测和软件适配，对应用开发工程师提出了更高的要求。

## 1.1.2 Android 发展历史

安迪·鲁宾是一位硅谷著名的极客，他曾先后在苹果、General Magic、WebTV 等公司工作，2000 年参与创办了 Danger 公司。该公司生产的 Hiptop（T-Mobile Sidekick）智能手机具备上网、全键盘和照相等功能，2003 年曾在美国风行一时。离开 Danger 之后，安迪·鲁宾创办了新的公司，致力于研发手机操作系统。因为 Linus Torvalds 把自己写的操作系统称为 Linux，安迪·鲁宾的名字是 Andrew，再加上他本身是个机器人迷，所以他给新公司取名为 Android，这就是 Android 这个名字的来历。2005 年 7 月，成立仅 22 个月的 Android 公司被急于开拓无线互联网业务的 Google（谷歌）收购，安迪·鲁宾也随 Android 加入了 Google，继续领导手机操作系统 Android 的开发。

## 1.1.3 Android 特征

（1）Android 平台特点。

开放性：Android 开放源代码，应用程序可以调用手机开放的接口来实现核心功能。

应用程序平等：核心应用和第三方应用完全平等，用户能完全根据自己的喜好定制手机服务系统。

支持丰富的硬件：Android 的开放性使得众多厂商可以推出具有特色、功能各异的产品。

（2）在内存和进程管理方面，Android 具有自己的运行时和虚拟机。为了保证高优先级进程运行，提高正在与用户交互进程的响应速度，Android 允许停止或终止正在运行的低优先级进程，以释放被占用的系统资源。Android 进程的优先级并不是固定的，而是根据进程是否在前台或是否与用户交互而不断变化的。Android 为组件定义了生命周期，并统一进行管理和控制。

（3）在界面设计上，Android 提供了丰富的界面视图。Android 将界面设计与程序逻辑分离，使用 XML 文件对界面布局进行描述，有利于界面的修改和维护，加快了用户界面的开发速度，保证了 Android 平台上的程序界面的一致性。Android 提供轻量级的进程间通信机制 Intent，让跨进程组件通信和发送系统级广播成为可能。Android 提供了 Service 作为无用户界面、长时间后台运行的组件。Service 无须用户干预，可以长时间、稳定地运行，可为应用程序提供特定的后台功能。

（4）Android 支持高效、快速的数据存储方式。Android 提供了 SharedPreferences、文件存储、轻量级关系数据库 SQLite。为了便于跨进程共享数据，Android 提供了通用的共享数据接口 ContentProvider，开发者可以在无须了解数据源、路径的情况下，对共享数据进行查询、添加、删除和更新等操作。

（5）Android 支持位置服务和地图应用。开发者可以通过 SDK 提供的 API 直接获取设备当前的位置，追踪设备的移动路线，或设定敏感区域。开发者还可以将 Google 地图嵌入 Android 应用程序中，实现地理信息可视化开发。

（6）Android 支持 Widget 插件。可开发桌面应用，实现比较常见的一些桌面小工具，或在主屏上显示重要的信息。

（7）Android NDK 支持使用本地代码（C 或 C++）开发应用程序的部分核心模块。使用本地代码开发应用程序核心模块可以提高程序的运行效率，有助于增加 Android 开发的灵活性。

## 1.1.4 Android 系统架构

Android 体系分为四层：Linux 内核层、中间件层（函数库层和 Android 运行时层）、应用程序框架层和应用程序层，如图 1-1 所示。

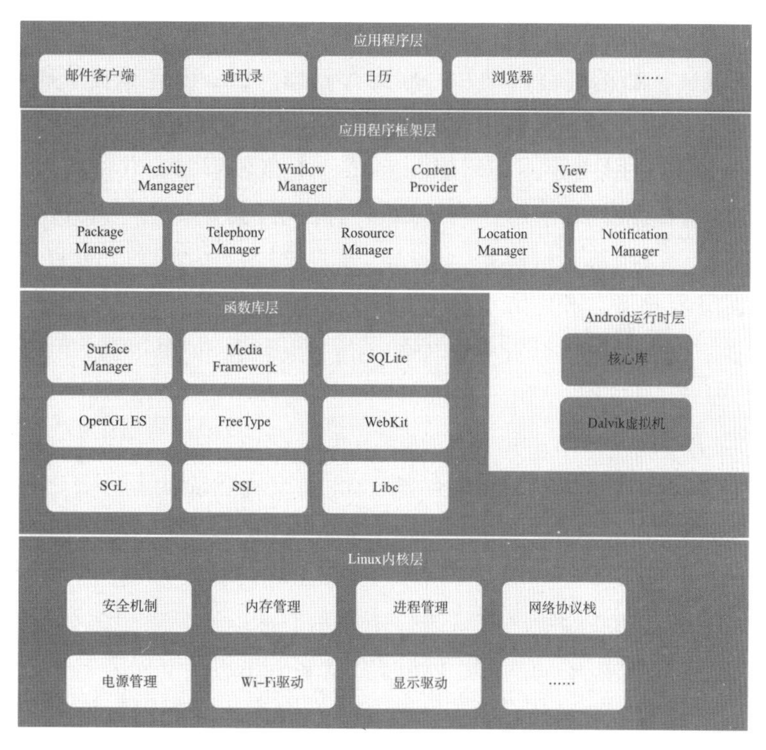


图 1-1　Android 体系

（1）Linux 内核层。Linux 内核层包括 Linux 3.0 内核及驱动，可以让 Android 实现核心系统服务。除了标准的 Linux 内核外，Android 系统还增加了 Binder IPC 驱动、Wi-Fi 驱动、蓝牙驱动等驱动程序，为系统运行提供基础性支持。Linux 内核层是硬件和其他软件堆层之间的一个抽象隔离层，提供安全机制、内存管理、进程管理、网络协议栈、电源管理和驱动程序等。

（2）中间件层—函数库层。函数库层主要提供一组基于 C/C++ 的函数，如表 1-2 所示。

表 1-2　Android 函数库

| 函数库 | 作用 |
|---|---|
| Surface Manager | 支持显示子系统的访问，提供应用程序与 2D、3D 图像层的平滑连接 |
| Media Framework | 实现音视频的播放和录制功能 |
| SQLite | 轻量级的关系数据库引擎 |
| OpenGL ES | 基于 3D 的图像加速 |
| FreeType | 位图与矢量字体渲染 |
| WebKit | Web 浏览器引擎 |
| SGL | 2D 图像引擎 |
| SSL | 通信过程中实现握手和加密 |
| Libc | 标准 C 运行库，Linux 系统中底层应用程序开发接口 |

（3）中间件层—Android 运行时层。Android 运行时层可以让一个 Android 手机从本质上与一个移动 Linux 实现区分。Android 运行时层提供了核心库和 Dalvik 虚拟机。其中核心库提供了 Android 系

统的特有函数功能和 Java 语言函数功能。Dalvik 虚拟机是经过优化的多实例虚拟机，它基于寄存器架构设计，实现基于 Linux 内核的线程管理和底层内存管理。Dalvik 虚拟机采用专用的 Dalvik 可执行格式（.dex），该格式适合内存和处理器速度受限的系统。每个 Java 程序都运行在 Dalvik 虚拟机之上。Dalvik 虚拟机能高效管理和使用内存，在低速的 CPU（中央处理器）上可以表现出较高的性能。与 Java 虚拟机不同，Dalvik 虚拟机是基于寄存器实现的，只执行其专用的“.dex”格式文件。

（4）应用程序框架层。应用程序框架是 Android 核心应用程序所使用的 API 框架，是创建应用程序时需要使用的各种高级构建块，开发者可以自由地使用它们来开发自己的应用程序。该框架最重要的部分包括活动管理器、内容提供器、资源管理器、位置管理器和通知管理器。应用程序框架层提供 Android 平台基本的管理功能和组件重用机制。不同的应用程序框架有不同的功能：Activity Manager 用于管理应用程序的生命周期；Window Manager 用于启动应用程序的窗体；Content Provider 用于共享私有数据，实现跨进程的数据访问；View System 用于构建应用程序；Package Manager 用于管理安装在 Android 系统内的应用程序；Telephony Manager 用于管理与拨打和接听电话的相关功能；Resource Manager 能够让应用程序访问非代码资源；Location Manager 用于管理与地图相关的服务功能；Notification Manager 能够让应用程序在状态栏中显示提示信息。

（5）应用程序层。应用程序是 Google 最开始时在 Android 系统中捆绑的一些核心应用程序。比如 e-mail 客户端、SMS 短消息程序、日历、地图、浏览器、联系人管理程序等。这些应用程序都是使用 Java 语言编写的。开发者也可以用自己编写的应用程序来替换 Android 提供的应用程序，这个替换的机制实际是应用程序框架来保证的。

## 任务 2　安装配置 Android 开发环境

### 任务要求

在 Windows 系统上安装 Android Studio 软件，完成 Android 开发环境的配置，安装 Android 虚拟机，设置虚拟机中的 Android 操作系统。

### 1.2.1　Android 开发环境简介

Android 程序的官方开发工具是 Android Studio。Android Studio 的官网是 http://www.android-studio.org/，也可以使用 IntelliJ IDEA（Android Studio 基于该软件的社区版开发而来）进行开发。Android 程序开发可以进行原生开发和第三方技术框架开发。原生开发使用 Java、C、C++、Kotlin（由 JetBrains 推出的 Android 开发语言，2017 年 Google 宣布将 Kotlin 作为 Android 开发的首选语言）。第三方技术框架开发使用使用其他框架。例如，可以使用采用 HTML 5、JavaScript 等其他语言进行基于 Web 的 App 开发。

### 1.2.2　安装配置 Android 开发环境

（1）下载并安装 JDK。在 Oracle 官网下载 JDK 1.8 的安装包（64 位操作系统选 windows x64，其他的选 x86）。JDK 1.8 安装包在安装时，一般情况下保持默认设置，全部单击“下一步”按钮就可以完成安装。

【注意】Android Studio 在安装时候需要将系统配置信息保存到当前登录的用户的目录中，由于开发环境对于中文名称的路径支持较差，因此当前的用户名不用中文字符。建议新建一个使用英文字符命名的用户账号，在该用户账号下进行下面的安装操作。

（2）安装 Android Studio。Android Studio 是一款功能非常强大的编辑器软件，安装 Android Studio 的详细步骤如下。

① 登录 Android Studio 的官方网站（https://developer.android.google.cn/studio），找到下载界面，单击“Download Android Studio Giraffe”按钮下载 Android Studio 的安装包。这里我们下载 Android Studio 2022 Flamingo 2022.2.1 Patch 1（2023 年 5 月发布）。

② 双击 Android Studio 程序安装程序包。

③ 双击桌面的快捷方式启动 Android Studio 安装程序。

④ 启动程序后出现“Import Android Studio Settings”界面，选择“Do not import settings”选项后，单击“OK”按钮。

⑤ 在出现的“Help Improve Android Studio”界面中单击“Don't Send”按钮。

⑥ 在“Welcome”界面中单击单击“Cancel”按钮，在弹出的“Exit Setup Wizard”对话框中取消勾选，然后单击“OK”按钮，如图 1-2 所示。

（3）安装 Android SDK。开发 Android 还要下载对应的 Android SDK，下载 Android SDK 的详细步骤如下。

① 创建“D:\AndroidSdk”目录用于存放 Android SDK 相关文件。

② 在“Welcome to Android Studio”界面，单击“More Actions”按钮，在弹出的下拉菜单中单点“SDK Manager”菜单项，如图 1-3 所示。

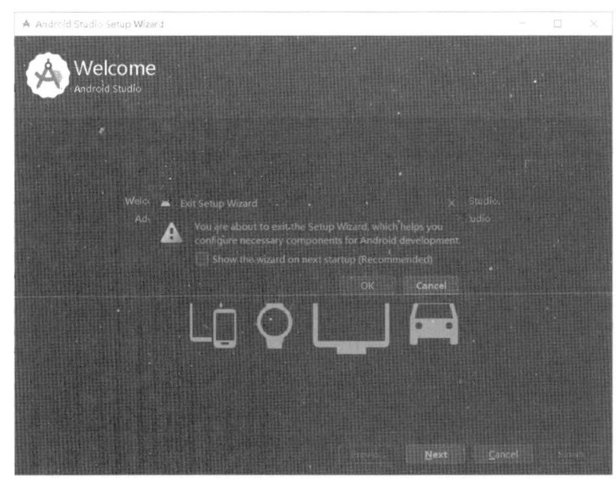


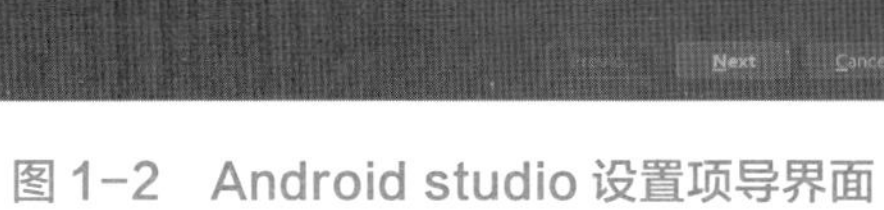
图 1-2　Android studio 设置项导界面

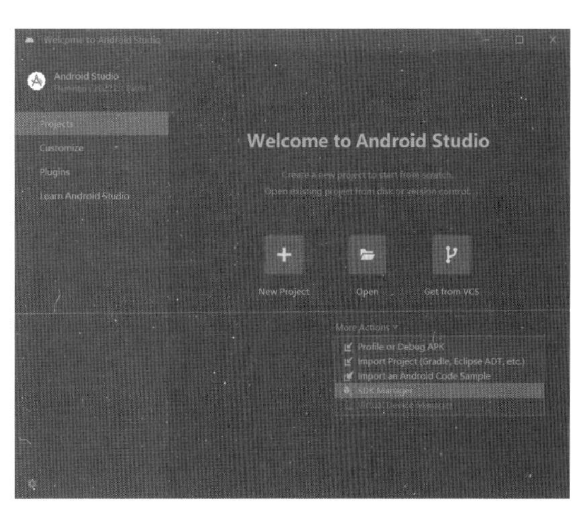


图 1-3　SDK 管理器菜单

③ 在弹出的“Settings”对话框中单击左侧树形导航栏中的“Appearance”选项，在右侧的“Theme”选项中下拉选择浅色主题方案“Intellij Light”。

④ 单击左侧树形导航栏中的“Android SDK”，切换到“Android SDK”设置界面。单击“Android SDK”界面中的“Edit”按钮编辑 SDK 路径，如图 1-4 所示。

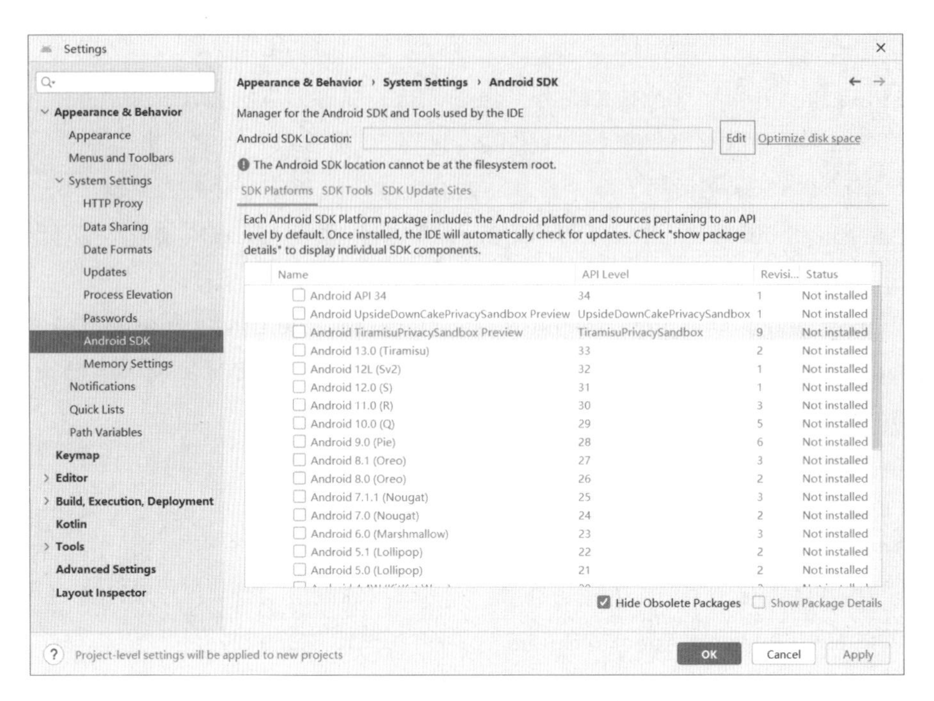


图 1-4　编辑 Android SDK 路径

⑤ 在弹出的“SDK Setup”对话框中选择 SDK 的安装目录，这里我们选择之前创建的“D:\AndroidSdk”目录，单击“Next”按钮，如图 1-5 所示。

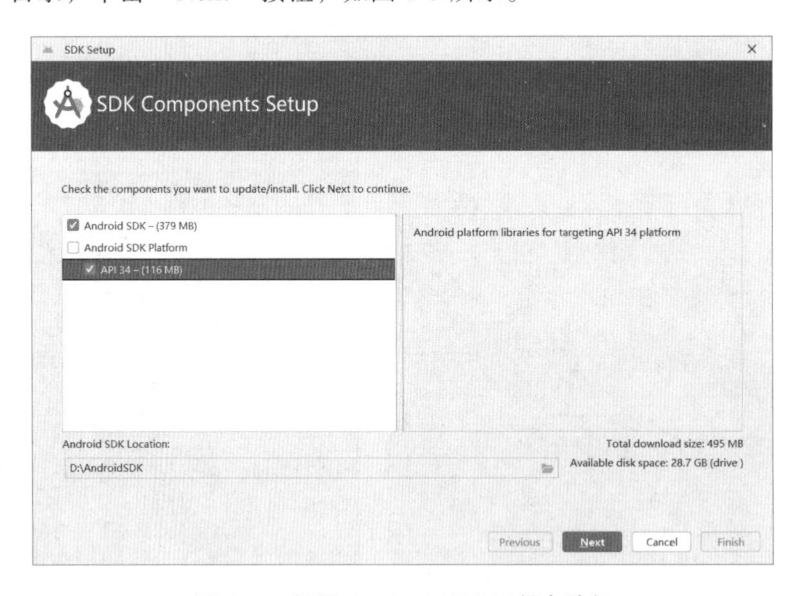


图 1-5　设置 Android SDK 保存路径

⑥ 在“Verify Settings”界面中显示需要下载的 SDK 组件，直接单击“Next”按钮。

⑦ 在“License Agreement”选择“Accept”，然后单击“Next”按钮确认下载。

⑧ 在“SDK Setup”界面会出现下载进度，等待下载完成。下载完成完后，单击“Finish”按钮。

⑨ 在“Settings”对话框的“Android SDK”界面中选择 Android 13.0（Tiramisu）SDK，去掉“Android API 34”前面的复选框，如图 1-6 所示。

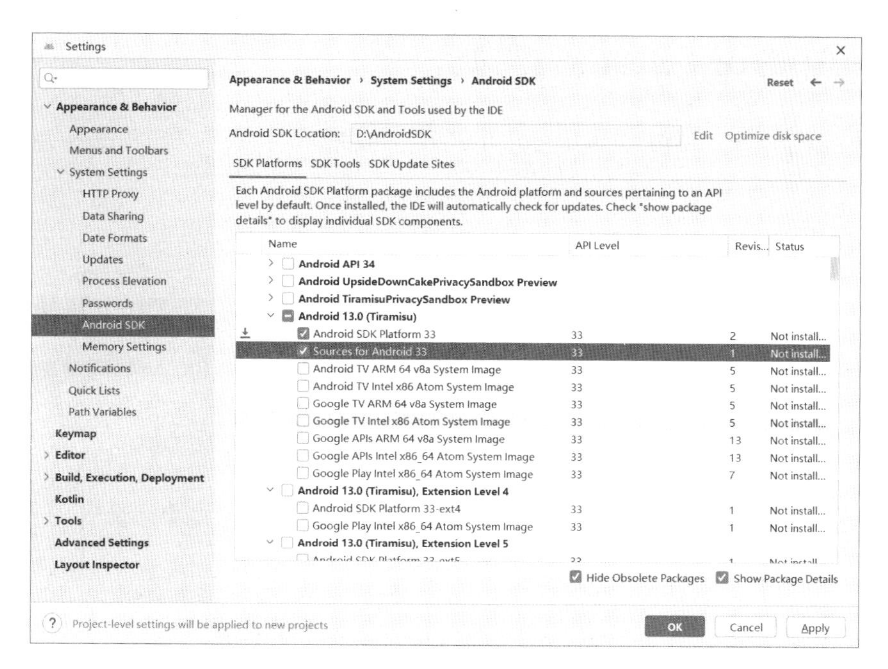


图 1-6　选择 Android 13.0 SDK

⑩ 在“Confirm Change”对话框中，单击“OK”，安装 SDK。

⑪ 弹出“SDK Component Installer”界面，等待下载安装完成。

⑫ 完成 SDK 下载后，单击“Finish”按钮完成安装。

（4）Gradle 是 Android 开发使用的包管理工具。gradle 的配置步骤如下。

① 在“Welcome to Android Studio”界面单击“New Project”按钮。

② 在“New Project”界面选择“Empty Views Activity”，单击“Next”按钮。

③ 在“New Project”界面，输入项目名称“Name”，选择 Language 为 Java，单击“Finish”按钮，如图 1-7 所示。

图 1-7　配置项目界面

④ 启动开发环境主界面后，开发环境会自动下载 Gradle，在开发环境底部会出现一个进度条。

## 1.2.3 安装 Android Studio 虚拟机

（1）Android Studio 开发环境启动完成后，单击虚拟机图标，然后单击“Create Device”按钮，如图 1-8 所示。

（2）在“Virtual Device Configuration”界面选择如图 1-9 所示的手机设备，单击“Next”按钮。

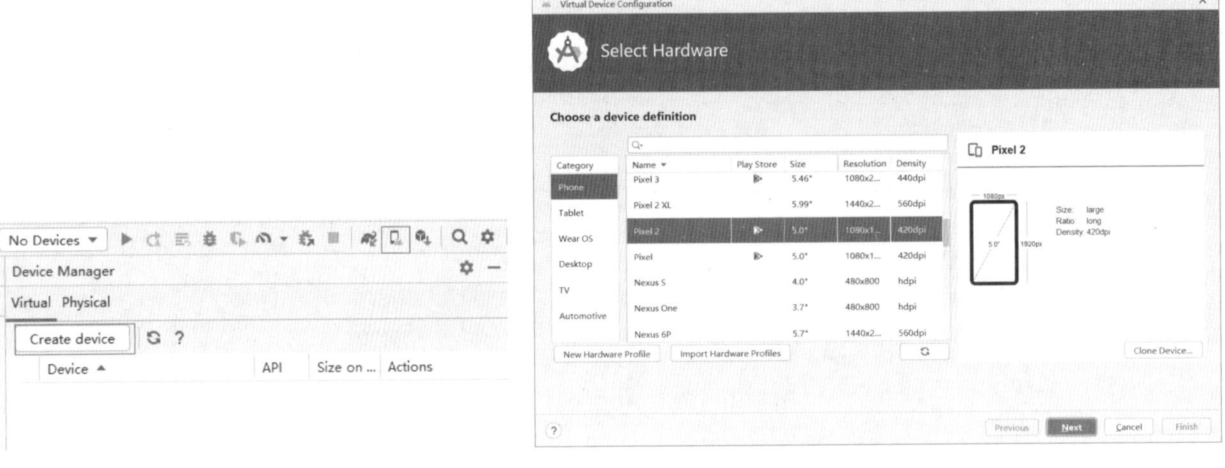


图 1-8　虚拟机创建按钮

图 1-9　选择虚拟机设备

（3）Android 虚拟机的操作系统选择 API Level 为 33 的操作系统镜像，单击下载按钮，如图 1-10 所示。

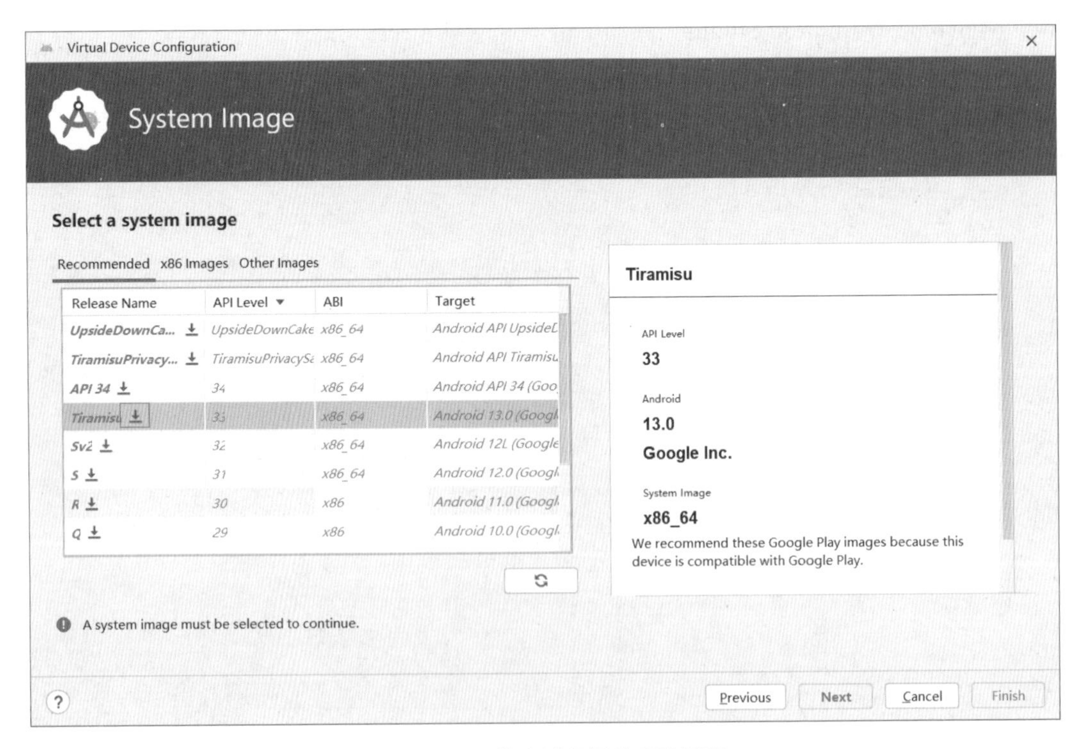


图 1-10　下载虚拟机操作系统镜像

（4）在“SDK Quickfix Installation”界面等待虚拟机操作系统镜像文件下载完成。

（5）单击“Finish”按钮完成虚拟机镜像的下载。

（6）完成操作系统镜像下载后，在“Android Virtual Device”界面单击“Next”按钮。

（7）在“Android Device Configuration”界面单击“Finish”按钮完成虚拟机操作系统的配置。

（8）在开发环境主界面可以看到已经安装好的虚拟机操作系统镜像，如图 1-11 所示。

图 1-11　已安装的虚拟机操作系统镜像

## 1.2.4　创建第一个手机 App 程序

（1）启动 Android Studio 开发环境。在欢迎界面单击“New Project”按钮。

（2）在“New Project”界面选择”Empty Views Activity”，单击“Next”按钮。

（3）在“Empty Views Activiy”界面，输入项目名称（Name）为 HelloAndroid，选择 Language 为 Java，单击“Finish”按钮。

（4）单击开发环境工具栏上的三角形箭头运行程序启动该虚拟机，如图 1-12 所示。单击最大化按钮，可以让虚拟机界面以独立窗口显示，可以在手机界面中看到程序的运行结果，显示了一行文字“Hello World!”如图 1-13 所示。

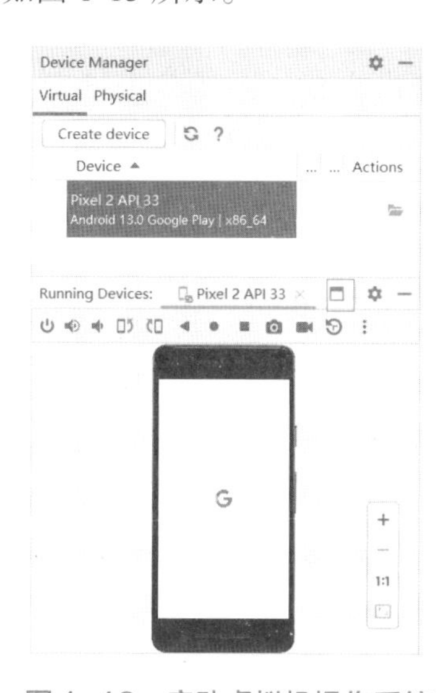


图 1-12　启动虚拟机操作系统

图 1-13　独立窗口显示虚拟机界面

## 1.2.5　设置手机的系统语言

（1）设置虚拟机系统的语言为中文，让程序可以显示中文界面，并且支持中文输入法。在虚拟机系统中依次选择 Setting → System → Languages&input → Languages → Add a Languages →简体中文→简体中文（中国），最后显示的界面如图 1-14 所示。

（2）将序号为 2 的“简体中文（中国）”拖拽到序号 1 的位置，将中文设置为系统默认语言，这时系统界面已经变为中文，如图 1-15 所示。

图 1-14　添加简体中文

图 1-15　设置默认语言为简体中文

## 课后任务

完成点餐 App 开发所用的 Android Studio 开发环境的安装配置。

### 科技强国——国产操作系统的突围

华为手机原本用的是安卓系统，但自从美国对其进行制裁后，谷歌的 GMS 服务也被切断了，而在国外市场如果不能使用 GMS 服务，手机就相当于一块砖头。正是因为美国对华为的制裁，让华为更加坚定了自己的方向，于是推出了鸿蒙系统用来取代安卓，以发展国产系统生态。

经过几年时间的发展，现在鸿蒙系统也已经初具规模。自发布以来，华为鸿蒙系统在全球市场上已崭露头角，成功成为第三大手机系统。Counterpoint 发布的数据显示，华为鸿蒙系统在 2023 年一季度的中国市场份额已达到 8%，并超过了一些知名的操作系统品牌。同时，在全球市场上，华为鸿蒙系统的份额占比达到了 2%。华为鸿蒙系统在中国市场的存量市场超过了预期的 16%，达到了 17.8%~18.9%，这标志着华为鸿蒙系统不仅在新增市场表现出色，而且在存量市场也取得了不俗的成绩。

# 项目 2 设计点餐 App 的用户界面

## 学习目标

### 知识目标

（1）了解 Android Studio 软件的界面与工具。
（2）了解 TextView、EditText、Button、ImageView、WebView 的常用属性和方法。
（3）掌握 Button 视图的单击事件响应函数的编写方法。
（4）掌握 AlertDialog 界面设计与调用的方法。

### 能力目标

（1）能够使用 TextView、EditText、Button、ImageView、WebView 设计用户界面。
（2）能够使用系统自带函数实现字符串与数值之间的自由转换。
（3）能够使用 ArrayAdapter 绑定 ListView 列表数据。
（4）能够编写常见视图的事件响应代码。
（5）能够使用 AlertDialog 在程序中显示交互信息。

### 素质目标

（1）培养认真仔细的工作态度和精益求精的职业精神。
（2）培养编写规范程序代码的职业素养。

## 核心知识点导图

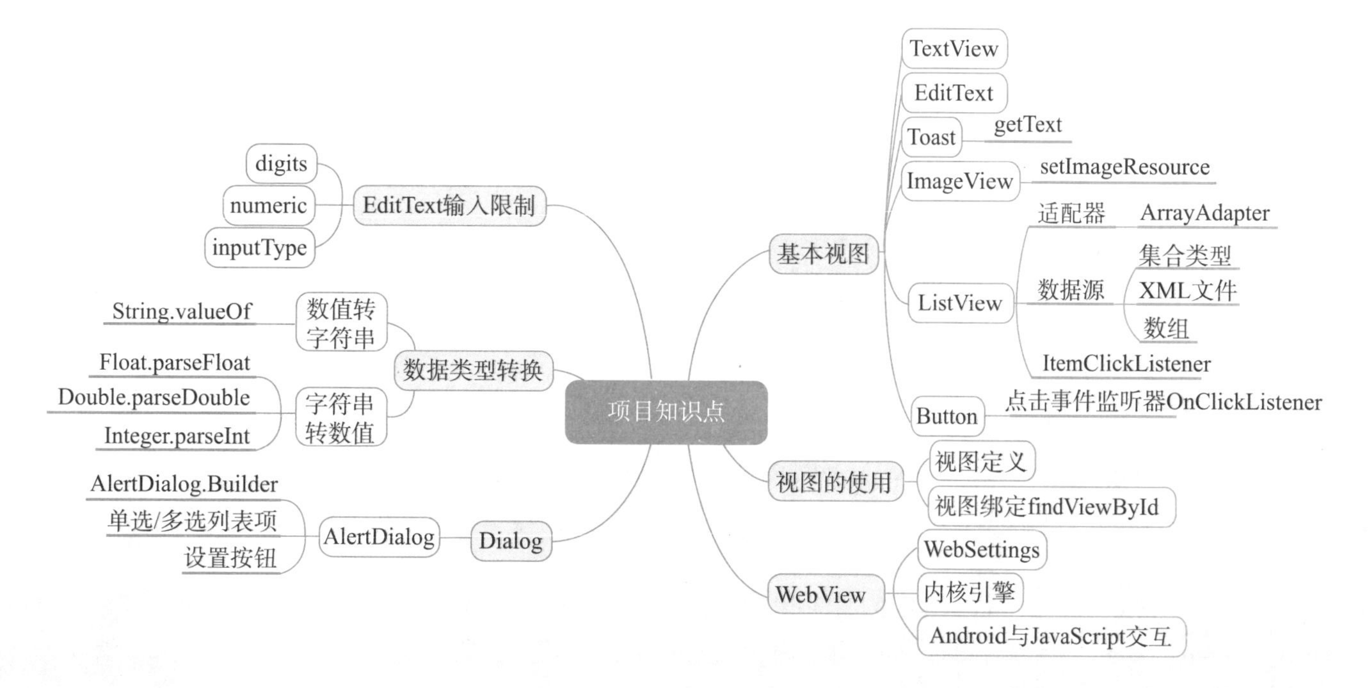

项目导入

点餐 App 中的用户界面应该如何设计呢？通过本项目，读者可以学会在 Android Studio 开发工具中使用各种视图组件设计手机 App 的用户界面，并能够与用户进行交互。

# 任务 1 在点餐 App 中使用基础视图

## 任务要求

（1）设计一个登录界面，包含 TextView（标签）和 EditText（文本框）两个视图，上方的“用户名:”使用 TextView，下方的文字输入框使用 EditText。

（2）添加输入密码的界面，标签中的文本在布局中设置，通过代码设计调整文本框中的内容。完成后的登录界面如图 2-1 所示。

图 2-1 登录界面

## 2.1.1 认识 TextView

TextView 是一种用于显示字符串的视图，它的作用类似于标签组件。TextView 的基本属性说明如下。

text 属性：设置 TextView 所要显示的内容。

layout_width 属性：设置 TextView 的宽度。

layout_height 属性：设置 TextView 的高度。

layout_width 和 layout_height 设置的宽或高的单位是 dp（dp 也称为 dip，表示与设备无关的独立像素）。

layout_width 和 layout_height 的属性值可以选择 wrap_content、fill_parent、match_parent。

wrap_content 表示宽或高自适应文字内容长度或高度。文字越长，它的宽度越宽，直到父容器允许的最大宽度，高度同理。

fill_parent（match_parent）表示该视图的宽或高的尺寸撑满父容器。

自 Android 2.2 开始，fill_parent 改名为 match_parent，不过 fill_parent 仍然可以使用。

textsize 属性：设置字体大小，单位通常是 sp（与缩放无关的抽象像素）。

### 2.1.2 认识 EditText

EditText 是用来输入和编辑字符串的视图，功能类似于文本框组件。EditText 是一个具有编辑功能的 TextView。简单地说，TextView 的内容不能编辑，EditText 中的内容可以编辑。EditText 也同样有 TextView 的属性。

EditText 的 setText 方法可以用来设置 EditText 所显示的内容。

### 2.1.3 Android 界面设计方法

Android 用户界面的搭建分为静态和动态两种方式。

（1）静态方式。静态方式即以 XML 布局文件来定义用户界面，通过 XML 布局文件中的相关属性进行控制，这是较为推荐的一种方式，也是最常使用的方式。使用 XML 文件来描述用户界面时，一般会将 XML 文件保存在资源文件夹 res/layout 下。这种方法极大地简化了界面设计的过程，可以将界面视图从 Java 代码中分离出来，让用户界面中的静态部分定义在 XML 中，使得程序结构更加清晰、明了。

使用布局文件描述界面的基本步骤如下。

① 打开 res/layout 目录下的布局文件，遵照 XML 编写规范编写用户界面代码。保存编写后的布局文件，R.java 将自动注册该布局资源。

② 在 Activity 中设置上述布局文件描述的用户界面，Java 代码描述如下：setContentView（R.layout. 布局文件名）。

（2）动态方式。动态方式是指通过 Java 代码来开发用户界面，动态地控制界面中的组件。动态方式会增加代码的耦合度，因此一般不推荐采用这种方式。

动态方式控制界面的基本步骤如下。

① 创建布局管理器，并将其设置为显示界面。

② 创建 UI 组件，并调用相应的方法设置 UI（user interface，用户界面）组件属性。

③ 调用 addView 方法，将 UI 组件添加到布局管理器中。

利用动态方式创建一个用户界面，创建的用户界面效果如图 2-2 所示，参考代码如下。

```
protected void onCreate(Bundle savedInstanceState) {
    super.onCreate(savedInstanceState);
    LinearLayout layout= new LinearLayout(this);        // 创建线性布局容器对象
    super.setContentView(layout);
    layout.setOrientation(LinearLayout.VERTICAL);       // 设置线性排列方式为垂直布局
    final TextView tips=new TextView(this);      // 创建 TextView
    tips.setText(" 您好，请登录！若为注册本软件，请点击注册！");      // 设置 TextView 显示文本
    Button btnlogin=new Button(this);       // 创建按钮视图
```

```
        btnlogin.setText(" 登录 ");     // 设置按钮显示文本
        // 向 layout 添加文本与按钮视图
        layout.addView(btnlogin);
        layout.addView(tips);
    }
```

图 2-2　创建的用户界面效果

## 2.1.4　设计登录界面

（1）创建一个项目 LoginDemo 的，包名为 edu.nbpt.cn。

（2）打开项目的布局文件 activity_main.xml，将根布局设置为 LinearLayout（线性布局），完成后的代码如下。

```
<?xml version="1.0" encoding="utf-8"?>
<LinearLayout xmlns:android="http://schemas.android.com/apk/res/android"
    xmlns:app="http://schemas.android.com/apk/res-auto"
    android:layout_width="match_parent"
    android:layout_height="match_parent"
    android:orientation="vertical">
</LinearLayout>
```

（3）在 Palette 视图中，从左侧的 Text 面板中将 “ TextView” 和 “ Plain Text” 两个视图拖拽到中间的设计视图中，如图 2-3 所示。

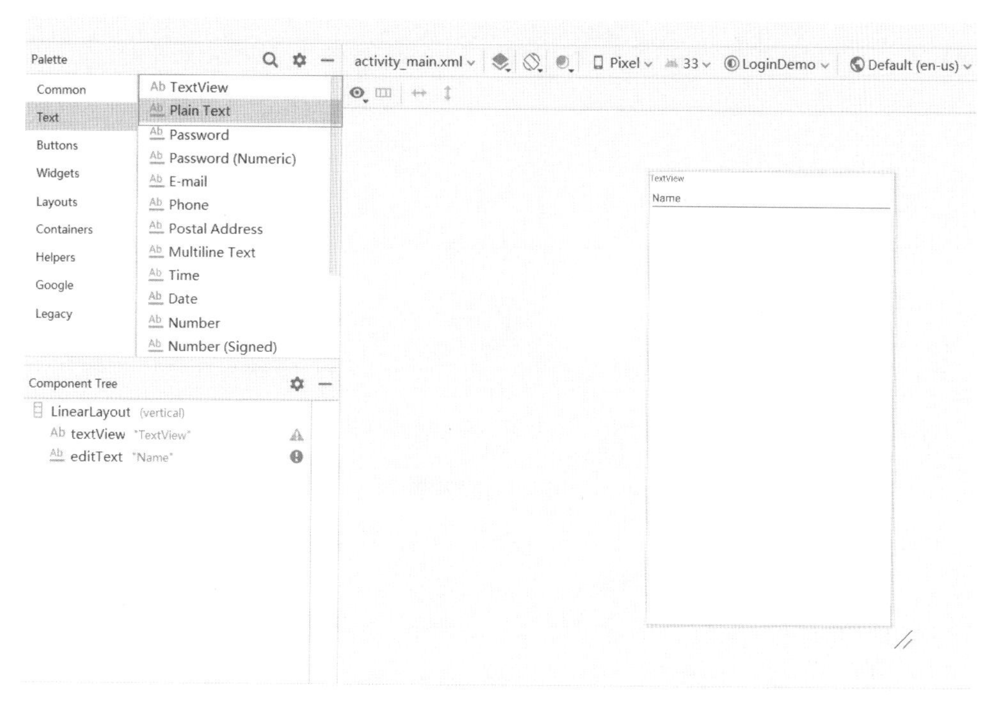


图 2-3　拖拽视图组件

（4）onCreate 方法的代码如下。

```
@Override
protected void onCreate(Bundle savedInstanceState) {
    super.onCreate(savedInstanceState);
    setContentView(R.layout.activity_main);
    TextView textView = (TextView) findViewById(R.id.textView);
    EditText editText = (EditText) findViewById(R.id.editText);
    textView.setText(" 用户名：");
    editText.setText("admin");
}
```

**代码解释**

findViewById 方法能够通过 id 参数引用界面（布局文件）上的任何视图，只要该视图在布局文件中定义过 id 即可。onCreate 方法中的程序在应用程序启动时会被自动执行。

（5）编译并运行程序，程序的运行界面如图 2-4 所示。

图 2-4　程序的运行界面

## 2.1.5　设计密码输入界面

（1）修改 2.1.4 中项目的布局文件中用于输入用户名的文本框视图的 id，将该文本框的 id 改为“EdtUserName”，代码如下。

```
<EditText
    android:id="@+id/EdtUserName"
    android:layout_width="wrap_content"
    android:layout_height="wrap_content"
    android:ems="10" />
<!--ems 属性指定 EditText 的宽度为 10 个字符 -->
<!--android:layout_width="wrap_content" 表示自适应大小，可以强制性地使视图自动扩展以便显示全部内容。TextView 设置为 wrap_content 将完整显示其内部的文本，布局元素会根据内容更改大小。-->
```

**代码解释**

上述代码中的“android:id”属性声明了 EditText 视图的 id，这个 id 主要用于在代码中引用 EditText 对象（注：一般仅在代码中需要访问界面视图时才设置 id）。“@”表示后面的字符串是 id 资源。“@+id/EdtUserName”中斜杠后面的字符串 EdtUserName 表示表示所设置的 id 值。“+”表示需要建立新的资源名称，并添加到 R.java 文件中。

（2）添加一个密码提示的标签视图和一个输入密码的文本框视图，代码如下。

```
<TextView
    android:id="@+id/textView2"
    android:layout_width="wrap_content"
    android:layout_height="wrap_content"
    android:text=" 密码：" />
<EditText
```

```
        android:id="@+id/EdtPassword"
        android:layout_width="wrap_content"
        android:layout_height="wrap_content"
        android:ems="10" />
```

（3）修改 MainActivity.java 中的 onCreate 方法，代码如下。

```
edtuser.setText("admin");
edtpass.setText("123456");
```

**代码解释**

onCreate 方法中的“setContentView(R.layout.activity_main);”表示引用项目布局文件 activity_main.xml 中的资源。

（4）运行程序，查看结果。

## 课后任务

在 2.1.5 的基础上完成如下功能，完成后的带提示的界面如图 2-5 所示。

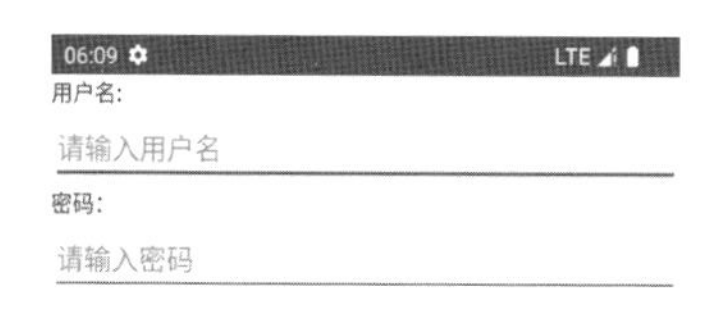


图 2-5　带提示的登录界面

（1）在用户名文本框中显示灰色提示文字“请输入用户名”，单击后文字消失。

（2）在密码文本框中显示灰色提示文字“请输入密码”，单击后文字消失。

**提示**

使用 setHint 方法填写提示信息。

# 任务 2　在点餐 App 中使用 Button 视图

## 任务要求

（1）单击显示按钮，显示文字“欢迎使用 android”。单击清空按钮，清空文本框中的内容。

（2）添加登录验证功能，输入正确的用户名和密码会提示登录成功，输入错误的用户名和密码则提示登录失败。

## 2.2.1　认识 Button 视图

Button 视图的特点是允许用户单击。Button 视图上可以触发单击事件，程序可以通过处理单击事件对用户单击 Button 视图做出相应的响应。

## 2.2.2　认识 Button 视图的单击事件

Button 视图的单击事件处理方法如下。

（1）实现 View.OnClickListener 接口的类的对象作为 Button 视图的监听器，Button 视图通过 setOnClickListener 方法注册监听器。

```
public void setOnClickListener(View.OnClickListener listener)
```

（2）注册监听器时要重写 View.OnClickListener 接口中的 onClick（View v）方法，如下所示。

```
button1.setOnClickListener(new View.OnClickListener() {
    public void onClick(View v) {
    // 用户触发单击事件后需要执行的操作
    }
});
```

button 对象通过调用 setOnClickListener() 函数注册一个单击（click）事件的监听器 View.OnClickListener()。

onClick 方法是单击事件的回调函数，用来对用户单击按钮的操作做出响应，当 Button 视图上触发单击事件后，监听器自动调用 onClick 方法。

View.OnClickListener() 是 View 定义的单击事件的监听器接口，该接口中定义了 onClick 方法。当 Button 从 Android 界面框架中接收到事件后，首先检查这个事件是不是单击事件，如果是单击事件，同时 Button 又注册了监听器，则会调用该监听器中的 onClick 方法。

在界面上用户按钮单击某个按钮后，程序是否做出相应取决于以下两个条件。

（1）是不是由该按钮触发的单击事件。

（2）该按钮是否通过 button.setOnClickListener() 注册了监听器。

每个视图仅可以注册一个单击事件的监听器，如果使用 setOnClickListener() 函数注册第二个单击事件的监听器，之前注册的监听器将被自动注销，即每个按钮仅支持一个单击事件的监听器。

## 2.2.3　使用 Toast 组件

Toast 是 Android 系统提供的轻量级信息提醒机制，用于向用户提示即时消息，它显示在应用程序界面的最上层，显示一段时间后自动消失，不会打断当前操作，也不获得焦点。

使用 Toast 提示信息的示例代码如下。

```
Toast.makeText(Context,Text,Time).show();
```

这段代码首先调用了 Toast 的 makeText 方法设置提示信息，然后调用了 show 方法将提示信息显示到界面中。makeText 方法的参数说明如下。

Context: 表示应用程序环境的信息，就是当前组件的上下文环境，如果在 Activity 中使用的话，那么该参数可设置为“Activity.this”。

Text: 表示需要提示的信息。

Time: 表示提示信息的时长，其属性值有“LENGTH_SHORT”和“LENGTH_LONG”，这两个值分别表示“短时间”“长时间”。

## 2.2.4　Button 单击事件的编写

（1）创建项目 EditButton。

（2）布局文件代码如下。

Button 单击事件的编写

```
<?xml version="1.0" encoding="utf-8"?>
<LinearLayout xmlns:android="http://schemas.android.com/apk/res/android"
    android:layout_width="match_parent"
    android:layout_height="match_parent"
    android:orientation="vertical">
    <EditText
        android:id="@+id/edtInput"
        android:layout_width="fill_parent"
        android:layout_height="wrap_content"
        android:text="" />
    <Button
        android:id="@+id/btnShow"
        android:layout_width="wrap_content"
        android:layout_height="wrap_content"
        android:text=" 显示 " />
    <Button
        android:id="@+id/btnClear"
        android:layout_width="wrap_content"
        android:layout_height="wrap_content"
        android:text=" 清空 " />
```

```
</LinearLayout>
```

（3）将视图对象与布局文件视图进行绑定，代码如下。

```
Button btnShow,btnClear;
EditText edtInput;
@Override
public void onCreate(Bundle savedInstanceState) {
    super.onCreate(savedInstanceState);
    setContentView(R.layout.activity_main);
    btnShow = (Button) findViewById(R.id.btnShow);
    btnClear = (Button) findViewById(R.id.btnClear);
    edtInput = (EditText) findViewById(R.id.edtInput);
}
```

（4）处理按钮的单击事件。为了响应用户的按钮单击事件，需要在程序代码中注册监听器处理单击事件。处理 Button 视图上的单击事件需要在 onCreate 方法中引入以下代码。

```
// 按钮的监听器
btnShow.setOnClickListener(new View.OnClickListener() {
    public void onClick(View view) {
        edtInput.setText(" 欢迎使用 android");
    }
});
btnClear.setOnClickListener(new View.OnClickListener() {
    public void onClick(View view) {
        edtInput.setText("");
    }
});
```

（5）运行程序，显示界面如图 2-6 所示。单击“显示”按钮，文本框视图中会显示“欢迎使用 android”提示文字，单击“清空”按钮会清空文本框视图中的内容，程序运行界面如图 2-7 所示。

图 2-6　显示界面　　　　图 2-7　程序运行界面

## 2.2.5　登录验证的实现

（1）导入 2.2.4 的代码。

（2）设计登录界面，如图 2-8 所示。

（3）修改 MainActivity 类中 onCreate 方法的代码，对按钮的单击事件作出响应。

（4）在按钮单击事件的 onClick 方法中编写登录验证的代码如下。

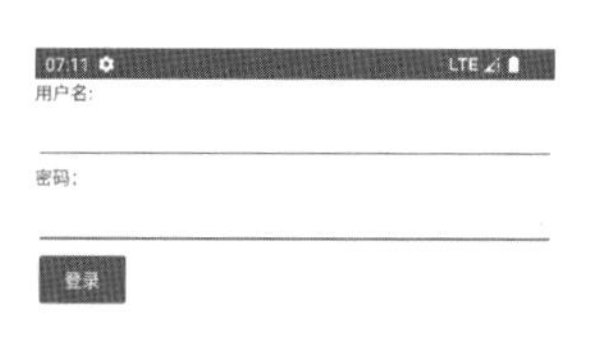


图 2-8　登录验证界面

```
String userString=edtuser.getText().toString();
String passString=edtpass.getText().toString();
// 判断字符串 userString 中的内容是不是 "admin" , 同时判断字符串 passtring 中的内容是不是 "123"
if (userString.equals("admin") && passString.equals("123")) {
    Toast.makeText(MainActivity.this, " 登录成功 ", Toast.LENGTH_LONG).show();
} else {
```

```
        Toast.makeText(MainActivity.this, " 登录失败 ", Toast.LENGTH_LONG).show();
    }
```

## 课后任务

在 2.2.5 的基础上完成如下功能。

（1）添加文本框提示功能。

（2）添加一个清除按钮，单击该按钮会清空文本框中所有的内容。

**提示**

*可以调用 edtuser.setText 方法添加提示。*

# 任务 3　在点餐 App 中进行数据类型转换

## 任务要求

设计一个 BMI 计算器，用户输入身高（单位：米）和体重（单位：千克），程序根据用户输入的参数计算 BMI 指数，并提示用户体重是标准、偏瘦还是偏胖。BMI 指数（即身体质量指数，body mass index）是目前常用的衡量人体胖瘦程度以及是否健康的一个标准。当我们需要比较或分析一个人的体重对于不同身高的人所带来的健康影响时，BMI 值是一个转为中立并可靠的指标，BMI 值在 19~24 之间的为正常，低于 19 的为体重过轻，超过 24 为超重。计算 BMI 指数的公式为：BMI= 体重（千克）÷ 身高（米）的平方。

## 2.3.1　Java 数据类型转换方法的使用

（1）数值转字符串的示例代码如下所示。

```
String s1 = String.valueOf(123);
String s1 = String.valueOf(36.7);
```

（2）字符串转数值的示例代码如下所示。

```
int a1=Integer.parseInt("123");
```

（3）字符串转 float 类型的示例如下所示。

```
float a2=Float.parseFloat("36.7");
```

（4）字符串转 double 类型的示例如下所示。

```
double  a3=Double.parseDouble("25.66");
```

## 2.3.2　在 EditText 中限制输入类型

在很多应用的输入界面中，要求我们限制输入的内容的格式，防止用户输入错误的信息。比如在通讯录的输入电话号码的文本框中只能输入整数，在输入 email 的文本框中只能输入 email。使用 EditText 限制输入的类型有以下三种方式。

（1）第一种方式是通过设置 EditText 的 inputType 来实现。

```
android:inputType="textPassword"          // 输入的内容必须是密码
android:inputType="textEmailAddress"      // 输入的内容必须是 email
android:inputType="phone"                 // 输入的内容必须是电话号码
android:inputType="date"                  // 输入的内容必须是日期
```

（2）第二种方式是通过 android:digits 属性设置，这种方式可以限制要显示的字符。

```
android:digits="0123456789"      // 表示能输入数字
android:digits="0123456789."     // 表示能输入浮点数
android:digits="abcdefghijklmnopqrstuvwxyz"    // 表示能输入小写英文字母
```

如果要显示的内容比较多时，通过这种方式限制就比较麻烦了，因为必须将显示的内容依次写在里面。

（3）第三种方式是通过 android:numeric 属性设置。

```
android:numeric="integer"      // 表示能输入整形
android:numeric="decimal"      // 表示能输入小数
```

## 2.3.3　设计点餐 App 中的 BMI 计算功能

（1）创建项目 BMI，计算 BMI 的程序界面如图 2-9 所示。

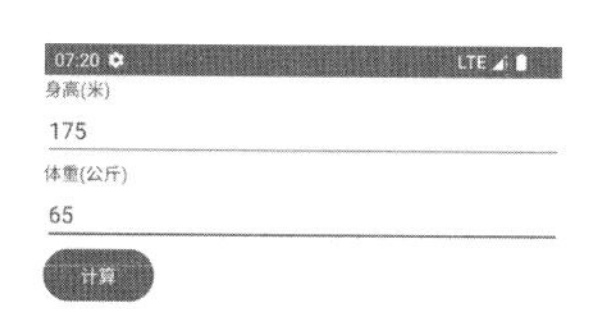

图 2-9　计算 BMI 的程序界面

（2）设计布局的代码如下。

```
<TextView
    android:id="@+id/textView1"
    android:layout_width="wrap_content"
    android:layout_height="wrap_content"
    android:text=" 身高 ( 米 )" />
<EditText
    android:id="@+id/EdtHeight"
    android:layout_width="match_parent"
    android:layout_height="wrap_content"
    android:ems="10" />
<TextView
    android:id="@+id/textView2"
    android:layout_width="wrap_content"
    android:layout_height="wrap_content"
    android:text=" 体重 ( 公斤 )" />
<EditText
    android:id="@+id/EdtWeight"
    android:layout_width="match_parent"
    android:layout_height="wrap_content"
    android:ems="10" />
<Button
    android:id="@+id/btnBmi"
    android:layout_width="wrap_content"
    android:layout_height="wrap_content"
    android:text=" 计算 " />
```

（3）MainActivity 类的初始化代码如下。

```
EditText edtheight, edtweight;
Button BtnBmi;
double height = 0;
double weight = 0;
@Override
protected void onCreate(Bundle savedInstanceState) {
    super.onCreate(savedInstanceState);
    setContentView(R.layout.activity_main);
    edtheight = (EditText) findViewById(R.id.EdtHeight);
    edtweight = (EditText) findViewById(R.id.EdtWeight);
    BtnBmi = (Button) findViewById(R.id.btnBmi);
```

```
        BtnBmi.setOnClickListener(new View.OnClickListener() {
            @Override
            public void onClick(View v) {
                bmi();
            }
        });
    }
```

（4）编写计算 BMI 指数的 bmi 方法，代码如下。

```
private void bmi() {
    String heightStr = edtheight.getText().toString().trim();
    String weightStr = edtweight.getText().toString().trim();
    if (heightStr.equals("")) {
        edtheight.setError(" 身高不能为空 "); // 在身高文本框中显示错误提示
        return;
    }
    if (weightStr.equals("")) {
        edtweight.setError(" 体重不能为空 "); // 在身高文本框中显示错误提示
        return;
    }
    height = Double.parseDouble(heightStr);
    weight = Double.parseDouble(weightStr);
    double bmi = weight / height / height;
    if (bmi < 19) {
        Toast.makeText(MainActivity.this, " 您的身材偏瘦，请加强营养 ",Toast.LENGTH_SHORT).show();
    }
    if (bmi >= 19 && bmi <= 24) {
        Toast.makeText(MainActivity.this, " 您的身材标准 , 请继续保持 ", Toast.LENGTH_SHORT).show();
    }
    if (bmi > 24) {
        Toast.makeText(MainActivity.this, " 您的身材偏胖，请加强锻炼 ",Toast.LENGTH_SHORT).show();
    }
}
```

（5）运行程序，保持输入框为空，单击计算按钮，会出现如图 2-10 所示的运行效果，输入正确的身高体重后，程序会显示身体状况信息。

（6）在 bmi 方法中添加如下的异常处理代码，对输入的非法数据进行检查，添加验证后的运行效果如图 2-11 所示。

```
try {
    height = Double.parseDouble(heightStr);
    weight = Double.parseDouble(weightStr);
    double bmi = weight / height / height;
    if (bmi < 19) {
        Toast.makeText(MainActivity.this, " 您的身材偏瘦，请加强营养 ",Toast.LENGTH_SHORT).show();
    }
    if (bmi >= 19 && bmi <= 24) {
        Toast.makeText(MainActivity.this, " 您的身材标准，请继续保持 ",Toast.LENGTH_SHORT).show();
    }
    if (bmi > 24) {
        Toast.makeText(MainActivity.this, " 您的身材偏胖，请加强锻炼 ",Toast.LENGTH_SHORT).show();
    }
}catch (NumberFormatException e) {
    Toast.makeText(MainActivity.this, " 身高或体重必须是数字 ",Toast.LENGTH_SHORT).show();
}
```

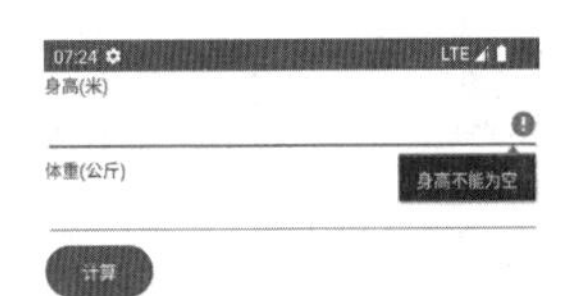

图 2-10　检查输入数据

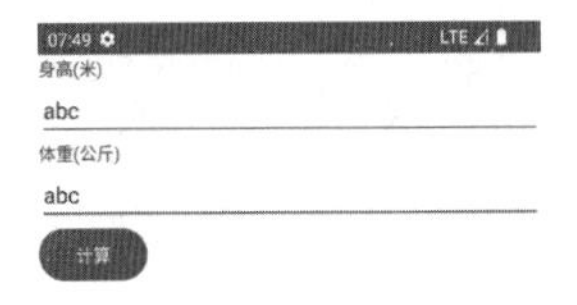

图 2-11　添加验证后的运行效果

## 课后任务

在 BMI 程序的提示信息中增加显示 BMI 值的功能。

# 任务 4　在点餐 App 中使用 ImageView

## 任务要求

（1）完成一个点餐 App 商家简介界面的设计，商家界面如图 2-12 所示。

（2）单击图片浏览下一张菜品图片，实现图片的循环显示，浏览的图片运行界面如图 2-13 所示。

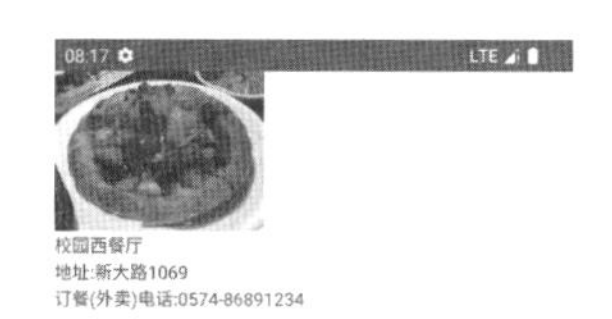


图 2-12　商家界面

图 2-13　浏览图片运行界面

## 2.4.1　认识 ImageView

ImageView（图片视图）是最常用的视图之一。ImageView 类可以加载各种来源的图片（如资源或图片库），其图片的来源可以是资源文件中的 id 也可以是 Drawable 对象或者位图对象 Bitmap，还可以是内容提供器（Content Provider）的 URI。图片在 Android App 中作为 App 界面 UI 的一部分或者作为展示的数据信息。

加载项目资源中的图片的方法如下。

```
ImageView image1 = (ImageView)findViewById(R.id.i 图片视图 id 号 );
FileInputStream fis;// 创建文件输入流类
// 从手机指定目录读入文件并保存文件数据流对象
fis = new FileInputStream("/xxx/xxx/xxx.jpg");
//BitmapFactory 用于从各种资源、文件、流和字节数组中创建 Bitmap( 位图 ) 对象。
Bitmap bitmap  = BitmapFactory.decodeStream(fis);
image1.setImageBitmap(bitmap);
```

加载本地存储设备中的图片的方法如下。

```
ImageView image1 = (ImageView) findViewById(R.id.i 图片视图 id 号 );
```

## 2.4.2 在代码中引用资源

在代码中可以通过“R. 资源类型 . 资源名称”或者“android.R. 资源类型 . 资源名称”两种方法获取资源 id。

引用视图资源的方法：“R.id. 视图 Id 编号”。

引用图片资源的方法：“R.drawable. 图片的资源编号”。

引用布局资源的方法：“R.layout. 布局文件的资源编号”。

将文本文件、图片、视频、音频等文件导入项目后 ( 在 res 目录下 )，Android 会给其统一分配一个资源编号（唯一的整数值)，在程序中可以以资源编号的方式访问该资源。

## 2.4.3 使用代码加载图片

使用代码加载图片

（1）创建一个名为 ImageViewShop 的项目。

（2）设计布局（使用垂直线性布局），布局的代码如下。

```
<LinearLayout xmlns:android="http://schemas.android.com/apk/res/android"
    android:layout_width="fill_parent"
    android:layout_height="fill_parent"
    android:orientation="vertical" >
    <ImageView
        android:id="@+id/imageShop"
        android:layout_width="wrap_content"
        android:layout_height="wrap_content"
        android:src="@mipmap/ic_launcher" />
    <TextView
        android:id="@+id/textView1"
        android:layout_width="wrap_content"
        android:layout_height="wrap_content"
        android:text=" 校园西餐厅 " />
    <TextView
        android:id="@+id/textView2"
        android:layout_width="wrap_content"
        android:layout_height="wrap_content"
        android:text=" 地址：新大路 1069" />
    <TextView
        android:id="@+id/textView3"
        android:layout_width="wrap_content"
        android:layout_height="wrap_content"
        android:text=" 订餐 ( 外卖 ) 电话 :0574-86891234" />
```

```
</LinearLayout>
```

（3）将图片素材 s2.jpg 导入项目中（把图片文件复制到项目的 res/mipmap 目录中）。

（4）实现启动程序显示商家简介图片，代码如下。

```
@Override
protected void onCreate(Bundle savedInstanceState) {
    super.onCreate(savedInstanceState);
    setContentView(R.layout.activity_main);
    ImageView image1 = (ImageView) findViewById(R.id.imageShop);
    image1.setImageResource(R.mipmap.s2);
}
```

（5）运行程序并查看效果。

## 课后任务

设计一个弘扬中华饮食文化的八大菜系简介程序。启动程序后显示八大菜系中的一个菜系的图片，单击图片可以切换到下一个菜系，如图 2-14 所示。

**提示**

单击图片切换到下一张图片的实现方法如下。

（1）将多张图片资源值保存到 int 数组中。

（2）给图片视图添加单击事件监听器。

（3）单击图片时从数组中获取下一张图片的资源编号。

（4）通过该资源编号找到这张图片，并在图片视图中显示。

（5）为读取下一张图片做好准备工作。

图 2-14　切换菜系

# 任务 5 在点餐 App 中使用 ListView

## 任务要求

使用 ListView（列表视图）显示课程列表，单击列表中的某一课程名称，在下方的 TextView 中显示该课程的上课时间和上课地点，课程列表界面如图 2-15 所示，使用 XML 文件存储学校名称和地址完成学校列表界面，如图 2-19 所示。

13:57 LTE
动态网页设计
Android移动开发
数据库管理
JavaScript
软件工程

图 2-15 课程列表界面

## 2.5.1 认识 ListView

ListView 是一种用于垂直显示的列表视图，如果显示内容过多，则会出现垂直滚动条。

ListView 是手机中使用非常频繁的一类视图，它以垂直的方式显示列表项，显示的信息更加清晰明了。常见的列表显示界面如图 2-16 所示。

图 2-16 常见列表显示界面

使用 ListView 编写程序的一般步骤如下。

（1）在布局文件中声明 ListView。

（2）使用一维或多维动态数组保存 ListView 要显示的数据。

（3）构建适配器 Adapter，将数据与显示数据的布局页面绑定。

（4）通过 setAdapter 方法给 ListView 设置适配器。

Listview 中保存数据源的方式有以下两种。

（1）使用数组保存列表数据（硬编码）。

（2）使用 XML 配置文件保存列表数据。

硬编码适合小型的程序 demo，XML 配置文件保存数据适合规模较大的项目。使用 XML 配置文件保存时，如需修改字符串内容，只需在 array.xml 和 strings.xml 文件中修改即可，不用在数量众多的 Java 类中一一修改，不用再重新编译。

## 2.5.2　适配器 Adapter 的使用

Adapter 是实现界面数据绑定的桥接类。它能操纵的数据有数组、链表、数据库、集合等。常用的适配器有 ArrayAdapter、SimpleAdapter 和 SimpleCursorAdapter，它们都是继承自 BaseAdapter。Adapter 都位于 android.widget 包下。Adapter 对象有两个主要功能：用数据填充布局；处理用户的选择。

ArrayAdapter 是最简单易用的适配器，通常由数组或 List 集合表示列表项数据源，将其绑定给 ListView，以列表项形式显示在 ListView 视图中，如图 2-17 所示。

创建适配器 ArrayAdapter 时必须为适配器指定三个参数，分别是 Context、布局和数据源（可以是数组或 List）。

创建适配器的代码如下。

```
ArrayAdapter<String> adapter = new ArrayAdapter<String>(Context, 布局 , 数据源 );
```

图 2-17　ArrayAdapter 连接 ListView 与数据源

## 2.5.3　ListView 的 OnItemClick 选择事件

ListView 可以触发单击选项事件。在代码中处理单击选项事件的步骤如下。

（1）确定 ListView。首先给出需要处理选择事件的 ListView，如下所示。

```
ListView  listview = (ListView)findViewById(R.id.my_list);
```

（2）确定监听器。设置 ListView 对象的 ItemClickListener 监听器。ListView 通过如下方法注册监听器代码。

```
listView.setOnItemClickListener(new AdapterView.OnItemClickListener(){ });
```

（3）在监视器中重写 AdapterView.OnItemClickListener 接口中的 onItemClick 方法，如下所示。

```
public void onItemClick (AdapterView parent, View view, int pos, long id) {
    Object item= parent.getItemAtPosition(pos);// 返回选中的选项
}
```

当 ListView 的某个选项被单击后，监听器调用 onItemClick 方法，该方法中的参数 parent 存放着当前 ListView 的引用，参数 pos 的值是被单击的选项的索引值。

## 2.5.4　使用 List 保存列表数据

（1）创建一个名为 ListViewCourse 的项目，并设计布局文件，添加一个 id 为 listView1 的 ListView 视图和一个 id 为 txtcoures 的标签视图，完成的课程列表界面布局如图 2-18 所示。

图 2-18　课程列表界面布局

（2）界面初始化的代码如下。

```
ListView listView;
TextView txtCourse;
@Override
public void onCreate(Bundle savedInstanceState) {
    super.onCreate(savedInstanceState);
    setContentView(R.layout.activity_main);
    listView = (ListView) findViewById(R.id.listView1);
    txtCourse = (TextView) findViewById(R.id.txtcoures);
}
```

（3）创建 ListView 对象的数据源（使用 ArrayList 存储课程名称和课程对应的上课时间、上课地点），在 onCreate 方法中添加以下代码。

```
List<String> courseNameList = new ArrayList<String>(); // 创建数组列表
courseNameList.add(" 动态网页设计 ");
courseNameList.add("Android 移动开发 ");
courseNameList.add(" 数据库管理 ");
courseNameList.add("JavaScript");
courseNameList.add(" 软件工程 ");
List<String> courseInfoList = new ArrayList<String>(); // 创建数组列表
courseInfoList.add(" 上课时间 : 周一 1~2 节 \n 上课地点 :2#205");
courseInfoList.add(" 上课时间 : 周三 3~4 节 \n 上课地点 :2#212");
courseInfoList.add(" 上课时间 : 周二 3~4 节 \n 上课地点 :3#307");
courseInfoList.add(" 上课时间 : 周四 3~4 节 \n 上课地点 :3#301");
courseInfoList.add(" 上课时间 : 周四 1~2 节 \n 上课地点 :3#305");
```

（4）用 ArrayAdapter 连接 listView 对象与数据源，在 onCreate 方法中添加如下语句，实现使用 ArrayAdapter 连接 ListView 视图对象与数据源（即 CourseName 数组）。

```
ArrayAdapter<String> adapter = new ArrayAdapter<String>(this,android.R.layout.simple_list_item_1, courseNameList);
listView.setAdapter(adapter);// 将 ListView 和适配器 ArrayAdapter 绑定
```

（5）编写 listView 对象的列表项的单击事件监听器，单击列表项时，在 txtCourse 对象中显示列表项对应的索引号，代码如下。

```
listView.setOnItemClickListener(new AdapterView.OnItemClickListener() {
    // 回调函数
    @Override
    // 参数 position 为当前被单击的 listView 列表项的索引号 ( 从 0 开始编号 )
    public void onItemClick(AdapterView<?> arg0, View view, int position, long arg3) {
        txtCourse.setText(courseInfoList.get(position));
    }
});
```

## 2.5.5　使用 XML 文件保存列表数据

使用 XML 文件保存学校列表数据，完成学校列表界面，如图 2-19 所示。

（1）创建一个名为 ListViewNbu 的项目。

（2）使用 2.5.4 的布局文件。

图 2-19　学校列表界面

（3）在 values 目录下添加一个名为 array.xml 的文件。依次单击菜单“File”→“New”→“Xml”→“Values Xml Files”，在弹出的“New Android Componet”对话框中输入文“array”，然后单击“Finish”按钮完成文件的创建，如图 2-20 所示。

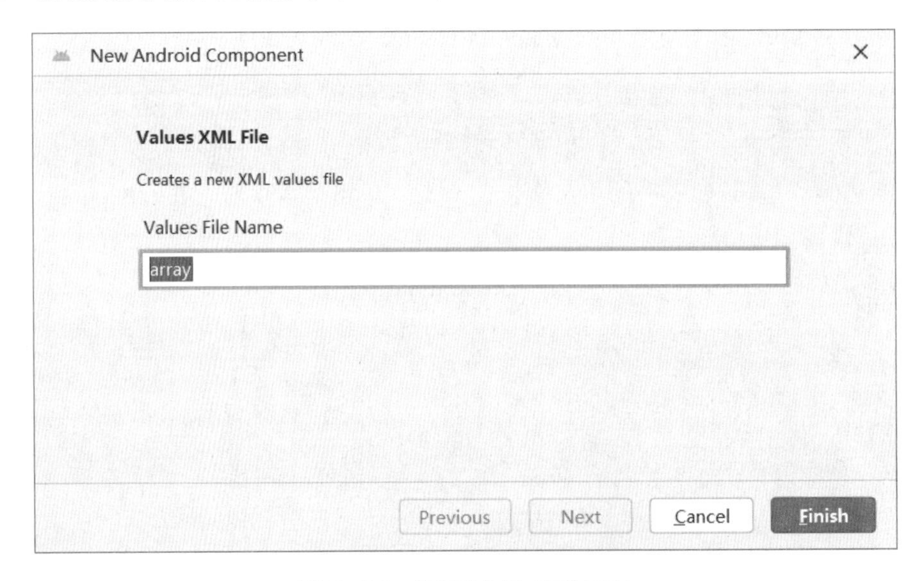


图 2-20　添加 XML 文件界面

（4）在 array.xml 文件中添加一个名为 university_list 的数组，用于存储学校名称数据，代码如下。

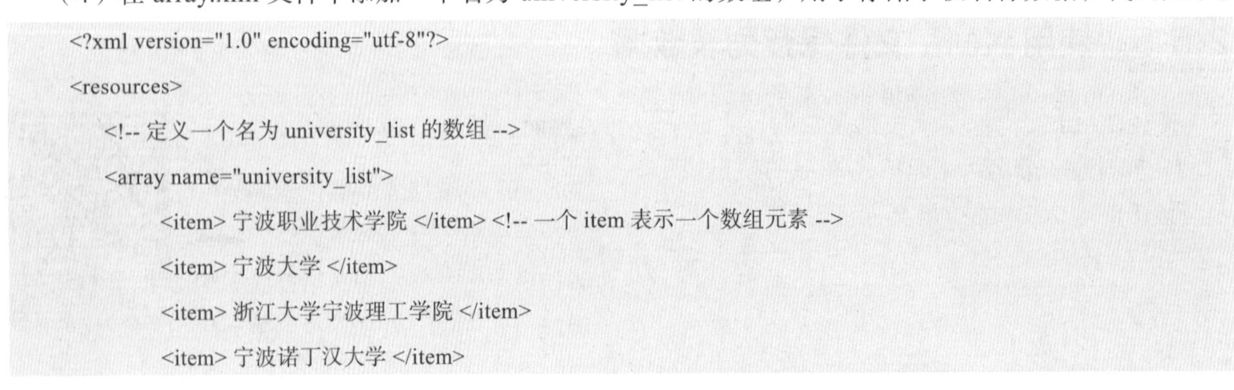

```
<?xml version="1.0" encoding="utf-8"?>
<resources>
    <!-- 定义一个名为 university_list 的数组 -->
    <array name="university_list">
        <item> 宁波职业技术学院 </item> <!-- 一个 item 表示一个数组元素 -->
        <item> 宁波大学 </item>
        <item> 浙江大学宁波理工学院 </item>
        <item> 宁波诺丁汉大学 </item>
```

```
        <item> 宁波工程学院 </item>
        <item> 浙江万里学院 </item>
    </array>
</resources>
```

（5）在布局文件中给 ListView 设置 android:entries 属性，它的值是某个数组的标记（在这里是 university_list)，将 array.xml 中的学校名称自动加载到 ListView 中，ListView 设置 android:entries 属性的代码如下。

```
android:entries="@array/university_list"
```

（6）在 array.xml 文件中添加一个名为 university_info 的数组，用于保存每个学校的地址和电话数据。注意，在 XML 文件中字符“-”要替换为“–”，完成后的代码如下。

```
<?xml version="1.0" encoding="utf-8"?>
<resources>
    <!-- 定义一个名为 university_list 的数组 -->
    <array name="university_list">
        <item> 宁波职业技术学院 </item> <!-- 一个 item 表示一个数组元素 -->
        <item> 宁波大学 </item>
        <item> 浙江大学宁波理工学院 </item>
        <item> 宁波诺丁汉大学 </item>
        <item> 宁波工程学院 </item>
        <item> 浙江万里学院 </item>
    </array>
    <array name="university_info">
        <item name="nbpt">0574&#8211;86891367 宁波经济技术开发区新大路 1069 号 </item>
        <item name="nbu">0574&#8211;87600233 风华路 818 号 </item>
        <item name="nit">0574&#8211;88229100 学府路 1 号 </item>
        <item name="nottingham">0574&#8211;88222460   88180004 泰康东路 199 号 </item>
        <item name="nbut">0574&#8211;87616666 风华路 201 号 </item>
        <item name="zjwu">0574&#8211;88222065 钱湖南路 8 号 </item>
    </array>
</resources>
```

（7）在 MainActivity 类中对 TextView 和 ListView 进行初始化并完成视图的绑定，可以参考 2.5.4 的代码。

（8）编写 listView 对象的列表项单击事件监听器，实现单击 listView 的列表项显示对应学校的地址和电话，代码如下。

```
listView.setOnItemClickListener(new AdapterView.OnItemClickListener() {
    @Override
    public void onItemClick(AdapterView<?> parent, View view, int position, long id) {
```

```
            String item =getResources().
            getStringArray(R.array.university_info)[position];
            textView.setText(item);
        }
    });
```

## 课后任务

从点餐网站随机选取 5~10 个商家信息，把商家信息以列表形式显示在 ListView 上。ListView 列表中仅显示商家名称，单击 ListView 列表项弹出 Toast，在 Toast 中显示该商家的地址、电话和人均价格信息。

# 任务 6　在点餐 App 中使用 Dialog

## 任务要求

在点餐 App 中使用 AlertDialog 设计程序退出确认对话框、单选列表对话框和多选列表对话框。

### 2.6.1　认识 Dialog

Dialog（对话框）是一种显示于 Activity 之上的界面元素，是作为 Activity 的一部分被创建和显示的。常用的对话框种类有提示对话框 AlertDialog、进度条对话框 ProgressDialog、日期选择对话框 DatePickerDialog、时间选择对话框 TimePickerDialog，其中 AlertDialog 是最常用的对话框。

### 2.6.2　创建 AlertDialog

AlertDialog 可以在当前的界面上显示一个对话框，这个对话框是置顶于所有界面元素之上的，能够屏蔽掉其他视图的交互能力，因此 AlertDialog 一般用于提示一些非常重要的内容或者警告信息。

AlertDialog 并不是初始化（findViewById）之后就直接调用各种方法的。AlertDialog 并不像 TextView 视图和 Button 视图固定在界面上，而是在某个时机才会触发出来（比如用户单击了某个按钮或者网络连接发生变化）。所以 AlertDialog 并不需要在布局文件中创建，而是在代码中通过构造器（AlertDialog.Builder）创建并指定标题、图标和按钮等内容。

AlertDialog 类使用了建造者模式，AlertDialog 类中有一个静态内部类 Builder，在调用函数的时候可以链式调用。创建对话框的步骤说明如下。

（1）创建构造器 AlertDialog.Builder 的对象。

（2）通过构造器对象调用 setTitle、setMessage、setIcon 等方法设置对话框的标题、信息和图标等内容。

（3）根据需要调用 setPositive、setNegative、setNeutralButton 方法设置确认按钮、取消按钮和忽略按钮。需要注意的是，NegativeButton 这个按钮是在对话框的左边，PositiveButton 在对话框的右边。

如果还要添加按钮，可以调用 setNeutralButton（" 第三个按钮 ",listener）添加。

（4）调用构造器对象的 create 方法创建 AlertDialog 对象。

（5）AlertDialog 对象调用 show 方法，让对话框在界面上显示。

【注意】AlertDialog.Builder 自己也有一个 show 方法，可以显示对话框，所以上面的第（4）步和第（5）步可以简化为一步。

下面按照上述步骤说明创建一个对话框。

（1）设置标题、内容、图标，相关的方法说明如下。

setTitle：设置对话框的标题，比如“提示”“警告”等。

setMessage：设置对话框要传达的具体信息。

setIcon：设置对话框的图标。

示例代码如下所示。

```
AlertDialog alertDialog = new AlertDialog.Builder(this)
        .setTitle(" 标题 ")
        .setMessage(" 内容 ")
        .setIcon(R.mipmap.ic_launcher)      // 图标
        .create();      // 创建
alertDialog.show();      // 显示
```

（2）设置按钮，相关的方法说明如下。

setPositiveButton ：用于设置确认按钮，第一个参数为按钮上显示的文字，下同。

setNegativeButton：用于设置取消按钮。

setNeutralButton：用于设置忽略按钮。

设置按钮的示例代码如下所示。

```
AlertDialog alertDialog = new AlertDialog.Builder(this)
    .setPositiveButton(" 确定 ", new DialogInterface.OnClickListener() {
        @Override
        public void onClick(DialogInterface dialogInterface, int i) {
        // 确定按钮的单击事件
        }
    })
    .setNegativeButton(" 取消 ", new DialogInterface.OnClickListener() {
        @Override
        public void onClick(DialogInterface dialogInterface, int i) {
        // 取消按钮的单击事件
        }
    })
    .setNeutralButton(" 普通按钮 ", new DialogInterface.OnClickListener() {
        @Override
```

```
        public void onClick(DialogInterface dialogInterface, int i) {
        // 普通按钮按钮的单击事件
        }
    }).create();
```

（3）setItems 设置列表，示例代码如下所示。

```
AlertDialog alertDialog = new AlertDialog.Builder(this)
    // 自定义列表
    .setItems(items, new DialogInterface.OnClickListener() {
        @Override
        public void onClick(DialogInterface dialogInterface, int i) {
        }
    }).create();
```

（4）setSingleChoiceItems 设置单选列表项对话框，示例代码如下所示。

```
AlertDialog alertDialog = new AlertDialog.Builder(this)
    .setSingleChoiceItems(items, 0, new DialogInterface.OnClickListener() {
        @Override
        public void onClick(DialogInterface dialogInterface, int i) {
        }
    }).create();
```

（5）setMultiChoiceItems 设置多选列表项对话框，示例代码如下所示。

```
AlertDialog alertDialog = new AlertDialog.Builder(this)
    .setMultiChoiceItems(items, booleans, new DialogInterface.OnMultiChoiceClickListener() {
    @Override
    public void onClick(DialogInterface dialogInterface, int i, boolean b) {
        }
    }).create();
```

## 2.6.3 使用 AlertDialog 设计点餐 App 的用户属性界面

使用 AlertDialog 设计点餐 App 的用户属性界面

（1）创建一个名为 Dialog 的项目。

（2）布局文件的代码如下，完成后的对话框列表界面如图 2-21 所示。

```
<?xml version="1.0" encoding="utf-8"?>
<LinearLayout xmlns:android="http://schemas.android.com/apk/res/android"
    xmlns:app="http://schemas.android.com/apk/res-auto"
    xmlns:tools="http://schemas.android.com/tools"
    android:layout_width="match_parent"
    android:layout_height="match_parent"
    tools:context=".MainActivity">
    <ListView
        android:id="@+id/lvsetting"
        android:layout_width="match_parent"
        android:layout_height="match_parent"
        android:entries="@array/userSetting_list"/>
</LinearLayout>
```

图 2-21　对话框列表界面

（3）在 res/values 目录中添加 array.xml，示例代码如下所示。

```
<?xml version="1.0" encoding="utf-8"?>
<resources>
    <array name="userSetting_list">
        <item> 更新程序 </item>
        <item> 设置用户昵称 </item>
        <item> 日期设置 </item>
        <item> 时间设置 </item>
        <item> 设置用户偏好 </item>
        <item> 退出 </item>
    </array>
</resources>
```

（4）编写 ListView 的初始化代码，示例代码如下所示。

```
ListView listView;
@Override
protected void onCreate(Bundle savedInstanceState) {
    super.onCreate(savedInstanceState);
    setContentView(R.layout.activity_main);
    listView = (ListView) findViewById(R.id.lvsetting);
    listView.setOnItemClickListener(new AdapterView.OnItemClickListener() {
        @Override
        public void onItemClick(AdapterView<?> parent, View view, int position, long id) {
            if (position == 0)
                progressBarDialog();      // 更新程序
            if (position == 1)
                customDailog();      // 设置用户昵称
            if (position == 4)
                singleChoiceItemsDailog();      // 设置用户偏好
                //multiChoiceItemsDailog();
            if (position == 5)
                exitApp();      // 退出
        }
    });
}
```

（5）编写 exitApp 方法，实现单击退出菜单，弹出退出确认对话框界面，示例代码如下所示。

```
private void exitApp() {
    AlertDialog.Builder builder = new AlertDialog.Builder(MainActivity.this);
    builder.setTitle(" 是否要退出系统 ");      // 设置对话框的标题
    builder.setMessage(" 请选择确定或取消 ");      // 设置对话框的内容
    builder.setIcon(R.mipmap.ic_launcher);      // 设置对话框标题的图标
    // 设置对话框的按钮
    builder.setPositiveButton(" 确定 ", new DialogInterface.OnClickListener() {
        // 确定按钮事件绑定
        @Override
        public void onClick(DialogInterface dialog, int which) {
            finish();
        }
    });
    builder.setNegativeButton(" 取消 ", new DialogInterface.OnClickListener() {
        @Override
```

```
            // 取消按钮事件绑定
            public void onClick(DialogInterface dialog, int which) {
                dialog.dismiss();
            }
        });
        builder.create();
        builder.show();
    }
```

（6）运行程序，弹出的退出系统对话框界面如图 2-22 所示。

图 2-22　弹出的退出系统对话框界面

## 2.6.4　使用单选列表 AlertDialog 设计点餐 App 的用户属性界面

（1）在 2.6.3 中编写一个单选列表对话框的 singleChoiceItemsDailog 方法，代码如下。

```
// 单选列表对话框
private void singleChoiceItemsDailog() {
    final String items[] = {" 距离优先 ", " 价格优先 ", " 评价优先 ", " 销量优先 "};
    AlertDialog.Builder builder = new AlertDialog.Builder(this);
    builder.setIcon(R.mipmap.ic_launcher);      // 设置对话框标题的图标
    builder.setTitle(" 用户偏好设置 ");      // 设置对话框的标题
    builder.setSingleChoiceItems(items, 1, new DialogInterface.OnClickListener() {
        @Override
        public void onClick(DialogInterface dialog, int which) {
            Toast.makeText(MainActivity.this, items[which], Toast.LENGTH_SHORT).show();
        }
    });
```

```
        builder.setNegativeButton(" 取消 ", new DialogInterface.OnClickListener() {
            @Override
            public void onClick(DialogInterface dialog, int which) {
                dialog.dismiss();
            }
        });
        builder.setPositiveButton(" 确定 ", new DialogInterface.OnClickListener() {
            @Override
            public void onClick(DialogInterface dialog, int which) {
                dialog.dismiss();
            }
        });
        builder.create();
        builder.show();
    }
```

（2）运行程序，单击用户偏好设置，查看运行效果，用户偏好设置对话框（单选）如图 2-23 所示。

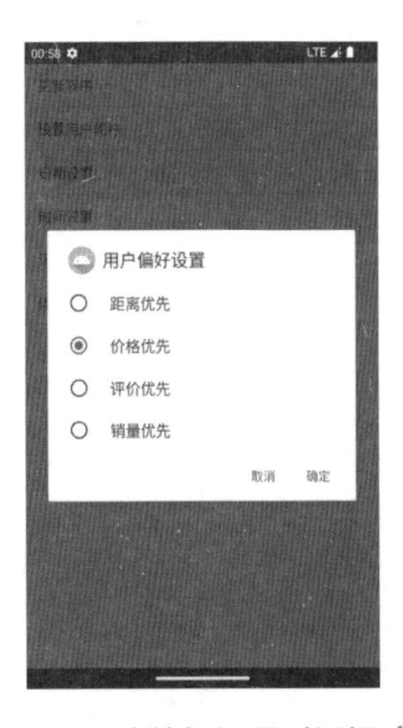


图 2-23　用户偏好设置对话框（单选）

## 2.6.5　使用多选列表 AlertDialog 设计点餐 App 的用户属性界面

（1）在 2.6.4 中编写一个多选列表对话框 multiChoiceItemsDailog 方法，代码如下。

```
private void multiChoiceItemsDailog() {
    final String items[] = {" 距离优先 ", " 价格优先 ", " 评价优先 ", " 销量优先 "};
    final boolean checkedItems[] = {true, false, true, false};
    AlertDialog.Builder builder = new AlertDialog.Builder(this);
```

```
        builder.setIcon(R.mipmap.ic_launcher);   // 设置对话框标题的图标
        builder.setTitle(" 用户偏好设置 ");        // 设置对话框的标题
        builder.setMultiChoiceItems(items,checkedItems,
        new DialogInterface.OnMultiChoiceClickListener() {
            @Override
            public void onClick(DialogInterface dialog, int which, boolean isChecked) {
                checkedItems[which] = isChecked;
            }
        });
        builder.setNegativeButton(" 取消 ", new DialogInterface.OnClickListener() {
            @Override
            public void onClick(DialogInterface dialog, int which) {
                dialog.dismiss();
            }
        });
        builder.setPositiveButton(" 确定 ", new DialogInterface.OnClickListener() {
            @Override
            public void onClick(DialogInterface dialog, int which) {
                String selecteditems = "";
                for (int i = 0; i < checkedItems.length; i++) {
                    if (checkedItems[i]) {
                        selecteditems = selecteditems + items[i] + "\n";
                    }
                }
                Toast.makeText(MainActivity.this, " 选中了 :" + selecteditems, Toast.LENGTH_SHORT).show();
            }
        });
        builder.create();
        builder.show();
    }
```

（2）修改 onItemClick 方法，完成后的代码如下。

```
listView.setOnItemClickListener(new AdapterView.OnItemClickListener() {
    @Override
    public void onItemClick(AdapterView<?> parent, View view, int position, long id) {
        if (position == 0)progressBarDialog();     // 更新程序
        if (position == 1)customDailog();     // 设置用户昵称
        if (position == 4)//singleChoiceItemsDailog();      // 设置用户偏好
```

```
            multiChoiceItemsDailog();
            if (position == 5)exitApp();        // 退出
        }
    });
```

（3）运行程序，查看运行效果，用户偏好设置对话框（多选）如图 2-24 所示。

图 2-24　用户偏好设置对话框（多选）

## 课后任务

在项目 2 任务 6 的工程中添加一个排序按钮，单击该按钮会弹出一个对话框，可以选择按照“距离优先”“价格优先”“评价优先”“销量优先”进行排序，排序结果在 ListView 上显示。

# 任务 7　在点餐 App 中使用 WebView

## 任务要求

（1）使用 WebView 实现在程序界面中显示网页，如图 2-25 所示。

（2）在点餐 App 中加载 HTML 文件。

（3）在 JavaScript 中调用 Android 的方法以及在 Android 方法调用 JavaScript 的函数。

图 2-25　在程序界面中显示网页

## 2.7.1　认识 WebView

WebView 是一个可以用来显示网页的视图。WebView 视图在 4.4 版本之前采用了 Webkit 内核，4.4 版后直接使用了 Chrome 内核。WebView 视图可以加载本地网页和远程服务器的上的页面，可以把它看作是一个可以嵌套到界面上的一个浏览器视图。

## 2.7.2　WebView 的使用

使用 WebView 需要在 AndroidManifest.xml 文件中添加访问权限，代码如下。

```
<uses-permission android:name="android.permission.INTERNET"/>
```

使用时还要在 application 节点下添加以下属性。

```
android:usesCleartextTraffic="true"
```

## 2.7.3　修改 WebView 的配置

当 WebView 第一次被创建时，通过 WebView 中的 getSettings 方法可以获得一个 WebSettings 对象，通过 WebSettings 对象提供的方法可以修改 WebView 的配置。WebSettings 的部分方法如表 2-1 所示。

表 2-1　WebSettings 的部分方法

| 方法 | 说明 |
| --- | --- |
| getSettings() | 返回一个 WebSettings 对象，用来控制 WebView 的属性设置 |
| loadUrl(String url) | 加载指定的 url |

续表

| 方法 | 说明 |
| --- | --- |
| loadData(String data,String mimeType,String encoding) | 将指定的data加载到WebView中。使用“data:”作为标记头，该方法不能加载网络数据。mimeType是数据的MIME类型，常见的有text/html、image/jpeg。encoding是数据的编码方式 |
| loadDataWithBaseURL(String baseUrl,String data,String mimeType,String encoding,String historyUrl) | baseUrl 是基本 URL，data 是要加载的 HTML 数据，mimeType 是数据的 MIME 类型，encoding 是数据的编码方式，historyUrl 是历史记录的 URL |
| setWebViewClient(WebViewClient client) | 为 WebView 指定一个 WebViewClient 对象。WebView Client 可以辅助 WebView 处理通知和请求 |
| setWebChromeClient(WebChromeClient client) | 为WebView指定一个WebChromeClient对象，Web ChromeClient专门用来辅助WebView处理JavaScript的对话框、网站标题、网站图标和进度条等 |

## 2.7.4 认识 Java 与 JavaScript 的交互方法

相比于 Native App（原生 App）和 Web App，Hybrid App（混合 App）凭借其迭代灵活、控制自如、多端同步的特点，优势越发明显。对于变更频繁的部分产品功能，混合 App 使用 H5 开发，并在客户端中借助 WebView 嵌入应用当中。日常开发中总会遇到原生 Java 代码与网页中的 JavaScript 代码之间相互调用产生的交互问题。Java 与 JavaScript 彼此调用的前提是设置 WebView 支持 JavaScript 功能。

## 2.7.5 加载 Web 页面

（1）创建一个名为 WebViewfood 的项目。

（2）设计布局界面文件，代码如下。

```
<?xml version="1.0" encoding="utf-8"?>
<LinearLayout xmlns:android="http://schemas.android.com/apk/res/android"
    android:layout_width="match_parent"
    android:layout_height="match_parent"
    android:orientation="vertical">
    <WebView
        android:id="@+id/webview"
        android:layout_width="match_parent"
        android:layout_height="match_parent" />
</LinearLayout>
```

（3）初始化视图的代码如下。

```
WebView webView;
public void onCreate(Bundle savedInstanceState) {
    super.onCreate(savedInstanceState);
```

```
        setContentView(R.layout.activity_main);
        webView = (WebView) findViewById(R.id.webview);
        btngo = (Button) findViewById(R.id.btngo);
        edtUrl = (EditText) findViewById(R.id.edtUrl);
    }
```

（4）对 webView 进行必要的设置，在 onCreate 方法中添加如下代码。

```
/* 使用 Webview 视图打开网页或超链接时，如果不执行 setWebViewClient 方法将会用系统浏览器打开 */
webView.setWebViewClient(new WebViewClient() ;
WebSettings webSettings = webView.getSettings();
/* WebView 默认不支持 JavaScript，可以调用 setJavaScriptEnabled 方法让 WebView 视图支持 JavaScript*/
webSettings.setJavaScriptEnabled(true);
/*WebView 默认不支持 Web 页中的缩放，如果需要其支持缩放，需要调用 setBuiltInZoomControls 方法开启缩放功能 */
webSettings.setBuiltInZoomControls(true);
```

（5）编写加载网页的代码打开网页，代码如下。

```
String urlStr="https://meishi.meituan.com/i/";
// 调用 loadurl 方法加载 url 字符串指定的网址的页面
webView.loadUrl(urlStr);
```

（6）启动程序，确认在 WebView 中是否能够访问网站。

（7）增加 Android 应用访问网络的权限。为了使得程序中的 WebView 能打开指定网页，程序就必须拥有访问网络的权限（默认是关闭的）。修改项目的配置文件 AndroidManifest.xml，在文件中加入如图 2-26 所示的访问网络权限的配置。

```
<?xml version="1.0" encoding="utf-8"?>
<manifest xmlns:android="http://schemas.android.com/apk/res/android"
    xmlns:tools="http://schemas.android.com/tools">
    <uses-permission android:name="android.permission.INTERNET" />
    <application
        android:allowBackup="true"
        android:dataExtractionRules="@xml/data_extraction_rules"
        android:fullBackupContent="@xml/backup_rules"
        android:icon="@mipmap/ic_launcher"
        android:label="M1_WebViewNews"
        android:roundIcon="@mipmap/ic_launcher_round"
        android:supportsRtl="true"
        android:theme="@style/Theme.M1_WebViewNews"
        tools:targetApi="31"
        android:usesCleartextTraffic="true">
        <activity
            android:name=".MainActivity"
            android:exported="true">
            <intent-filter>
                <action android:name="android.intent.action.MAIN" />
                <category android:name="android.intent.category.LAUNCHER" />
            </intent-filter>
        </activity>
    </application>

</manifest>
```

图 2-26　访问网络权限的配置

## 2.7.6 在 WebView 中加载 HTML 文件

（1）创建一个名为 WebViewHtml 的项目。

（2）设计界面布局，添加一个 WebView 视图，并将视图宽度和高度设置为 match_parent。

（3）将 index.html 文件复制到项目的 assets 目录中，具体操作步骤如下。

① 在 Android Studio 中的“Project”窗口，单击图 2-27 框中的按钮，在下拉菜单中选择“Project”项，把目录结构切换到 Project 模式，这样会使得整个项目结构更为清晰，空的文件夹也不会被隐藏。

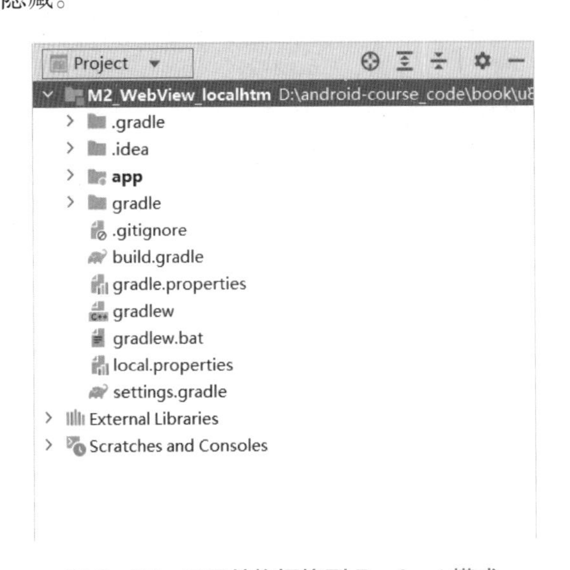


图 2-27 目录结构切换到 Project 模式

② 右击 main 目录，依次选择“New”→“Folder”→“Assets Folder”选项。

③ 在“New Android Component”对话框中单击“Finish”按钮完成 assets 目录的创建，如图 2-28 所示。将 index.html 复制到 assets 目录中。

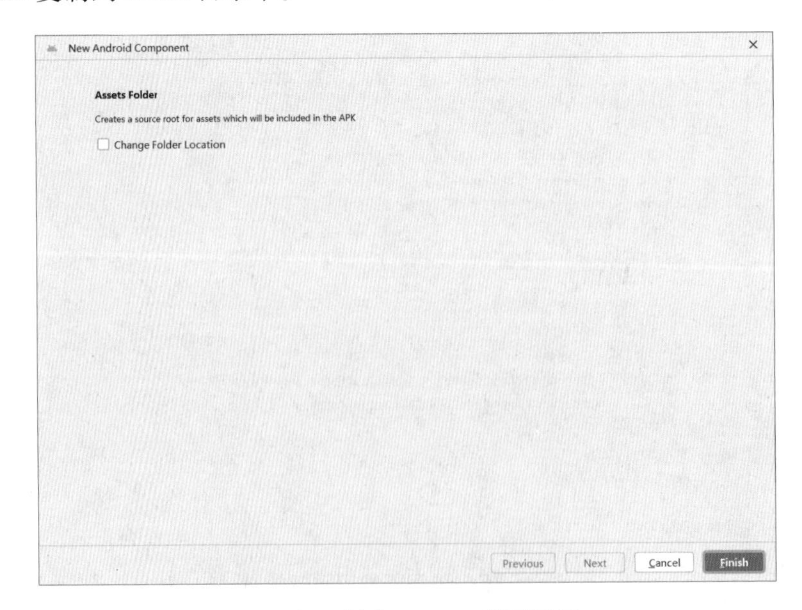


图 2-28 创建 assets 资源目录

④ 在 Android Studio 的“Project”窗口，单击图 2-27 框中的按钮，在下拉列表中选择“Android”选项，把目录结构切换到 Android 视图模式。

（4）加载 HTML 文件的代码如下。

```
WebView webView = (WebView) findViewById(R.id.webview);
webView.setWebViewClient(new WebViewClient());
WebSettings webSettings = webView.getSettings();
String url = "file:///android_asset/index.html" ;
webSettings.setJavaScriptEnabled(true);
webSettings.setBuiltInZoomControls(true);
webView.loadUrl(url);
```

（5）参考 2.7.5 的方法添加访问网络的权限。

（6）启动程序，界面如图 2-29 所示。在 HTML 页面中单击某个链接，检查是否能够跳转到该网站。

图 2-29　WebView 加载 HTML 文件界面

## 2.7.7　Android 调用 JavaScript 的函数

（1）创建 AndroidJs 项目。

（2）设计布局，代码如下。

```
<?xml version="1.0" encoding="utf-8"?>
<LinearLayout xmlns:android="http://schemas.android.com/apk/res/android"
    xmlns:app="http://schemas.android.com/apk/res-auto"
    xmlns:tools="http://schemas.android.com/tools"
    android:layout_width="match_parent"
    android:layout_height="match_parent"
    android:orientation="vertical"
    tools:context=".MainActivity">
```

```
    <WebView
        android:id="@+id/webview"
        android:layout_width="match_parent"
        android:layout_height="400dp" />
    <Button
        android:id="@+id/btnCallJs"
        android:layout_width="match_parent"
        android:layout_height="wrap_content"
        android:text=" 调用无参的 JavaScript 函数 " />
    <Button
        android:id="@+id/btnCallJsPara"
        android:layout_width="match_parent"
        android:layout_height="wrap_content"
        android:text=" 调用有参的 JavaScript 函数 " />
    <Button
        android:id="@+id/btnCallJsParaReturn"
        android:layout_width="match_parent"
        android:layout_height="wrap_content"
        android:text=" 调用有参的 JavaScript 函数，JavaScript 方法有返回值 " />
</LinearLayout>
```

（3）创建 assets 目录。

（4）添加一个名为 webView.html 的网页文件，代码如下。

```
<html>
<head><title></title></head>
<body>
javascript 和 android 交互
<br>
<input type="button" value="JavaScript 调用 Android 的方法 (JavaScriptInterface 类 )"
    onClick="callAndroidToast(' 您有一条新的消息 ')"/>
<br>
<input type="button" value="JavaScript 调用 Android 的方法 (Activity)"
    onClick="callAndroidMsg(' 恭喜您抽中了 100 减 50 全场优惠券！ ')"/>
<script type="text/javascript">
    //JavaScript 调用 Android 的方法
    function callAndroidMsg(msg2){
        main.callAndroid(msg2);
    }
    //JavaScript 调用 Android 的方法
```

```
    function callAndroidToast(msg) {
        // 调用 JavaScriptInterface 类中的 showToast() 方法，获取 JavaScript 传递过来的参数
        Android.showToast(msg);
    }
    //Android 调用了 JavaScript 的函数
    function callJS(){
        alert("Android 调用了 JavaScript 的无参 callJS 方法 ");
    }
    function callJSParameter(message){
        alert("Android 调用 JavaScript 的有参 callJS 方法，参数为 "+message);
    }
    function callJSReturn(order_no){
        var  result=' 订单号 :'+order_no+' 的外卖派送中 ';
        return result;
    }
</script>
</body>
</html>
```

（5）MainActivity 的初始化代码如下。

```
private String order_no, price;
Button btnCalljs, btnCallJsPara, btnCallJsReturn;
WebView myWebView;
@Override
protected void onCreate(Bundle savedInstanceState) {
    super.onCreate(savedInstanceState);
    setContentView(R.layout.activity_main);
    order_no = "2023827475245";
    price = "32.00";
    btnCalljs = (Button) findViewById(R.id.btnCallJs);
    btnCallJsPara = (Button) findViewById(R.id.btnCallJsPara);
    btnCallJsReturn = (Button) findViewById(R.id.btnCallJsParaReturn);
    btnCalljs.setOnClickListener(btnCalljsListener);
    btnCallJsPara.setOnClickListener(btnCallJsParaListener);
    btnCallJsReturn.setOnClickListener(btnCallJsReturnListener);
    myWebView = (WebView) findViewById(R.id.webview);
}
View.OnClickListener btnCalljsListener = new View.OnClickListener() {
    @Override
```

```
        public void onClick(View v) {
        }
    };
    View.OnClickListener btnCallJsParaListener = new View.OnClickListener() {
        @Override
        public void onClick(View v) {
        }
    };
    View.OnClickListener btnCallJsReturnListener = new View.OnClickListener() {
        @Override
        public void onClick(View v) {
        }
    };
```

（6）在 onCreate 方法中添加 WebView 加载网页的设置的代码如下。

```
// 设置 JavaScript 可用
WebSettings webSettings = myWebView.getSettings();
webSettings.setJavaScriptEnabled(true);
// 将提供给 JavaScript 访问的接口内容所属的 Java 对象注入 WebView 中
myWebView.addJavascriptInterface(new JavaScriptInterface(this), "Android");
myWebView.addJavascriptInterface(MainActivity.this, "main");
myWebView.loadUrl("file:///android_asset/webView.html");
//webView 网页加载进度
myWebView.setWebChromeClient(new WebChromeClient() {
    @Override
    public void onProgressChanged(WebView view, int newProgress) {
        super.onProgressChanged(view, newProgress);
        if (newProgress == 100) { // 网页加载完成
            Log.i("onProgressChanged"," 页面加载完成 ");
        }
    }
} );
```

（7）编写按钮的单击事件监听器代码，实现单击按钮调用 JavaScript 函数，代码如下。

```
View.OnClickListener btnCalljsListener = new View.OnClickListener() {
    @Override
    public void onClick(View v) {
        if (Build.VERSION.SDK_INT < 18) {
            /* 调用 JavaScript 方法时一定要在 onPageFinished 回调之后才能调用，否则不起作用 */
```

```
                myWebView.loadUrl("javascript:clickJS()");
            } else {
                /* 执行该方法不会使页面刷新，而第一种方法（loadUrl ）则会刷新页面，但是
                Android 4.4 后才可使用，兼容性要求偏高。调用无参的 JavaScript 函数，
                JavaScript 方法无返回值，所以为 null*/
                myWebView.evaluateJavascript("javascript:callJS()", null);
            }
        }
};
View.OnClickListener btnCallJsParaListener = new View.OnClickListener() {
        @Override
        public void onClick(View v) {
            /* 调用有参的 JavaScript 函数，JavaScript 方法无返回值，所以为 null */
            myWebView.evaluateJavascript("javascript:callJSParameter('"+ price + "')", null);
        }
};
View.OnClickListener btnCallJsReturnListener = new View.OnClickListener() {
        @Override
        public void onClick(View v) {
            /* 调用有参的 JavaScript 函数，JavaScript 方法有返回值，
              我们需要使用 onReceiveValue 回调函数接收 JavaScript 函数的返回值 */
            myWebView.evaluateJavascript("javascript:callJSReturn('" + order_no + "')", new ValueCallback<String>() {
                @Override
                public void onReceiveValue(String value) {
                    // 此处为 JavaScript 返回的结果
                    Toast.makeText(MainActivity.this, value, Toast.LENGTH_SHORT).show();
                }
            });
        }
};
```

（8）运行程序，分别单击三个按钮，调用网页中的 JavaScript 函数，出现如图 2-30 所示的界面。

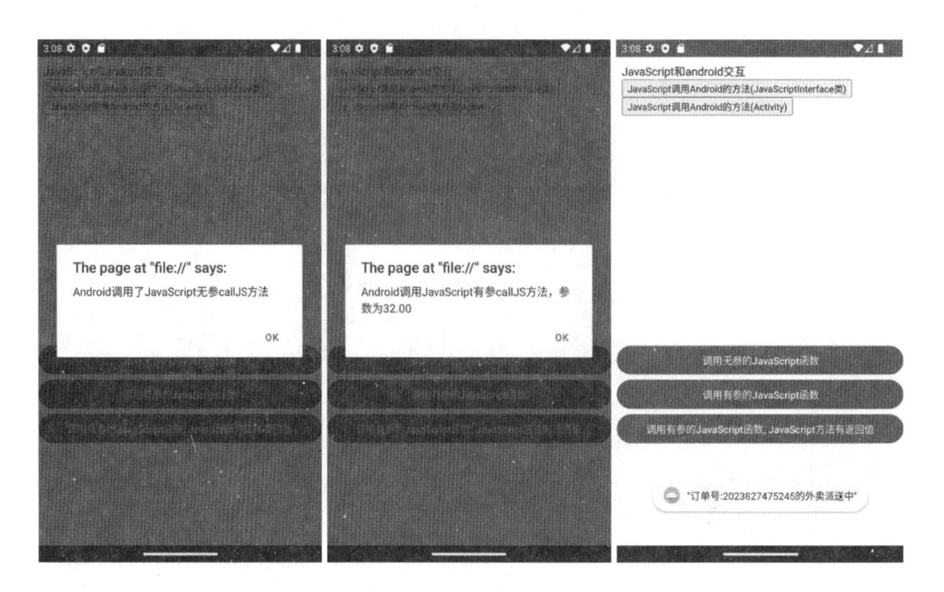


图 2-30　Android 调用 JavaScript 的函数

## 2.7.8　JavaScript 函数调用 Android 的方法

（1）在 2.7.7 的项目中创建一个 JavaScriptInterface 类，让 JavaScript 调用该类的方法。

（2）JavaScriptInterface 类的代码如下。

```
// 创建一个 JavaScriptInterface 接口类
public class JavaScriptInterface {
    Context mContext;
    /** Instantiate the interface and set the context */
    JavaScriptInterface(Context c) {
        mContext = c;
    }
    @JavascriptInterface
    /** Show a toast from the web page */
    public void showToast(String toast_msg) {
        Toast.makeText(mContext, toast_msg, Toast.LENGTH_SHORT).show();
    }
}
```

（3）在 MainActivity 添加 callAndroid 方法，用于 JavaScript 函数调用，代码如下。

```
@JavascriptInterface
public void callAndroid(String message) {
    Toast.makeText(MainActivity.this, message, Toast.LENGTH_SHORT).show();
}
```

（4）运行程序，单击程序界面的 WebView 中的网页按钮“JavaScript 调用 Android 的方法 (JavaScriptInterface 类 )”，弹出如图 2-31 所示的提示消息。

（5）运行程序，单击程序界面的 WebView 中的网页按钮“JavaScript 调用 Android 的方法 (Activity)”，弹出如图 2-32 所示的提示消息。

图 2-31　JavaScript 调用 JavaScriptInterface 类中定义的方法

图 2-32　JavaScript 调用 Activity 中定义的方法

## 课后任务

在任务 7 的项目中添加一个 WebView，在该 WebView 中添加一个站点导航的 HTML 页面。

### 科技强国——集成开发环境的国产化

集成开发环境（integrated development environment，IDE）是软件开发生态的入口，但目前我们所使用的 IDE 基本都是由国外公司提供的，如 Visual Studio、Eclipse、IntelliJ IDEA。这些 IDE 具有很高的断供风险，与操作系统、芯片、编程语言一样，非常重要。另外，随着越来越多的软件开始采用云开发模式，使用国外的开发环境，开发者团队和个人也面临着无法确认的保密性、完整性等问题。所以，IDE 自主可控是一件十分值得重视的事情。IDE 开发需要开发者具有较高的能力和丰富的编程经验，国内从事 IDE 开发的团队不多，不过，华为作为一家具有多年技术积累的科技公司，正式推出了自己研发的 IDE——DevEco Studio。通过这个自主可控的 IDE，华为有望在未来的 IVE 开发中发挥更加重要的作用。

DevEco Studio 是华为为鸿蒙平台打造的开发工具。DevEco Studio 是基于 IntelliJ IDEA Community 开源版本打造的面向全场景多设备，提供一站式服务的分布式应用开发平台，它支持分布式多端开发、分布式多端调测、多端模拟仿真。使用 DevEco Studio 开发发布都比较便捷，只需要几个步骤，即可轻松开发并上架一个 HarmonyOS 应用或服务。DevEco Studio 集成了手机、智慧大屏、智能穿戴等设备的典型场景模板，可以通过工程向导快速创建一个新的工程。熟悉 Android studio 开发工具的程序员可以非常快速地掌握 DevEco Studio 工具的使用。

# 项目 3

# 设计点餐 App 的 Layout 布局

## 学习目标

### 知识目标

（1）了解布局在 Android 程序界面设计中的作用。

（2）掌握使用 LinearLayout、FrameLayout、TableLayout、RelativeLayout、GridLayout 和 ConstraintLayout 布局设计程序界面的方法。

（3）掌握适配器与 ListView 的数据绑定的用法。

### 能力目标

（1）能够综合使用 LinearLayout、FrameLayout、TableLayout、RelativeLayout、GridLayout 和 ConstraintLayout 这 6 种页面布局设计 App 的界面。

（2）能够使用适配器和 ListView 设计列表界面。

### 素质目标

（1）践行社会主义核心价值观，培养爱国情感，增强国家认同感和民族自豪感。

（2）培养尊重事实的实证精神。

## 核心知识点导图

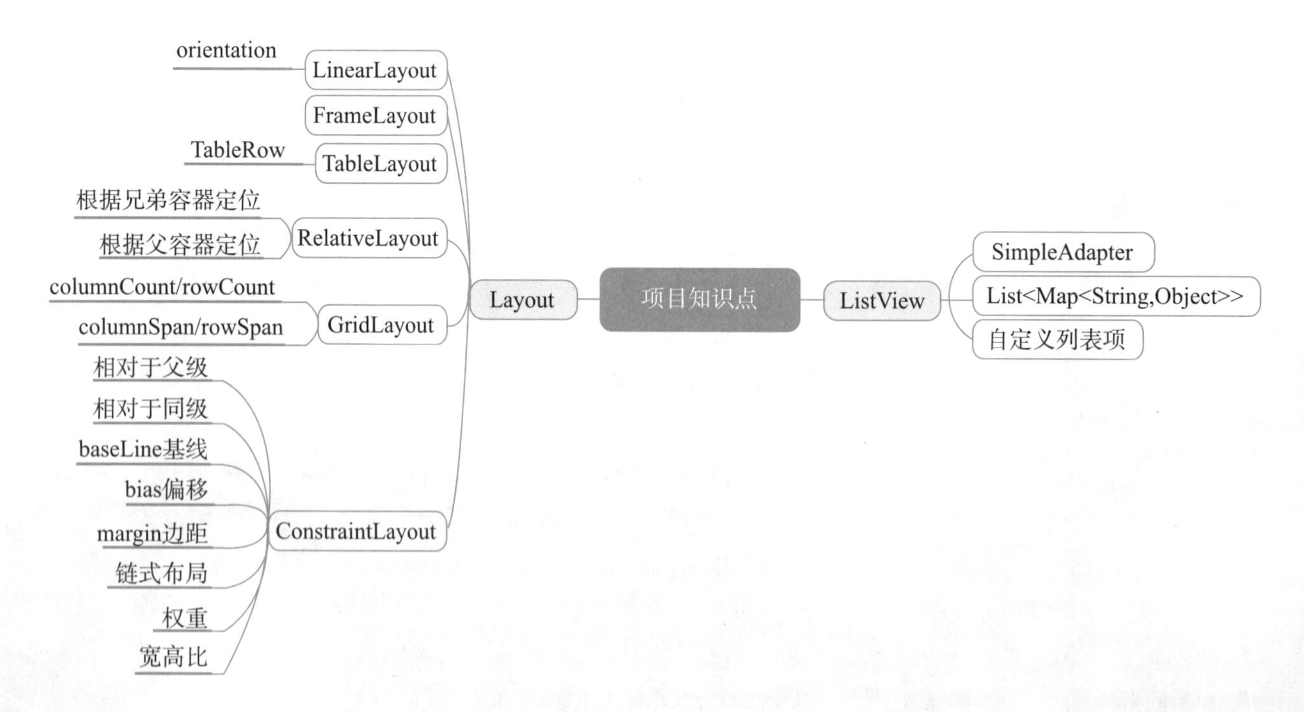

## 项目导入

点餐软件是面向广大用户使用的应用程序。用户界面是否美观、操作交互设计是否简洁易用是软件设计人员需要考虑的重要问题。本项目介绍使用 Android 的多种布局方式设计一个美观实用的用户界面，实现数据信息展示，打造一个良好的用户交互界面。

# 任务 1 在点餐 App 中使用 LinearLayout 与 FrameLayout

## 任务要求

使用 LinearLayout 和 FrameLayout 设计一个商家简介栏界面，要求包含商家图片、商家名称、商家地址和评价等级信息，同时还要展示人均消费价格和新店标识图片。

## 3.1.1 认识 Android 的界面布局

界面布局（Layout）是用户界面结构的描述，定义了界面中的元素、结构和它们之间的相互关系。在 Android 中创建界面布局的方法有下面三种。

（1）使用 XML 文件描述界面布局（推荐）。

（2）利用程序代码创建界面布局（在程序运行时动态添加或修改界面布局）。

（3）将 XML 文件和程序代码相结合。

在开发时，可以独立使用任何一种声明界面布局的方式，也可以同时使用两种方式。

使用 XML 文件声明界面布局的优势是可以将程序的表现层（View）和控制层（Controller）分离，修改用户界面时，无需更改程序的源代码。可通过 Android Studio 的“可视化编辑器”直接查看用户界面，有利于加快界面设计。

常用的几种界面布局管理器有线性布局（LinearLayout）、框架布局（FrameLayout）、表格布局（TableLayout）、相对布局（RelativeLayout）、绝对布局（AbsoluteLayout）、网格布局（GridLayout）、约束布局 (Android Studio 2.3 开始支持 )。

布局管理器的主要作用有：适应不同的移动设备屏幕分辨率、方便横屏和竖屏之间相互切换、管理每个视图的大小及位置。

## 3.1.2 认识 LinearLayout

线性布局（LinearLayout）是一种重要的界面布局，也是经常使用的一种界面布局。在线性布局中，所有的子元素都按照垂直或水平的顺序在界面上排列。

线性布局中的视图有两种排列方式，垂直排列和水平排列。

垂直排列即每行仅包含一个界面元素，orientation 属性需要设置为 vertical。

水平排列即每列仅包含一个界面元素，orientation 属性需要设置为 horizontal。

## 3.1.3 认识 FrameLayout

帧布局（FrameLayout）是最简单的界面布局，是用来存放一个元素的空白空间。帧布局子元素的位置是不能够指定的，只能放置在空白空间的左上角，如果有多个子元素，后放置的子元素将遮挡先放置的子元素。

## 3.1.4 使用 LinearLayout 设计商家简介栏

（1）创建一个名为 LinearLayout_shop 的项目。

（2）将图片 s1.jpg、star50.png 导入项目的 mipmap-hdpi 目录中。

（3）设计如图 3-1 所示的深色部分的布局。将根布局设置为 LinearLayout 布局（水平）。添加一个 id 为 layoutPrice 的 LinearLayout 布局（水平），在该布局中添加一个五星评价图片和价格，完成后的效果如图 3-2 所示，代码如下所示。

```
<?xml version="1.0" encoding="utf-8"?>
<LinearLayout xmlns:android="http://schemas.android.com/apk/res/android"
    android:layout_width="fill_parent"
    android:layout_height="fill_parent"
    android:orientation="horizontal">
    <LinearLayout
        android:id="@+id/layoutPrice"
        android:layout_width="wrap_content"
        android:layout_height="wrap_content"
        android:orientation="horizontal">
        <ImageView
            android:id="@+id/star"
            android:layout_width="wrap_content"
            android:layout_height="wrap_content"
            android:src="@mipmap/star50" />
        <TextView
            android:id="@+id/price"
            android:layout_width="wrap_content"
            android:layout_height="wrap_content"
            android:text=" 人均消费价格 " />
    </LinearLayout>
</LinearLayout>
```

| 商家图片 | 店名 |
| --- | --- |
| | 五星评价图片　　价格 |
| | 地址 |

图 3-1　价格布局设计

图 3-2　人均消费价格布局预览效果

（4）添加一个 id 为 layoutShopInfo 的 LinearLayout 布局（垂直）。把店名、id 为 layoutPrice 的 LinearLayout 布局和地址放到这个 LinearLayout 布局中，完成后的右侧分布如图 3-3 所示，右侧布局的预览效果如图 3-4 所示。完成后的代码如下。

```
<?xml version="1.0" encoding="utf-8"?>
<LinearLayout xmlns:android="http://schemas.android.com/apk/res/android"
    android:layout_width="fill_parent"
    android:layout_height="fill_parent"
    android:orientation="horizontal">
    <LinearLayout
        android:id="@+id/layoutShopInfo"
        android:layout_width="wrap_content"
        android:layout_height="wrap_content"
        android:orientation="vertical">
        <TextView
            android:id="@+id/shopname"
            android:layout_width="wrap_content"
            android:layout_height="wrap_content"
            android:text=" 店名 " />
                <!-- 步骤（3）的代码 -->
        <TextView
            android:id="@+id/address"
            android:layout_width="wrap_content"
            android:layout_height="wrap_content"
            android:text=" 地址 " />
    </LinearLayout>
</LinearLayout>
```

| 商家图片 | 店名 | |
|---|---|---|
| | 五星评价图片 | 价格 |
| | 地址 | |

图 3-3　右侧布局

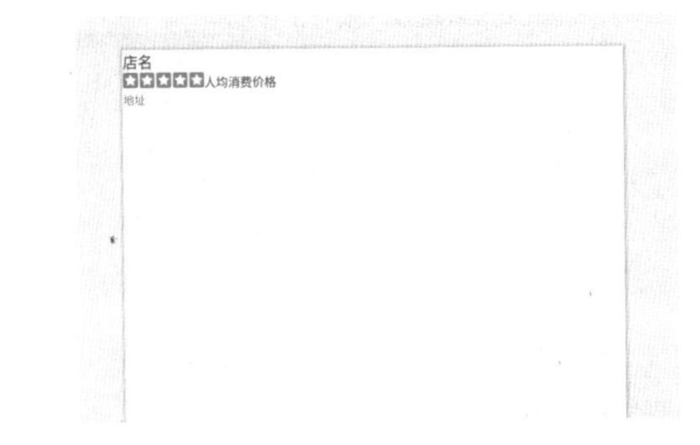


图 3-4　右侧布局的预览效果

（5）添加一个 id 为 layoutShopList 的 LinearLayout 布局（水平）。在该布局中包含店名图片（id:img）、id 为 layoutShopInfo 的布局，商家信息布局界面如图 3-5 所示。完成设计后的代码如下。

```
<?xml version="1.0" encoding="utf-8"?>
<LinearLayout xmlns:android="http://schemas.android.com/apk/res/android"
    android:layout_width="fill_parent"
    android:layout_height="fill_parent"
    android:orientation="horizontal">
    <LinearLayout
        android:id="@+id/layoutShopList"
        android:layout_width="match_parent"
        android:layout_height="wrap_content"
        android:orientation="horizontal">
        <ImageView
            android:id="@+id/icon"
            android:layout_width="wrap_content"
            android:layout_height="wrap_content"
            android:src="@mipmap/s1" />
                <!-- 步骤（4）的代码 -->
     </LinearLayout>
 </LinearLayout>
```

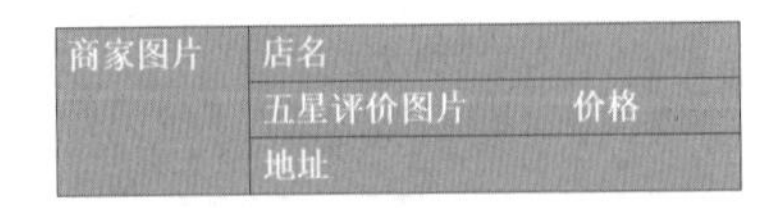


图 3-5　完整的商家信息布局

（6）设置商家图片，代码如下。

```
<ImageView
    android:id="@+id/icon"
    android:layout_width="wrap_content"
```

```
        android:layout_height="wrap_content"
        android:layout_marginLeft="10dip"
        android:layout_marginTop="4dip"
        android:layout_marginRight="10dip"
        android:layout_marginBottom="10dip"
        android:adjustViewBounds="true"
        android:maxWidth="120dip"
        android:maxHeight="100dip"
        android:minWidth="120dip"
        android:minHeight="100dip"
        android:src="@mipmap/s1" />
```

（7）设置店名的标签属性，代码如下。

```
    <TextView
        android:id="@+id/shopname"
        android:layout_width="wrap_content"
        android:layout_height="wrap_content"
        android:text=" 店名 "
        android:textSize="18sp" />
```

（8）设置评价图片的属性，代码如下。

```
    <ImageView
        android:id="@+id/star"
        android:layout_width="wrap_content"
        android:layout_height="wrap_content"
        android:adjustViewBounds="true"
        android:maxHeight="16dip"
        android:src="@mipmap/star50" />
```

（9）设置价格标签的属性，代码如下。

```
    <TextView
        android:id="@+id/price"
        android:layout_width="wrap_content"
        android:layout_height="wrap_content"
        android:text=" 人均消费价格 "
        android:textSize="16sp" />
        android:src="@mipmap/star50" />
```

（10）设置地址标签的属性，代码如下。

```
    <TextView
```

```
android:id="@+id/address"
android:layout_width="wrap_content"
android:layout_height="wrap_content"
android:text=" 地址 "
android:textColor="#969696"
android:textSize="14sp" />
```

**提示**

（1）dip 表示设备独立像素（device independent pixels）。不同设备有不同的显示效果，这个和设备硬件有关，一般为了支持 WVGA、HVGA 和 QVGA，推荐使用 dip，dip 不依赖像素。

（2）sp 表示独立缩放像素（scale-independent pixels）。它和 dip 类似，sp 主要用作字体的单位，开发时用 sp 单位设置文字大小，这样在不同像素密度的屏幕上能进行同比例的放大缩小。

（11）运行程序，商家列表界面运行效果如图 3-6 所示。

图 3-6　商家列表界面运行效果

## 3.1.5　使用 FrameLayout 在图片上显示新店状态图表

（1）导入 3.1.4 的项目文件，并导入图片 new_shop.png。

（2）在布局文件中添加一个 FrameLayout 布局，并将其设置为根布局。

（3）将 3.1.4 的布局代码复制到 FrameLayout 中。

（4）新店的图片位于商家的图片之上，因此需要将该视图放在任务 3.1.4 的布局内容的后面，完成后的代码如下。

```
<?xml version="1.0" encoding="utf-8"?>
<FrameLayout xmlns:android="http://schemas.android.com/apk/res/android"
    android:layout_width="fill_parent"
    android:layout_height="fill_parent" >
    <!--3.1.4 的代码 -->
    <ImageView
        android:id="@+id/imageView_re"
        android:adjustViewBounds="true"
        android:layout_marginTop="5dip"
        android:layout_marginLeft="94dp"
        android:maxWidth="35dip"
        android:maxHeight="25dip"
        android:minWidth="35dip"
        android:minHeight="25dip"
        android:layout_width="wrap_content"
        android:layout_height="wrap_content"
        android:src="@mipmap/new_shop" />
</FrameLayout>
```

（5）使用 FrameLayout 后的商家列表效果如图 3-7 所示。

图 3-7　使用 FrameLayout 后的商家列表效果

## 课后任务

在 3.1.5 的设计界面的基础上添加布局，在地址标签的右侧显示评价人数，在地址标签的左侧显示该店所售卖的美食种类。

# 任务 2 在点餐 App 中使用 TableLayout

## 任务要求

使用 TableLayout 设计点餐 App 中的九宫格导航界面。

## 3.2.1 认识 TableLayout

TableLayout（表格布局）将屏幕划分成网格单元（网格的边界对用户是不可见的）。它并不需要明确地声明包含多少行、列，而是通过添加 TableRow 或其他组件来控制表格的行数和列数，通过指定行和列将界面元素添加到表格中。

在表格布局中，一个列的宽度由该列中最宽的单元格决定。表格布局支持嵌套，可以将另一个表格布局放置在前一个表格布局的网格中，也可以在表格布局中添加其他界面布局，例如线性布局、相对布局等。

表格布局采用行列形式管理用户界面组件，每次向 TableLayout 添加一个 TableRow，就是在向表格添加一行，TableRow 也是容器，可以向 TableRow 中添加组件，每添加一个组件，就是添加一列。如果直接向 TableLayout 添加组件，则默认这个组件占满一行。表格布局中列的宽度即是每一列中最宽的组件的宽度。

## 3.2.2 了解 TableLayout 常用属性

（1）在 XML 布局文件中定义 TableLayout，代码如下。

```
<TableLayout
    android:layout_width="match_parent"
    android:layout_height="match_parent">
    <!-- 添加 TableRows 和 TableCells -->
</TableLayout>
```

（2）在 TableLayout 内部添加 TableRow，代码如下。

```
<TableLayout
    android:layout_width="match_parent"
    android:layout_height="match_parent">
    <TableRow></TableRow>
    <TableRow></TableRow>
</TableLayout>
```

## 3.2.3 TableLayout 常用的属性

android:layout_width 和 android:layout_height：设置 TableLayout 的宽度和高度。

android:stretchColumns：指定要拉伸的列的索引（从 0 开始，指定多个时以逗号分隔），使其占据可用空间的比例均衡分配，默认情况下所有列都具有相同的权重。

android:shrinkColumns：设置允许被收缩的列的序号。

android:collapseColumns：指定隐藏的列的索引（从 0 开始）。

android:background：设置 TableLayout 的背景颜色或背景图片。

## 3.2.4　TableLayout 常用的方法

setColumnCollapsed(int columnIndex,boolean isCollapsed)：将指定列折叠或展开。

setColumnStretchable(int columnIndex,boolean isStretchable)：设置指定列是否可以拉伸，即占据剩余空间。

setColumnShrinkable(int columnIndex,boolean isShrinkable)：设置指定列是否可以缩小，即在剩余空间不足时缩小。

setGravity(int gravity)：设置 TableLayout 中所有单元格的对齐方式。

getLayoutParams()：获取当前 TableLayout 的布局参数。

requestLayout()：请求重新计算 TableLayout 的布局。

## 3.2.5　设计点餐 App 的导航页面

（1）创建一个名为 TableLayout_shop 的项目。

（2）删除原有的布局内容。

（3）添加一个 TableLayout 作为根布局，并在 TableLayout 中添加两个 TableRow 视图作为 TableRow1 和 TableRow2。

（4）在 TableRow1 中完成一个导航按钮"团购"的设计，导航按钮设计效果如图 3-8 所示，布局代码如下。

图 3-8　导航按钮

设计点餐 App 的导航页面

```
<LinearLayout
    android:layout_width="85dip"
    android:layout_height="wrap_content"
    android:orientation="vertical">
        <ImageView
            android:id="@+id/groupon_u"
            android:layout_width="wrap_content"
            android:layout_height="wrap_content"
            android:layout_gravity="center"
            android:adjustViewBounds="true"
            android:maxHeight="40dip"
            android:src="@mipmap/group" />
        <!--
        padding 属性设置 TextView 元素与其他元素的间隔距离，此处设置为 3dip,
```

```
        layout_gravity="center" 设置文字居中
        -->
        <TextView
            android:id="@+id/textView5"
            android:layout_width="wrap_content"
            android:layout_height="wrap_content"
            android:layout_gravity="center"
            android:padding="3dip"
            android:text=" 团购 " />
</LinearLayout>
```

（5）将“团购”“订酒店”“订外卖”和“看电影”四个线性布局放置到 TableRow1 中，导航界面第一行如图 3-9 所示。

（6）完成 TableRow2 的四个导航按钮的设计，导航界面完成后的效果如图 3-10 所示。

**图 3-9　导航界面第一行**　　　　**图 3-10　导航界面完成后的效果**

（7）设置第一行中每个导航按钮的权重，每行四个按钮等分屏幕宽度，设置团购按钮权重的代码如下。

```
<LinearLayout
    android:layout_width="85dip"
    android:layout_height="wrap_content"
    android:layout_weight="1"
    android:orientation="vertical">
    <ImageView
        android:id="@+id/groupon_u"
        android:layout_width="wrap_content"
        android:layout_height="wrap_content"
        android:layout_gravity="center"
        android:adjustViewBounds="true"
```

```
            android:maxHeight="40dip"
            android:src="@mipmap/group" />
            <!--
            padding 属性设置 TextView 元素与其他元素的间隔距离，此处设置为 3dip,
            layout_gravity="center" 设置文字居中
            -->
        <TextView
            android:id="@+id/textView5"
            android:layout_width="wrap_content"
            android:layout_height="wrap_content"
            android:layout_gravity="center"
            android:padding="3dip"
            android:text=" 团购 " />
    </LinearLayout>
    <LinearLayout
        android:layout_width="85dip"
        android:layout_height="wrap_content"
        android:layout_weight="1"
        android:orientation="vertical">
        <ImageView
            android:id="@+id/groupon_u"
            android:layout_width="wrap_content"
            android:layout_height="wrap_content"
            android:layout_gravity="center"
            android:adjustViewBounds="true"
            android:maxHeight="40dip"
            android:src="@mipmap/group" />
            <!--
            padding 属性设置 TextView 元素与其他元素的间隔距离，此处设置为 3dip,
            layout_gravity="center" 设置文字居中
            -->
        <TextView
            android:id="@+id/textView5"
            android:layout_width="wrap_content"
            android:layout_height="wrap_content"
            android:layout_gravity="center"
            android:padding="3dip"
            android:text=" 团购 " />
```

```
</LinearLayout>
<LinearLayout
    android:layout_width="85dip"
    android:layout_height="wrap_content"
    android:layout_weight="1"
    android:orientation="vertical">
    <ImageView
        android:id="@+id/groupon_u"
        android:layout_width="wrap_content"
        android:layout_height="wrap_content"
        android:layout_gravity="center"
        android:adjustViewBounds="true"
        android:maxHeight="40dip"
          android:src="@mipmap/group" />
        <!--
        padding 属性设置 TextView 元素与其他元素的间隔距离，此处设置为 3dip，
        layout_gravity="center" 设置文字居中
        -->
    <TextView
        android:id="@+id/textView5"
        android:layout_width="wrap_content"
        android:layout_height="wrap_content"
        android:layout_gravity="center"
        android:padding="3dip"
        android:text=" 团购 " />
</LinearLayout>
```

（8）按照上述方法设置所有按钮，完成后的界面如图 3-11 所示。

图 3-11　导航界面设置按钮宽度权重

## 课后任务

在本任务的基础上增加一行新的导航按钮，分别是机票、商城、景点门票和打车。

# 任务 3　在点餐 App 中使用 RelativeLayout 和 Constraint Layout

## 任务要求

将团购的图片显示在商家信息右侧。使用约束布局设计美食新闻页面。

## 3.3.1　认识 RelativeLayout

相对布局（RelativeLayout）是一种非常灵活的布局方式，它能够通过指定界面元素与其他元素的相对位置关系确定界面中所有元素的布局位置。相对布局的特点是能够最大程度保证在各种屏幕尺寸的手机上正确显示界面布局，一定程度上解决了 Android 系统“碎片化”的问题。

## 3.3.2　认识 RelativeLayout 的属性

RelativeLayout 相对布局的子项根据父容器定位，可以轻松确定子项的位置。表 3-1 中描述的属性用于确定相对布局的子项相对于父容器的位置，每个属性的值都是一个布尔值，表示是否对齐。

表 3-1　RelativeLayout 根据父容器定位

| 属性 | 作用 |
| --- | --- |
| android:layout_alighParentStart | 在父容器中左对齐 |
| android:layout_alighParentEnd | 在父容器中右对齐 |
| android:layout_alighParentTop | 在父容器中顶端对齐 |
| android:layout_alighParentBottom | 在父容器中底部对齐 |
| android:layout_centerHorizontal | 在父容器中水平居中 |
| android:layout_centerVertical | 在父容器中垂直居中 |
| android:layout_centerInParent | 在父容器的中央位置 |

子项除了可以根据父容器定位，还可以根据兄弟容器实现定位，根据兄弟容器定位时，需要指定参考兄弟容器的 id，根据兄弟容器定位的相关属性和作用如表 3-2 所示。

表 3-2　RelativeLayout 根据兄弟容器定位

| 属性 | 作用 |
| --- | --- |
| android:layout_toStartOf | 在兄弟容器的左边 |
| android:layout_toEndOf | 在兄弟容器的右边 |
| android:layout_above | 在兄弟容器的上方 |
| android:layout_below | 在兄弟容器的下方 |
| android:layout_alignTop | 与兄弟容器上边界对齐 |
| android:layout_alignBottom | 与兄弟容器下边界对齐 |
| android:layout_alignStart | 与兄弟容器左边界对齐 |
| android:layout_alignEnd | 与兄弟容器右边界对齐 |

### 3.3.3　认识 AbsoluteLayout

绝对布局（AbsoluteLayout）能通过指定界面元素的 *X* 轴坐标位置和 *Y* 轴坐标位置来确定用户界面的整体布局。一般不推荐使用该布局，因为通过 *X* 轴和 *Y* 轴确定界面元素位置后，Android 系统不能根据不同屏幕对界面元素的位置进行调整，降低了界面布局对不同类型和尺寸屏幕的适应能力，无法解决 Android 系统“碎片化”的问题。

### 3.3.4　认识 ConstraintLayout

约束布局 (ConstraintLayout) 是 Android Studio 2.2 新增的一种布局方式。它可以轻松地实现复杂布局，并具有以下几个特点。

（1）支持链式布局：ConstraintLayout 支持创建链式布局，可以更灵活地管理一组控件之间的关系，如水平链和垂直链。

（2）支持不同比例的视图：约束布局可以很灵活地指定视图的宽高比例，不再局限于传统的 match_parent 和 wrap_content。

（3）避免过度嵌套：约束布局本身是一个 ViewGroup，但它可以通过设置约束实现许多传统布局才能达到的效果，避免过度嵌套带来的性能问题。

（4）比 RelativeLayout 更强大：虽然 RelativeLayout 也支持在视图间设置依赖关系，但约束布局支持的功能更丰富。约束布局可以设置宽高比例，可以设置 View 中心的距离，还可以设置辅助线。

在 Android 开发中，我们经常需要使用嵌套布局来实现某些较复杂的界面效果，但是嵌套层级太深也会带来以下一些问题：Android 需要为每个 View 对象分配内存，嵌套层级过深会创建很多 View 对象，占用较多内存和 CPU 资源；增加布局的复杂度，不利于理解和维护，嵌套多层布局会使得整个布局文件的结构变得复杂，不容易理解和维护；可能引起布局优化问题，过度嵌套会使得某些布局属性失效，导致界面显示不正确，需要额外优化。因此，在布局时要避免嵌套层级过深，提高程序性能。

约束布局比线性布局或帧布局更复杂，但是也更为灵活。对于一个复杂的用户界面来说，使用约束布局会更高效，它会提供一个更平面的视图层次结构，这意味着 Android 在运行时要做的处理更少。使用约束布局的另一个好处是专门设计为使用 Android Studio 的设计编辑器来建立。线性布局和帧布局通常用可视化方式建立约束布局，需要把 GUI 组件拖放到设计编辑器的蓝图工具上，提供指令指定各个视图如何显示。

约束布局使用 <android.support.constraint.ConstraintLayout> 作为根布局，代码如下。

```
<android.support.constraint.ConstraintLayout
    xmlns:android="http://schemas.android.com/apk/res/android"
    xmlns:app="http://schemas.android.com/apk/res-auto"
    android:layout_width="match_parent"
    android:layout_height="match_parent">
</android.support.constraint.ConstraintLayout>
```

约束布局中可以使用 app:layout_width="0dp" 和 app:layout_height="0dp" 的设置，让宽高可根据约束自动决定。同样也可以设置比例，如 app:layout_width="1:2" 表示宽是高的 2 倍。

约束布局还可以使用 app:layout_constraintLeft_toLeftOf、app:layout_constraintRight_toRightOf 等属性在两个视图间设置约束。

## 3.3.5　设计点餐 App 中的商家的团购状态

（1）创建项目 RelativeLayout_shop。

（2）添加一个 RelativeLayout 布局，将 3.1.5 的布局放到 RelativeLayout 布局中，代码结构如下所示。

```
<RelativeLayout>
    <!-- 任务 3.1.5 的布局 -->
    <!-- 团购图片 -->
</RelativeLayout>
```

（3）在 RelativeLayout 布局中添加一个 ImageView，用于显示团购图片，设置 ImageView 视图的属性，代码如下。完成后的界面效果如图 3-12 所示。

```
<ImageView
    android:id="@+id/imageView1"
    android:layout_width="wrap_content"
    android:layout_height="wrap_content"
    android:layout_alignParentRight="true"
    android:layout_marginRight="6dip"
    android:layout_marginTop="6dip"
    android:adjustViewBounds="true"
    android:maxHeight="20dip"
    android:src="@mipmap/detail_grouponicon" />
```

图 3-12　完成后的界面效果

### 3.3.6　使用约束布局设计点餐 App 界面

（1）创建一个名为 ConstraintLayoutNews 的项目。

（2）在布局文件中的约束布局中添加一个放置新闻主图的图片视图，代码如下。

```
<?xml version="1.0" encoding="utf-8"?>
<androidx.constraintlayout.widget.ConstraintLayout
    xmlns:android="http://schemas.android.com/apk/res/android"
    xmlns:app="http://schemas.android.com/apk/res-auto"
    xmlns:tools="http://schemas.android.com/tools"
    android:layout_width="match_parent"
    android:layout_height="match_parent"
    tools:context=".MainActivity">
    <ImageView
        android:id="@+id/imgNews"
        android:layout_width="140dp"
        android:layout_height="86dp"
        android:src="@mipmap/food"
        android:layout_marginLeft="12dp"
        android:layout_marginTop="10dp" />
</androidx.constraintlayout.widget.ConstraintLayout>
```

（3）为 imgNews 的图片视图添加约束属性，让该视图在约束布局的左侧和顶端，配合边距属性 marginLeft 和 marginTop 确定该视图在布局中的位置，代码如下，完成后的界面效果如图 3-13 所示。

```
<ImageView
    android:id="@+id/imgNews"
```

```
    android:layout_width="140dp"
    android:layout_height="86dp"
    android:src="@mipmap/food"
    android:layout_marginLeft="12dp"
    app:layout_constraintLeft_toLeftOf="parent"
    android:layout_marginTop="10dp"
    app:layout_constraintTop_toTopOf="parent" />
    <!--
    app:layout_constraintLeft_toLeftOf="parent"      // 当前视图在父布局（约束布局）的左侧
    app:layout_constraintTop_toTopOf="parent"      // 当前视图在父布局（约束布局）的顶部
    -->
```

图 3-13　使用约束布局后图片视图的界面效果

（4）添加一个新闻摘要的标签视图，代码如下，完成后的界面效果如图 3-14 所示。

```
<TextView
    android:id="@+id/textNewsTitle"
    android:layout_width="0dp"
    android:layout_height="wrap_content"
    android:layout_marginLeft="8dp"
    android:layout_marginRight="12dp"
    android:text=" 市区这 8 家靠口碑成为网红的美食店，快来看看你吃过几家吧 [ 单击阅读 ]"
    android:textColor="#000000"
    android:textSize="15sp"
    app:layout_constraintLeft_toRightOf="@id/imgNews"
    app:layout_constraintRight_toRightOf="parent"
    app:layout_constraintTop_toTopOf="@id/imgNews" />
    <!--
    app:layout_constraintLeft_toRightOf="@id/imgNews" 该视图在 imgNews 的右侧
    app:layout_constraintRight_toRightOf="parent"  该视图在父布局（约束布局）右侧
    app:layout_constraintTop_toTopOf="@id/imgNews" 该视图和 imgNews 在同一水平线上（和 imgNews 顶部对齐）
    -->
```

图 3-14　使用约束布局后的新闻摘要标签视图界面效果

（5）添加一个显示阅读量的标签视图，代码如下，完成后的界面效果如图 3-15 所示。

```
<TextView
    android:id="@+id/textNumReadings"
    android:layout_width="wrap_content"
    android:layout_height="wrap_content"
    android:layout_marginLeft="8dp"
    android:layout_marginTop="12dp"
    android:text=" 阅读量 :1252"
    android:textColor="#333"
    android:textSize="12sp"
    app:layout_constraintBottom_toBottomOf="@id/imgNews"
    app:layout_constraintLeft_toRightOf="@id/imgNews" />
<!-- app:layout_constraintBottom_toBottomOf="@id/imgNews" 表示视图和 imgNews 底部相持平 -->
```

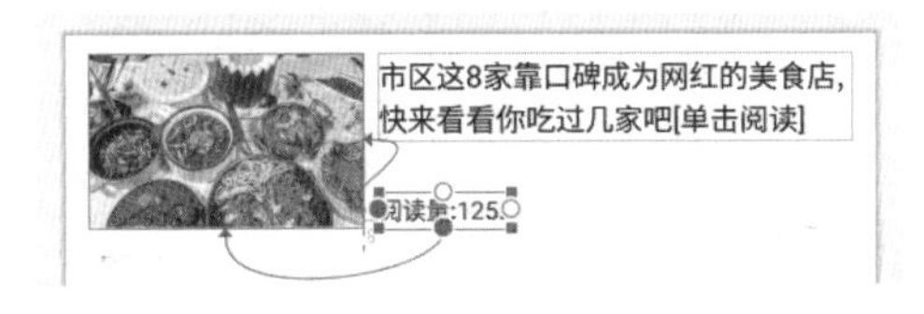


图 3-15　使用约束布局后的阅读量标签视图界面效果

（6）添加一个显示评论数的标签视图，代码如下，完成后的界面效果如图 3-16 所示。

```
<TextView
    android:id="@+id/textComments"
    android:layout_width="wrap_content"
    android:layout_height="wrap_content"
    android:layout_marginLeft="16dp"
    android:layout_marginTop="12dp"
    android:text=" 评论数 :24"
    android:textColor="#333"
    android:textSize="12sp"
    app:layout_constraintBottom_toBottomOf="@id/imgNews"
    app:layout_constraintLeft_toRightOf="@id/textNumReadings" />
```

（7）运行程序，使用约束布局后的点餐界面效果如图 3-17 所示。

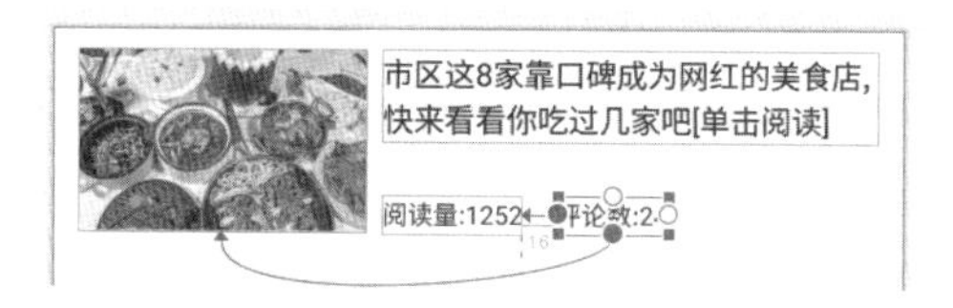


图 3-16　使用约束布局后的评论数标签视图界面效果

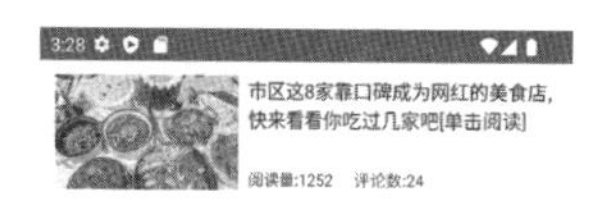


图 3-17　使用约束布局后的界面效果

## 课后任务

使用约束布局重构任务 3 中的 3.3.5 设计点餐 App 的商家的团购状态界面。

# 任务 4　在点餐 App 中使用 GridLayout

## 任务要求

使用 GridLayout（网格布局）完成如图 3-18 所示的购物界面布局设计。

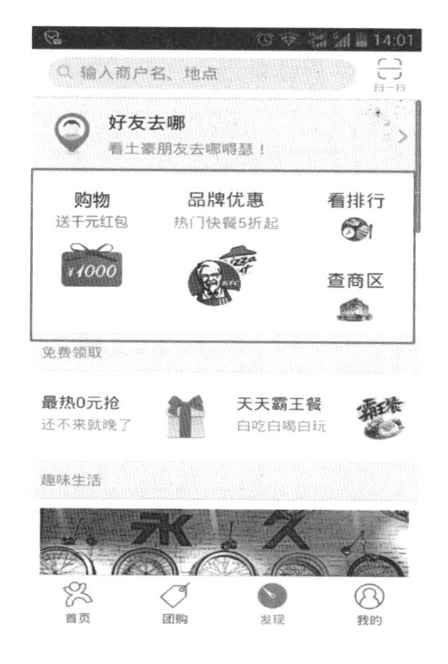


图 3-18　使用 GridLayout 设计购物界面

## 3.4.1 认识 GridLayout

在手机 App 设计中，网格布局被大量采用，常见的网格布局如图 3-19 所示。如果要设计出这样的界面效果，使用前面所学的布局方式设计会比较烦琐，开发工作量比较大，此时就可以考虑使用 GridLayout。

图 3-19 常见的网格布局

GridLayout 是 Android 4.0 以后引入的新布局方式，和 TableLayout( 表格布局 ) 有点类似，不过它的功能更多，也更加好用。网格布局是一种二维布局，它将用户界面划分为网格，界面元素可随意摆放在网格中。网格布局中的组件可以根据需要占用多个网格，而在 TableLayout（表格布局）中很难实现，因此网格布局在界面设计上更加灵活。使用网格布局可以自定义布局中组件的排列方式，定义网格布局的行数和列数，还可以直接设置组件位于某行某列，也可以设置组件占据几行或者占据几列。

## 3.4.2 认识 GridLayout 的常用属性

GridLayout 父容器的常用布局标签属性如表 3-3 所示。

表 3-3 GridLayout 父容器的常用布局标签属性

| 属性 | 作用 |
|---|---|
| android:columnCount | 设置最大列数 |
| android:rowCount | 设置最大行数 |
| android:orientation | 设置元素布局方向，可以选择 horizontal（水平）或者 vertical（垂直） |

GridLayout 单元格的常用布局标签属性如表 3-4 所示。

表 3-4 GridLayout 单元格的常用布局标签属性

| 属性 | 作用 |
|---|---|
| android:layout_row | 指定单元格显示的行数 |

续表

| 属性 | 作用 |
| --- | --- |
| android:layout_column | 指定单元格显示的列数 |
| android:layout_columnSpan | 指定单元格占据的列数 |
| android:layout_rowSpan | 指定单元格占据的行数 |

## 3.4.3　设计点餐 App 的发现板块

（1）创建一个名为 GridLayout_shop 的项目。

（2）将图片资源导入到项目中。

（3）删除布局文件中的原有内容，在到布局文件设计器中添加一个 GridLayout 视图，并设置 GridLayout 视图的属性，代码如下。

```
<GridLayout xmlns:android="http://schemas.android.com/apk/res/android"
    android:layout_width="match_parent"
    android:layout_height="match_parent"
    android:layout_gravity="center"
    android:background="#FFFFFF"
    android:columnCount="5"
    android:orientation="horizontal"
    android:rowCount="4"
    android:useDefaultMargins="true">
</GridLayout>
```

（4）完成红包视图的设计（第 1 列，跨 3 行），代码如下，完成后的第 1 列界面如图 3-20 所示。

```
<LinearLayout
    android:layout_width="120dp"
    android:layout_height="wrap_content"
    android:layout_column="0"
    android:layout_gravity="fill"
    android:layout_row="0"
    android:layout_rowSpan="3"
    android:orientation="vertical">
    <TextView
        android:id="@+id/textView0"
        android:layout_width="42dp"
        android:layout_height="wrap_content"
        android:layout_gravity="center"
        android:text=" 购物 " />
```

```
    <TextView
        android:id="@+id/textView1"
        android:layout_width="70dp"
        android:layout_height="wrap_content"
        android:layout_gravity="center"
        android:padding="3dip"
        android:text=" 送千元红包 "
        android:textColor="#aaaaaa"
        android:textSize="22px"/>
    <ImageView
        android:id="@+id/imageView2"
        android:layout_width="wrap_content"
        android:layout_height="wrap_content"
        android:layout_gravity="center"
        android:src="@mipmap/hongbao" />
</LinearLayout>
```

（5）绘制灰色垂直分割线（第 2 列，跨 3 行），代码如下。完成后的第 2 列界面如图 3-21 所示。

```
<LinearLayout
    android:layout_width="1dp"
    android:layout_height="wrap_content"
    android:layout_column="1"
    android:layout_rowSpan="3">
    <View
        android:layout_width="1dip"
        android:layout_height="150dp"
        android:layout_marginTop="3dip"
        android:background="#cccccc"/>
</LinearLayout>
```

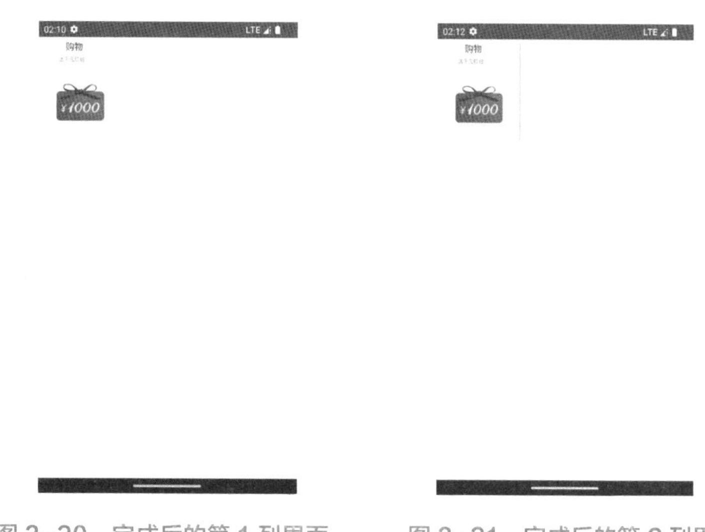


图 3-20　完成后的第 1 列界面　　　图 3-21　完成后的第 2 列界面

（6）设计品牌优惠视图内容（第 3 列，跨 3 行），代码如下。完成后的第 3 列界面如图 3-22 所示。

```
<LinearLayout
    android:layout_width="120dp"
    android:layout_height="wrap_content"
    android:layout_column="2"
    android:layout_gravity="fill"
    android:layout_row="0"
    android:layout_rowSpan="3"
    android:orientation="vertical">
    <TextView
        android:id="@+id/textView3"
        android:layout_width="70dp"
        android:layout_height="wrap_content"
        android:layout_gravity="center"
        android:text=" 品牌优惠 " />
    <TextView
        android:id="@+id/textView4"
        android:layout_width="85dp"
        android:layout_height="wrap_content"
        android:layout_gravity="center"
        android:padding="3dip"
        android:text=" 热门快餐五折起 "
        android:textColor="#aaaaaa"
        android:textSize="22px" />
    <ImageView
        android:id="@+id/imageView1"
```

```
            android:layout_width="wrap_content"
            android:layout_height="wrap_content"
            android:layout_gravity="center"
            android:adjustViewBounds="true"
            android:maxWidth="80dip"
            android:src="@mipmap/kfc" />
    </LinearLayout>
```

（7）参考步骤（5）的代码绘制灰色垂直分割线（第 4 列，跨 3 行），代码如下。完成后的第 4 列界面如图 3-23 所示。

```
    <LinearLayout
        android:layout_width="1dp"
        android:layout_height="wrap_content"
        android:layout_column="3"
        android:layout_rowSpan="3">
        <View
            android:layout_width="1dip"
            android:layout_height="150dp"
            android:layout_marginTop="3dip"
            android:background="#cccccc"/>
    </LinearLayout>
```

图 3-22　完成后的第 3 列界面

图 3-23　完成后的第 4 列界面

（8）绘制看排行视图（第 5 列，第 1 行），代码如下。完成后的第 5 列界面上半部分如图 3-24 所示。

```
    <LinearLayout
        android:layout_height="70dp"
        android:layout_width="120dip"
```

```
        android:layout_column="4"
        android:layout_gravity="fill"
        android:layout_row="0"
        android:orientation="vertical">
        <TextView
            android:id="@+id/textView5"
            android:layout_width="wrap_content"
            android:layout_height="wrap_content"
            android:layout_gravity="center"
            android:text=" 看排行 " />
        <ImageView
            android:id="@+id/imageView4"
            android:layout_width="wrap_content"
            android:layout_height="wrap_content"
            android:layout_gravity="center"
            android:src="@mipmap/phb" />
    </LinearLayout>
```

图 3-24　完成后的第 5 列界面上半部分

（9）绘制灰色水平分割线（第 5 列，第 2 行），代码如下。完成后的第 5 列界面分割线如图 3-25 所示。

```
    <LinearLayout
        android:layout_width="120dp"
        android:layout_height="6dip"
        android:layout_column="4"
```

```
        android:layout_row="1">
        <View
            android:layout_width="match_parent"
            android:layout_height="2px"
            android:layout_marginRight="4dip"
            android:layout_gravity="center"
            android:background="#cccccc" />
    </LinearLayout>
```

图 3-25　完成后的第 5 列界面分割线

（10）绘制查商圈视图（第 5 列，第 3 行），代码如下。完成后的第 5 列界面下半部分如图 3-26 所示。

```
<LinearLayout
    android:layout_width="120dp"
    android:layout_height="74dp"
    android:layout_row="2"
    android:layout_column="4"
    android:layout_gravity="fill"
    android:orientation="vertical">
    <TextView
        android:id="@+id/textView6"
        android:layout_width="wrap_content"
        android:layout_height="wrap_content"
        android:layout_gravity="center"
        android:text=" 查商圈 " />
    <ImageView
```

```
            android:id="@+id/imageView3"
            android:layout_width="wrap_content"
            android:layout_height="wrap_content"
            android:layout_gravity="center"
            android:src="@mipmap/ksq" />
</LinearLayout>
```

图 3-26　完成后的第 5 列界面下部界面

## 课后任务

按照图 3-18 所示的 App 界面，对发现板块下的剩余界面进行布局设计。

# 任务 5　在点餐 App 中使用列表布局

## 任务要求

使用 List 和 Map 将多个商家的数据信息存放到一个对象中。使用 SimpleAdapter 与 ListView 自定义列表项布局实现如图 3-27 所示的界面效果。

图 3-27　自定义列表项布局的商家列表程序界面

## 3.5.1　认识适配器

ListView 一般使用三种适配器（Adapter），分别为 ArrayAdapter、SimpleAdapter 和 BaseAdapter。它们的区别如下。

（1）ArrayAdapter 只可以简单地显示一行文本。

（2）SimpleAdapter 可以显示比较复杂的列表，可以显示图片、文字等，可以自定义复杂的布局，也可以只负责显示。

（3）BaseAdapter 可以实现复杂的列表布局，由于 BaseAdapter 是一个抽象类，使用该类时需要自己写一个适配器继承该类，重写方法控制列表的样式，更加灵活。

## 3.5.2　认识 SimpleAdapter

SimpleAdapter 的方法头如下。

```
SimpleAdapter(Context context,List<? extends Map<String,?>> data,int resource,String[] from,int[] to)
```

参数 contcxt：关联 SmpleAdapter 运行的视图上下文。

参数 data：是 Map 类型的 List 对象，是 ListView 视图中显示的数据源。

参数 resource ：是 ListView 视图中的列表项的自定义布局的资源编号，在该自定义布局中必须包括参数 to 中所有定义的视图。

参数 from ：是一个字符串数组，该数组中的字符串是是参数 data 中的 Map 对象中所有的 key 的名称。

参数 to ：是一个 int 数组，数组里面的视图 id 是参数 resource 中的自定义布局中各个视图 id，需要与上面的参数 from 的 key 的顺序对应。

## 3.5.3　存储多维数据

在之前的任务中，保存商家数据时使用一个 List 集合就可以保存多个字符串或者整型等简单数据类型，但是现实中每个商家都包含多项数据，包括图片、店名、地址、价格等信息，此时使用一个 String 类型的 List 集合就无法保存这么多的数据了，那么又该如何保存这些数据呢？

Java 提供了一个更通用的存储元素的 Map 集合。Map 集合类用于存储键值对，一组键值对由一个键（key）和一个值（value）组成，一个 Map 对象是多个变量的集合。我们可以把一个商家的所有数据保存到一个 Map 对象中，然后把这样的 Map 对象逐个添加到 List 集合中，这样一个 List 对象就可以保存多个商家的所有数据信息。使用 SimpleAdapter 将这样的 List 集合与 ListView 自定义布局进行绑定可以实现如图 3-28 所示的 App 列表界面效果。

图 3-28　App 列表界面

## 3.5.4　使用 Map 保存一个商家的所有数据

（1）创建一个名为 ShopInfo 的项目。

（2）在 onCreate 方法中调用 mapTest 方法，代码如下。

```
@Override
protected void onCreate(Bundle savedInstanceState) {
    super.onCreate(savedInstanceState);
    setContentView(R.layout.activity_main);
    mapTest();
}
```

（3）mapTest 方法的代码如下。

```
public void mapTest() {
    //Map 的键的类型为 String 类型，值为 Object 类型，即值可以是数值、字符串等一切类型
    Map<String,Object> mdata = new HashMap<String,Object>();
    mdata.put("shop_name", " 牛排店 ");//key( 键 ) 为 shop_name，value( 值 ) 为牛排店
    mdata.put("shop_address", " 中河路 5 号 ");
    mdata.put("shop_price", 72.0);
    mdata.put("shop_img",223423423);
    //mdata.get("shop_name") 获取 mdata 对象中 key 名为 shop_name 的值
    System.out.println(" 店名 :"+mdata.get("shop_name"));
    //mdata.toString() 将 mdata 对象中所有的键值对转换为字符串
    System.out.println(mdata.toString());
    // 对 Map 对象 mdata 进行重新初始化
    mdata = new HashMap<String,Object>();
    System.out.println(" 店名 :"+mdata.get("shop_name"));
    mdata.put("shop_name", " 火锅店 ");
    System.out.println(mdata.toString());
}
```

（4）运行程序，在“Logcat”窗口中筛选 System.out，显示的调试信息如图 3-29 所示。

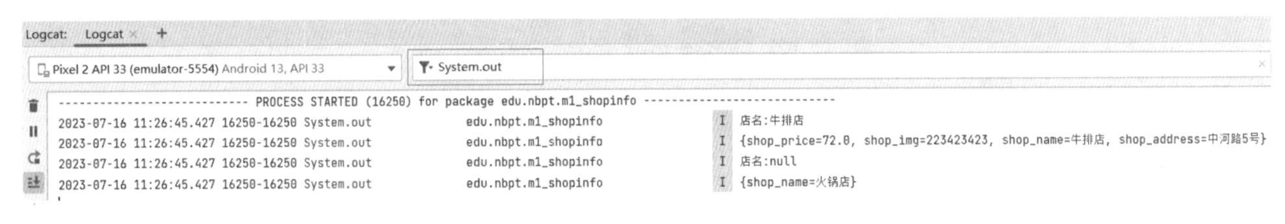


图 3-29　使用 mapTest 方法运行后显示的调试信息

**代码解释**

这段程序的作用是把 shop_name、shop_img、shop_price、shop_address 四个变量添加到一个 Map 对象 mdata 中，mdata 保存的键值对如图 3-30 所示。

mdata

| key | value |
| --- | --- |
| shop_name | 牛排店 |
| shop_address | 中河路5号 |
| shop_price | 72.0 |
| shop_img | 223423423 |

图 3-30　mdata 保存的键值对

## 3.5.5　使用 ArrayList 保存多个商家数据

（1）导入包，代码如下。

```
import java.util.ArrayList;
import java.util.List;
```

（2）添加 arrayList 方法，代码如下。

```
public void arrayList() {
    // 定义了一个 ArrayList 对象 listshop
    List<String> listshop = new ArrayList<String>();
    // 向 listshop 中添加三个元素 ( 店名 )
    listshop.add(" 牛排店 ");
    listshop.add(" 东北菜 ");
    listshop.add(" 川菜馆 ");
    //listshop.get(0) 获取 listshop 对象中下标为 0 的那个元素
    System.out.println(" 第一个元素：" + listshop.get(0));
    System.out.println("listshop 中元素的个数：" + listshop.toString());
}
```

（3）将 onCreate 方法中的 mapTest 方法替换为 arrayList 方法，代码如下。运行程序，在 Logcat 窗口中查看程序的调试信息，如图 3-31 所示。

```
protected void onCreate(Bundle savedInstanceState) {
    super.onCreate(savedInstanceState);
    setContentView(R.layout.activity_main);
    //mapTest();
    arrayList();
}
```

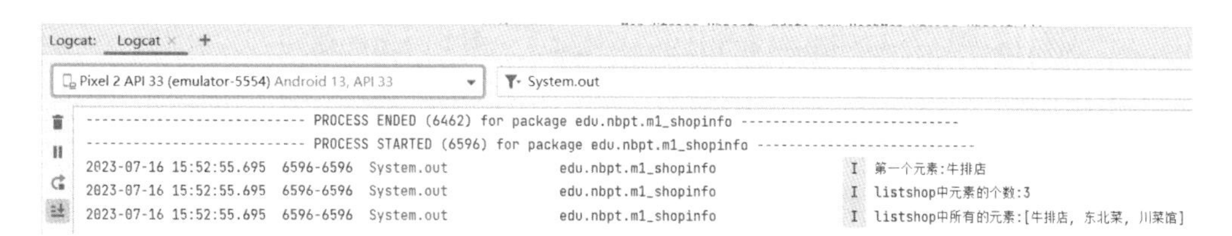


图 3-31　arrayList 方法运行后显示的调试信息

（4）修改 arrayList 的代码。完成 listshop 对象的创建后，可以从 listshop 对象中删除某个元素，代码如下。运行程序，在 Logcat 窗口中查看程序运行的调试信息，如图 3-32 所示。

```
public void arrayList() {
    // 定义了一个 ArrayList 对象 listshop
    List<String> listshop = new ArrayList<String>();
    // 向 listshop 中添加了三个元素 ( 店名 )
    listshop.add(" 牛排店 ");
    listshop.add(" 东北菜 ");
    listshop.add(" 川菜馆 ");
    //listshop.get(0) 获取 listshop 对象中下标为 0 的那个元素
    System.out.println(" 第一个元素：" + listshop.get(0));
    System.out.println("listshop 中元素的个数：" + listshop.size());
    System.out.println("listshop 中所有的元素：" + listshop.toString());
```

```
        listshop.remove(0);        // 删除 listshop 对象中下标为 0 的那个元素，即牛排店
        System.out.println("listshop 中元素的个数：" + listshop.size());
        System.out.println("listshop 中所有的元素：" + listshop.toString());
    }
```

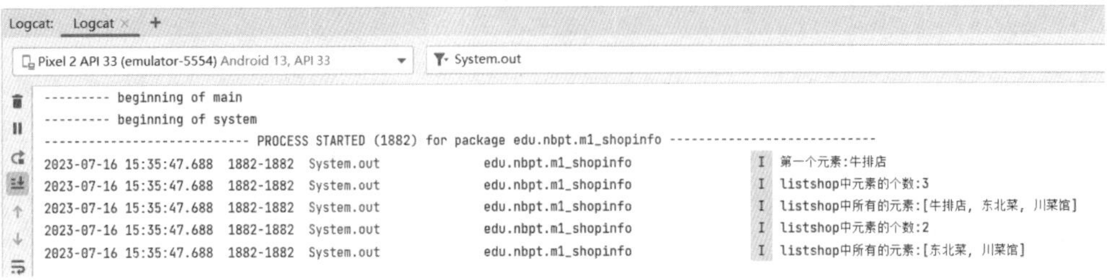

```
Logcat:  Logcat ×  +
Pixel 2 API 33 (emulator-5554) Android 13, API 33    System.out
--------- beginning of main
--------- beginning of system
--------------------------- PROCESS STARTED (1882) for package edu.nbpt.m1_shopinfo ---------------------------
2023-07-16 15:35:47.688  1882-1882  System.out  edu.nbpt.m1_shopinfo  I  第一个元素:牛排店
2023-07-16 15:35:47.688  1882-1882  System.out  edu.nbpt.m1_shopinfo  I  listshop中元素的个数:3
2023-07-16 15:35:47.688  1882-1882  System.out  edu.nbpt.m1_shopinfo  I  listshop中所有的元素:[牛排店, 东北菜, 川菜馆]
2023-07-16 15:35:47.688  1882-1882  System.out  edu.nbpt.m1_shopinfo  I  listshop中元素的个数:2
2023-07-16 15:35:47.688  1882-1882  System.out  edu.nbpt.m1_shopinfo  I  listshop中所有的元素:[东北菜, 川菜馆]
```

图 3-32　修改 arrayList 方法后显示的调试信息

（5）添加 shopArrayList 方法，代码如下。

```
    public  void shopArrayList() {
        // ArrayList 的每个元素都是一个 Map 对象 ( Map<String,Object> )
        List<Map<String, Object>> listshopset = new ArrayList<Map<String, Object>>();
        // 添加第一家店的信息
        Map<String, Object> mdata = new HashMap<String, Object>();
        mdata.put("shop_name", " 牛排店 ");        // key( 键 ) 为 shop_name，value( 值 ) 为牛排店
        mdata.put("shop_address", " 中河路 5 号 ");
        mdata.put("shop_price", 72);
        mdata.put("shop_img", 223423423);
        listshopset.add(mdata);        // 把牛排店所有信息保存到 ArrayList 对象 listshopset 中
        System.out.println("listshopset 的元素的值：" + listshopset.toString());
        // 添加第二家店的信息
        mdata = new HashMap<String, Object>();        // 对 map 对象 mdata 进行初始化
        mdata.put("shop_name", " 东北菜 ");
        mdata.put("shop_address", " 泰山路 10 号 ");
        mdata.put("shop_price",58);
        mdata.put("shop_img", 45454);
        listshopset.add(mdata);
        System.out.println("listshopset 的元素的值：" + listshopset.toString());
    }
```

（6）将 onCreate 方法中的 arrayList 方法替换为 shopArrayList 方法，代码如下。运行程序，在 Logcat 窗口中查看程序运行结果，如图 3-33 所示。

```
    @Override
    protected void onCreate(Bundle savedInstanceState) {
        super.onCreate(savedInstanceState);
        setContentView(R.layout.activity_main);
        //mapTest();
        //arrayList();
```

```
        shopArrayList();
    }
```

图 3-33　添加 shopArrayList 方法后的运行结果

（7）编写 getdata 方法，把数组中的商家信息保存（封装）到 ArrayList 对象中，返回值为 List<Map<String,Object>> 类型，代码如下。

```
// 把数组中的商家信息保存到 ArrayList 对象中，返回值为 List<Map<String, Object>> 类型
private static  List<Map<String, Object>> getdata() {
    String[] shopname = { " 牛排店 ", " 东北菜 ", " 川菜馆 " };
    String[] price = { "79 条评论 人均：72 元 ", "91 条评论 人均：58 元 ","52 条评论 人均：85 元 " };
    String[] address = { " 中河路 5 号 ", " 泰山路 10 号 ", " 新大路 1068 号 " };
    int[] img = {223423423, 45454, 56465465 };
    List<Map<String, Object>> listshopset = new ArrayList<Map<String, Object>>();
    Map<String, Object> mdata = new HashMap<String, Object>();
    // 通过循环依次把所有店铺的数据装到 listshopset 对象中
    for(int i=0;i<3;i++) {
        // 循环一次，将一家店铺的所有信息保存到 Map 对象中
        mdata = new HashMap<String, Object>();// 对 map 对象 mdata 进行初始化
        mdata.put("shop_name", shopname[i]);  //key( 键 ) 为 shop_name,value( 值 ) 为牛排店
        mdata.put("shop_address", address[i]);
        mdata.put("shop_price", price[i]);
        mdata.put("shop_img", img[i]);
        // 把 Map 对象中的商家数据添加到 listshopset 中
        listshopset.add(mdata);
    }
    return listshopset;
}
```

（8）编写 shopArrayListAll 方法，并在 onCreate 方法中调用，代码如下。

```
public  void  shopArrayListAll() {
    // 保存 getdata 方法返回的 Arraylist 对象的值（即三家店的所有的数据）
    List<Map<String, Object>> aList = new ArrayList<Map<String, Object>>();
    aList = getdata();
    System.out.println(" 三家店的所有的数据：" + aList.toString());
}
@Override
public  void  shopArrayListAll() {
```

```
        super.onCreate(savedInstanceState);
        setContentView(R.layout.activity_main);
        //mapTest();
        //arrayList();
        //shopArrayList();
        shopArrayListAll();
    }
```

（9）三家店的所有的数据输出结果如下。

```
[
{shop_price=79 条评论 人均：72 元 , shop_img=223423423, shop_name= 牛排店 , shop_address= 中河路 5 号 },
{shop_price=91 条评论 人均：58 元 , shop_img=45454, shop_name= 东北菜 , shop_address= 泰山路 10 号 },
{shop_price=52 条评论 人均：85 元 , shop_img=56465465, shop_name= 川菜馆 , shop_address= 新大路 1068 号 }
]
```

## 3.5.6 自定义 ListView

（1）创建项目 ListviewSimpleAdapter。

（2）导入 3.3.5 的 RelativeLayout_shop 项目的布局文件并重名为 vlist.xml（子布局文件，用于显示 ListView 一个列表项的商家信息）。

（3）添加一个布局文件 activity_main.xml（主布局文件，显示 ListView），代码如下。

```
<?xml version="1.0" encoding="utf-8"?>
<LinearLayout xmlns:android="http://schemas.android.com/apk/res/android"
    android:layout_width="match_parent"
    android:layout_height="match_parent"
    android:orientation="vertical" >
    <ListView
        android:id="@+id/listView1"
        android:layout_width="match_parent"
        android:layout_height="wrap_content" >
    </ListView>
</LinearLayout>
```

（4）导入图片 s1.jpg、s2.jpg、s3.jpg 后，在 MainActivity 类中添加 List 对象和数组的定义，代码如下。

```
private List<Map<String,Object>> mData;
String[] shopname={ " 牛排店 ", " 东北菜 ", " 川菜馆 " };
String[] price={"79 条评论 人均：72 元 ", "91 条评论 人均：58 元 ", "52 条评论 人均：85 元 " };
String[] address={" 中河路 5 号 ", " 泰山路 10 号 ", " 新大路 1068 号 " };
int[] img={R.mipmap.s1,R.mipmap.s2,R.mipmap.s3};
```

（5）编写一个 getData 方法，将所有数据封装到 List 对象中，代码如下。

```
// 将数据填充到 map 中返回 List 对象
private List<Map<String,Object>> getdata() {
    // 定义一个 List 容器，每个 List 节点是一个 Map 对象
    List<Map<String,Object>>  listshopset=new ArrayList<Map<String,Object>>();
    // 定义一个 Map 对象
    Map<String,Object> mdata=new HashMap<String,Object>();
    // 每循环一次将四项数据填充到 Map 中，并将该 Map 对象加入 List 容器
    for(int i=0;i<3;i++) {
        mdata=new HashMap<String,Object>();
        // 每个 Map 对象包含四项信息（店家图片、店名、价格、地址）
        mdata.put("shop_name",  shopname[i]);
        mdata.put("shop_address",address[i] );
        mdata.put("shop_price", price[i]);
        mdata.put("shop_img",img[i]);
        // 将一个节点的数据（四项信息）添加到 List 容器中
        listshopset.add(mdata);
    }
    return listshopset;
}
```

（6）在 onCreate 方法中添加调试代码，代码如下。

```
public void onCreate(Bundle savedInstanceState) {
    super.onCreate(savedInstanceState);
    setContentView(R.layout.activity_main);
    mData=getdata();
    Log.i(" 所有商家的数据 ", mData.toString());
}
```

**代码解释**

LOG 一种是广泛使用的用来记录程序执行过程的机制，它既可以用于调试程序，也可以用于记录日志。Android 系统中提供了简单便利的 LOG 工具包，使用时需要先导入工具包，LOG 的使用方法如下。

import android.util.Log;

Log.i("tag 名称 ", 需要输出显示的文本信息 );

（7）运行程序，在 Logcat 窗口查看 log 输出信息（筛选“所有商家的数据”），如图 3-34 所示。

图 3-34　getdata 方法在 Logcat 中显示运行结果

（8）在 onCreate 方法中添加读取 List 容器中的数据 mData 并用适配器绑定到 ListView 视图，代码如下。运行程序，自定义列表布局的商家列表程序界面如图 3-35 所示。

```
ListView listView=(ListView) findViewById(R.id.listView1);
SimpleAdapter adapter=new SimpleAdapter(MainActivity.this,mData, R.layout.vlist,
        new String[]{ "shop_name","shop_address","shop_price","shop_img"},
        new int[]{R.id.shopname,R.id.address,R.id.price,R.id.icon});
listView.setAdapter(adapter);
```

图 3-35　自定义列表布局的商家列表程序界面

- **代码解释**

每个 List 节点的键的内容（包括图片、文本等）会填充到 vlist.xml 对应视图上。 from 参数中的每个 key 的个数、类型、顺序必须与后面 to 参数中的视图 id 个数、类型、顺序一一对应，如图 3-36 所示。

| List 节点 Map 的 key | 映射 | ListView 列表项（即 vlist.xml）中的视图 |
|---|---|---|
| shop_name | ⟶ | R.id.shopname（店面视图） |
| shop_price | ⟶ | R.id.price（价格视图） |
| shop_price | ⟶ | R.id.address（地址视图） |
| shop_price | ⟶ | R.id.img（店家照片视图） |

图 3-36　ArrayList 中数据与布局中的视图的绑定关系

（9）编写 ListView 视图列表项。单击事件监听器，实现单击列表项弹出 Toast 显示商家地址，代码如下。

```
listView.setOnItemClickListener(new AdapterView.OnItemClickListener() {
    @Override
    public void onItemClick(AdapterView<?> arg0, View arg1, int position, long arg3) {
        Log.i("listview 索引：",String.valueOf(position));
        Log.i("listview 索引：",mData.get(position).toString());
        String  addressStr=mData.get(position).get("shop_address").toString();
```

```
            Toast.makeText(MainActivity.this, " 地址："+addressStr, Toast.LENGTH_SHORT).show();
        }
    });
```

## 课后任务

在 3.5.6 的基础上添加评价人数的数据和店铺所述美食类别的显示功能。

### 科技强国——国产跨语言编译器

编译程序也称为编译器，它是指把用高级程序设计语言书写的源程序翻译成等价的机器语言格式目标程序的翻译程序。

当前大部分安卓应用都涉及不同开发语言，用不同语言编写的代码需要在运行态中进行协同从而产生额外消耗。而方舟编译器是业界首个多语言联合优化的编译器，开发者在开发环境中可以一次性将多语言统一编译为一套机器码，运行时不会产生跨语言带来的额外消耗，并可以进行跨语言的联合优化，提升运行效率。

Android 自身的编译技术在不断发展，但始终需要在运行中依赖虚拟机进行动态编译和解释执行，对系统资源消耗较大。2019 年 8 月 31 日，华为方舟编译器官网正式上线，并首次开放了框架源码。方舟编译器在开发环境中就可以完成全部代码的编译，手机安装应用程序后无需依赖虚拟机资源，即可全速运行程序，带来了效率上的极大提升。华为手机 EMUI 9.1 系统 ( 基于 Android 9.0 开发 ) 对系统组件应用了华为方舟编译器后，系统操作流畅度提升了 24%，系统响应性能提升了 44%。

# 项目 4 设计点餐 App 的操作栏与导航栏

## 学习目标

### 知识目标

（1）掌握选项菜单、子菜单和快捷菜单的使用方法。

（2）掌握操作栏 Toolbar 和 Fragment 的使用方法。

（3）掌握利用 TabLayout 和 ViewPager 设计选项标签和实现滑动切换的方法。

（4）在 Fragment 中使用复杂布局作为视图。

### 能力目标

（1）能够使用选项菜单设计 App 界面布局文件。

（2）能够使用操作栏 Toolbar 设计 App 顶部工具栏。

（3）能够使用 Fragment 设计多标签用户界面程序。

（4）能够使用 TabLayout、ViewPager、Fragment 和多种布局的综合使用设计复杂的用户界面。

### 素质目标

（1）培养团队协作精神。

（2）培养具体问题具体分析的科学精神。

（3）强化爱岗敬业的工作态度。

## 核心知识点导图

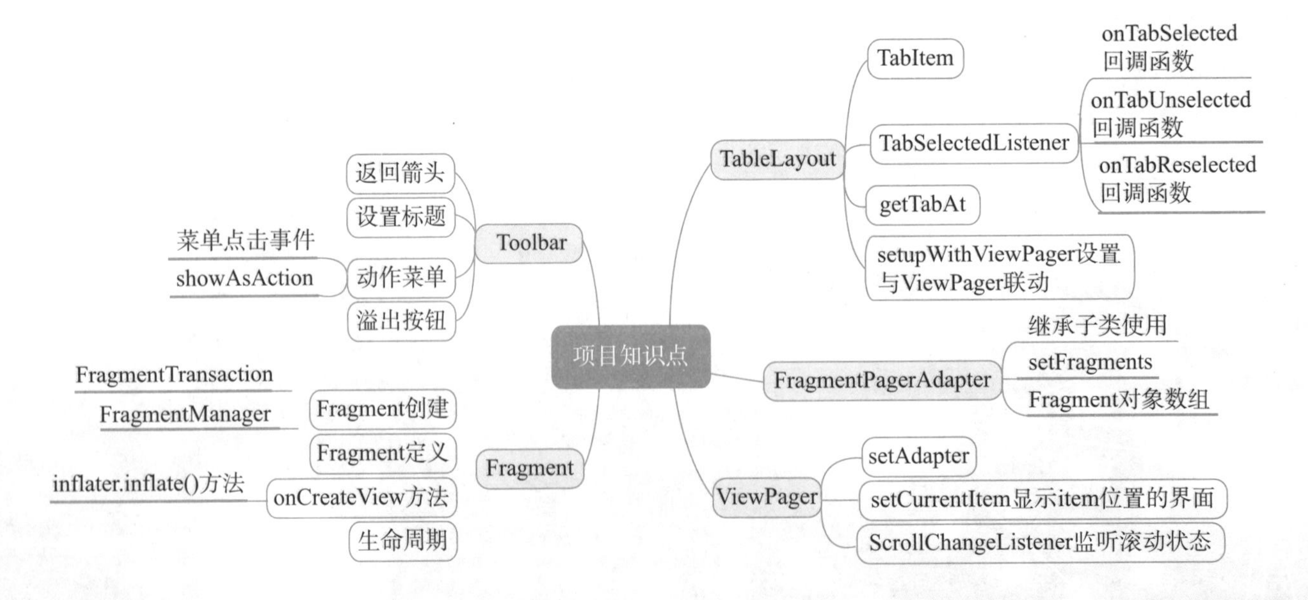

项目导入

本项目主要使用 Android 的 Toolbar 设计导航菜单，综合使用 TabLayout 和 ViewPager 实现多标签选项设计并支持 Fragment 视图的单击和滑动切换。

# 任务 1　在点餐 App 中使用 Toolbar 设计操作栏

## 任务要求

完成一个 Toolbar（工具栏）的设计，能够根据单击操作切换导航和菜单的显示。

### 4.1.1　认识 Toolbar 视图

从 Android 3.0（API level 11）开始，所有使用默认主题的 Activity 都自带一个 ActionBar。随着 Android 版本的迭代，ActionBar 的特性不断增加，在不同 Android 系统的设备上，ActionBar 显示会有不一致的现象。

Toolbar 是 Android 5.0 推出的一个新的 Materal Design 风格的导航视图，用于取代之前的 ActionBar，由于其具有高度的可定制性和灵活性、具有 Material Design 风格等优点而被大量采用，Toolbar 界面如图 4-1 所示。Google 推荐开发者使用 Toolbar 作为 Android 客户端的导航栏，以此取代之前的 ActionBar。与 ActionBar 相比，Toolbar 明显要灵活得多。它不像 ActionBar 一样一定要固定在 Activity 的顶部，而是可以放到界面的任意位置。

【注意】在使用 Toolbar 时，整个 App 的 Theme 必须是 NoActionBar，不然应用会报错。

图 4-1　Toolbar 界面

### 4.1.2　认识 Toolbar 视图的常用属性

Toolbar 视图的常用属性如表 4-1 所示。

表 4-1　Toolbar 视图的常用属性

| 属性 | 作用 |
| --- | --- |
| app:navigationIcon | 设置导航按钮 |
| app:logo | 设置导航的 logo 图标 |
| app:title | 设置标题（主标题） |
| app:titleTextColor | 设置主标题文字颜色 |
| app:subtitle | 设置副标题 |
| app:subtitleTextColor | 设置副标题文字颜色 |
| app:theme | 设置主题 |
| app:popupTheme | 设置单击右上角“...”图标的主题 |

## 4.1.3　认识 Toolbar 视图的基本设置

（1）创建项目 Toolbar。

（2）在布局文件中添加 Toolbar 视图，Toolbar 视图在 Palette 面板的 Containers 选项卡中。

（3）完成 Toolbar 视图布局，代码如下。

```
<?xml version="1.0" encoding="utf-8"?>
<LinearLayout xmlns:android="http://schemas.android.com/apk/res/android"
    xmlns:app="http://schemas.android.com/apk/res-auto"
    xmlns:tools="http://schemas.android.com/tools"
    android:layout_width="match_parent"
    android:layout_height="match_parent"
    android:orientation="vertical"
    tools:context=".MainActivity">
    <androidx.appcompat.widget.Toolbar
        android:id="@+id/toolbar"
        android:layout_width="match_parent"
        android:layout_height="wrap_content"
        android:background="?attr/colorPrimary"
        android:minHeight="?attr/actionBarSize"
        android:theme="?attr/actionBarTheme" />
</LinearLayout>
```

（4）编写设置 Toolbar 的 initToolbar 方法，并在 onCreate 方法中调用，代码如下。

```
@Override
protected void onCreate(Bundle savedInstanceState) {
```

```
        super.onCreate(savedInstanceState);
        setContentView(R.layout.activity_main);
        initToolbar();
    }
    private void initToolbar() {
    }
```

（5）initToolbar 方法的代码如下。

```
    private void initToolbar() {
        Toolbar toolbar = findViewById(R.id.toolbar);
        toolbar.setTitle(" 点餐 app");
        //Toolbar 显示自带返回箭头，默认箭头是黑色的，是 actionBar 模式，
        // 这个时候显示菜单就需要覆盖系统的 onCreateOptionsMenu
        setSupportActionBar(toolbar);
        getSupportActionBar().setDisplayHomeAsUpEnabled(true);
        // 下面的代码设置了回退按钮以及单击事件的效果
        toolbar.setNavigationOnClickListener(new View.OnClickListener() {
            @Override
            public void onClick(View v) {
                finish();
                Log.i("Navigation", "finish");
            }
        });
    }
```

【注意】需要在代码文件导入 import androidx.appcompat.widget.Toolbar。

（6）运行程序查看效果，添加标题后的 Toolbar 如图 4-2 所示。

（7）单击左侧的导航按钮会关闭该程序，并在 Logcat 中显示调试信息，如图 4-3 所示。

图 4-2　添加标题后的 Toolbar

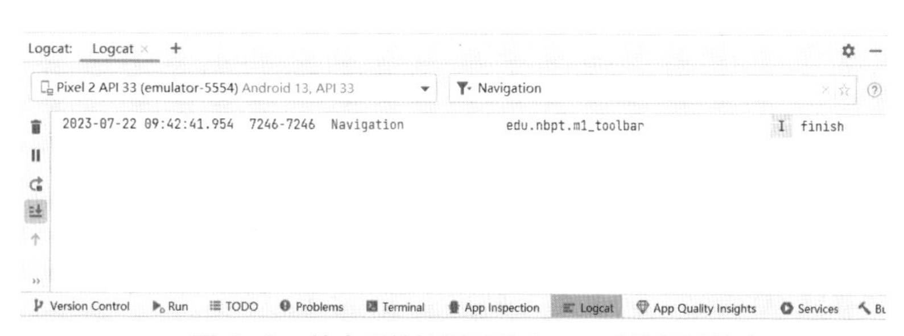


图 4-3　单击导航按钮后的 Logcat 的调试信息

## 4.1.4 设计 Toolbar 的动作菜单

（1）在项目的 res 目录下添加 menu 目录（右击“res”，以此选择“new”→“android resource directory”）。

（2）在弹出的“ New Resource Directory”对话框中按照图 4-4 所示的内容设置目录名称（Directory Name）。

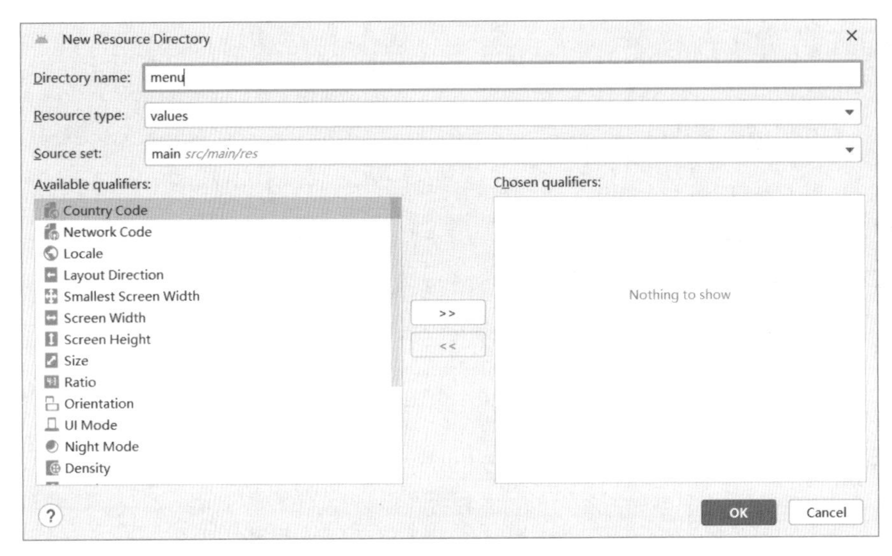


图 4-4 New Resource Directory 对话框

（3）在 menu 目录下新建菜单文件 base_toolbar_menu.xml，如图 4-5 所示。

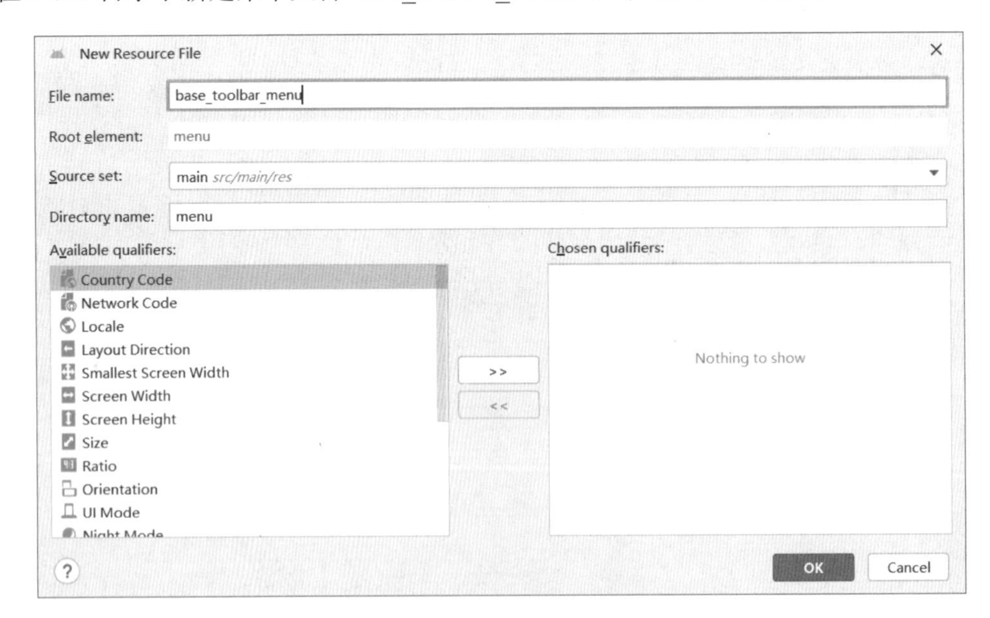


图 4-5 添加菜单文件

（4）在 MainActivity 中覆盖 onCreateOptionsMenu 方法，代码如下。

```
@Override
public boolean onCreateOptionsMenu(Menu menu) {
```

```
        getMenuInflater().inflate(R.menu.base_toolbar_menu, menu);
        return true;
    }
```

（5）在菜单 base_toolbar_menu 中设置菜单项目，代码如下。

```
<?xml version="1.0" encoding="utf-8"?>
<menu xmlns:app="http://schemas.android.com/apk/res-auto"
    xmlns:android="http://schemas.android.com/apk/res/android">
    <item
        android:id="@+id/action_share"
        android:title=" 分享到 "
        android:showAsAction="always"/>
    <item
        android:id="@+id/action_edit"
        android:title=" 编辑 "
        android:showAsAction="always" />
</menu>
```

（6）运行程序，单击 Toolbar 右侧三个黑色圆点图标查看菜单弹出效果，如图 4-6 所示。

图 4-6　菜单弹出效果

（7）在 android:showAsAction 出现红线的地方选择“update to app”，完成后的菜单文件如下。

```
<?xml version="1.0" encoding="utf-8"?>
<menu xmlns:app="http://schemas.android.com/apk/res-auto"
    xmlns:android="http://schemas.android.com/apk/res/android">
    <item
        android:id="@+id/action_share"
        android:title=" 分享到 "
```

```
            app:showAsAction="always">
        </item>
        <item
            android:id="@+id/action_edit"
            android:title=" 编辑 "
            app:showAsAction="always" />
</menu>
```

（8）运行程序，查看效果，如图 4-7 所示。

图 4-7　update to app 后的菜单效果

（9）将 Toolbar 中的菜单项设置为图标。将图片文件 ab_share.png、ab_edit.png 复制到项目的 mipmap 目录中，在弹出的对话框中选择 mipmap-hdpi。

（10）修改菜单文件代码，添加菜单项的图片，代码如下。

```
<?xml version="1.0" encoding="utf-8"?>
<menu xmlns:app="http://schemas.android.com/apk/res-auto"
    xmlns:android="http://schemas.android.com/apk/res/android">
    <item
<?xml version="1.0" encoding="utf-8"?>
<menu xmlns:app="http://schemas.android.com/apk/res-auto"
    xmlns:android="http://schemas.android.com/apk/res/android">
    <item
        android:id="@+id/action_share"
        android:icon="@mipmap/ab_share"
        android:title=" 分享到 "
        app:showAsAction="always"/>
    <item
```

```
        android:id="@+id/action_edit"
        android:icon="@mipmap/ab_edit"
        android:title=" 编辑 "
        app:showAsAction="always" />
</menu>
```

（11）添加图片后的 Toolbar 如图 4-8 所示。

图 4-8　添加图片后的 Toolbar

## 4.1.5　编写 Toolbar 动作菜单的单击事件

（1）在 initToolbar 方法中添加动作菜单的单击事件，代码如下。

```
private void initToolbar() {
    Toolbar toolbar = findViewById(R.id.toolbar);
    toolbar.setTitle(" 点餐 App");
    //Toolbar 显示自带返回箭头，默认箭头是黑色的是 ActionBar 模式，
    这个时候显示菜单就需要覆盖系统的
    //onCreateOptionsMenu
    setSupportActionBar(toolbar);
    getSupportActionBar().setDisplayHomeAsUpEnabled(true);
    // 以下两个单击事件监听器分别设置了回退按钮及菜单按钮的单击效果
    toolbar.setNavigationOnClickListener(new View.OnClickListener() {
        @Override
        public void onClick(View v) {
            finish();
            Log.i("Navigation", "finish");
```

```
        }
    });
    toolbar.setOnMenuItemClickListener(new Toolbar.OnMenuItemClickListener() {
        @Override
        public boolean onMenuItemClick(MenuItem item) {
            int menuItemId = item.getItemId();
            if (menuItemId == R.id.action_share) {
                Toast.makeText(getApplicationContext(),item.getTitle(),Toast.LENGTH_SHORT).show();
            }
            if (menuItemId == R.id.action_edit) {
                Toast.makeText(getApplicationContext(),item.getTitle(),Toast.LENGTH_SHORT).show();
            }
            return true;
        }
    });
}
```

（2）运行程序，单击 Toolbar 的图标，显示如图 4-9 所示的界面。

图 4-9　Toolbar 的单击事件响应界面

（3）添加 orderInCategory 属性，查看两个按钮的显示位置，代码如下。

```
<?xml version="1.0" encoding="utf-8"?>
<menu xmlns:app="http://schemas.android.com/apk/res-auto"
```

```
    xmlns:android="http://schemas.android.com/apk/res/android">
    <!--orderInCategory 表示同种类菜单的排列顺序，值越大，显示越靠后 -->
    <item
        android:id="@+id/action_share"
        android:icon="@mipmap/ab_share"
        android:title=" 分享到 "
        android:orderInCategory="3"
        app:showAsAction="always"/>
    <item
        android:id="@+id/action_edit"
        android:icon="@mipmap/ab_edit"
        android:orderInCategory="1"
        android:title=" 编辑 "
        app:showAsAction="always" />
</menu>
```

（4）运行程序，添加 orderInCategory 属性后的 Toolbar 界面效果如图 4-10 所示。

图 4-10　添加 orderInCategory 属性后的 Toolbar

## 4.1.6　设计溢出按钮

（1）在菜单文件中添加新的菜单项和对应菜单图标，代码如下。

```
<?xml version="1.0" encoding="utf-8"?>
<menu xmlns:android="http://schemas.android.com/apk/res/android"
    xmlns:app="http://schemas.android.com/apk/res-auto">
    <!--orderInCategory 表示同种类菜单的排列顺序，值越大，显示越靠后 -->
    <item
        android:id="@+id/action_share"
        android:icon="@mipmap/ab_share"
        android:orderInCategory="3"
        android:title=" 分享到 "
        app:showAsAction="always"/>
    <item
        android:id="@+id/action_edit"
        android:icon="@mipmap/ab_edit"
        android:orderInCategory="1"
        android:title=" 编辑 "
        app:showAsAction="always" />
    <item
        android:id="@+id/action_syssettings"
        android:icon="@mipmap/ab_system_setting"
        android:title=" 系统设置 "
        app:showAsAction="ifRoom|withText" />
    <item
        android:id="@+id/action_settings"
        android:icon="@mipmap/ab_icon_setting"
        android:title=" 设置 "
        app:showAsAction="ifRoom|withText" />
    <item
        android:id="@+id/action_search"
        android:icon="@mipmap/ab_newinfo"
        android:title=" 消息 "
        app:showAsAction="never" />
    <item
        android:id="@+id/action_subscribe"
        android:icon="@mipmap/ab_subscribe"
        android:title=" 订阅 "
        app:showAsAction="never" />
</menu>
```

（2）运行程序，添加了新的菜单项的 Toolbar 界面效果如图 4-11 所示。

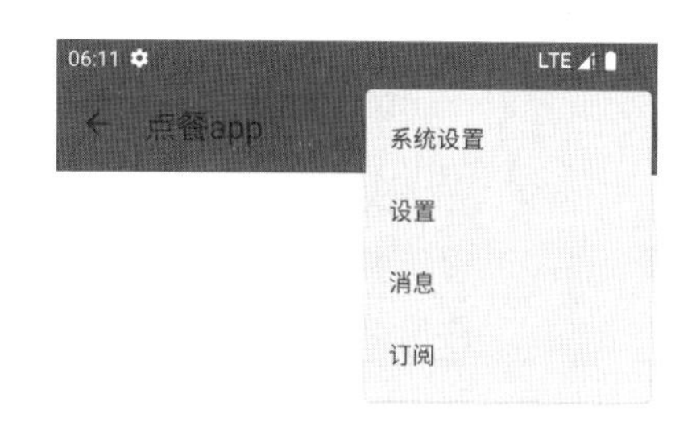


图 4-11　添加了新的菜单项的 Toolbar 界面效果

**代码解释**

showAsAction 指定了该按钮显示的位置，主要有以下几种值可选：always 表示永远显示在 ActionBar 中，如果屏幕空间不够则无法显示；ifRoom 表示屏幕空间足够的情况下显示在 ActionBar 中，不够的话就显示在 overflow 中；never 则表示永远显示在 overflow 中。showAsAction 的设置如下所示。

android:showAsAction="ifRoom|withText";

ifRoom 表示如果操作栏有剩余空间，则显示该菜单项的图标。withText 表示显示图标的同时显示文字标题。操作栏的实际显示效果取决于屏幕分辨率和屏幕方向。

（3）将手机模拟器横屏显示。下拉手机系统中的顶部导航栏，在设置面板中选择开启自动旋转屏幕功能，如图 4-12 所示。单击“Runing Devices”界面中的旋转手机按钮，将手机横屏显示，如图 4-13 所示。可以看到手机横屏后标题栏显示了更多的图标。

图 4-12　设置手机系统的自动旋转屏幕

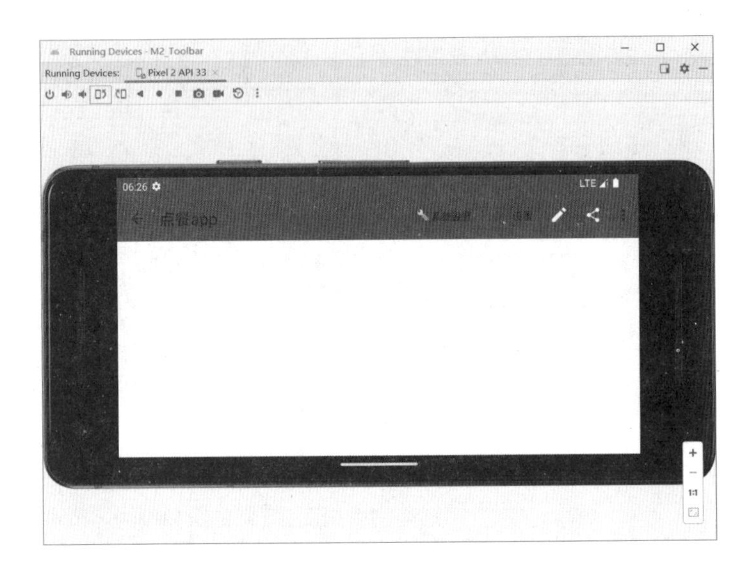


图 4-13　手机横屏显示

（4）实现显示溢出菜单中的图片按钮，代码如下。

```
@SuppressLint("RestrictedApi")
@Override
protected boolean onPrepareOptionsPanel(View view, Menu menu) {
    if (menu != null) {
        if (menu.getClass() == MenuBuilder.class) {
            try {
                Method m = menu.getClass().getDeclaredMethod("setOptionalIconsVisible", Boolean.TYPE);
                m.setAccessible(true);
                m.invoke(menu, true);
            } catch (Exception e) {
                System.out.print(getClass().getSimpleName() + "onMenuOpened...unable to set icons for overflow menu" + e);
            }
        }
    }
    return super.onPrepareOptionsPanel(view, menu);
}
```

（5）运行程序，显示溢出菜单中的图片按钮的界面效果如图 4-14 所示。

图 4-14　显示溢出菜单中的图片按钮的界面效果

## 课后任务

在点餐 App 程序的主界面 MainActivity 中添加 Toolbar 视图，显示当前界面的标题、返回按钮和右侧的菜单，菜单中的按钮包括设置、消息和关于本程序。

# 任务 2　在点餐 App 中使用 Fragment

## 任务要求

使用三个 TextView 视图作为选项卡实现在三个 Fragment 中动态切换，如图 4-15 所示。

图 4-15　Fragment 动态切换

## 4.2.1 认识 Fragment

Fragment 是 App 界面的一个组成部分。借助 Fragment 可以实现在不同尺寸的设备上灵活、动态地切换，可以利用 Fragment 实现灵活的布局，改善用户体验。

如果说 Activity（一个完整的界面）是一面墙，那么 Fragment（界面上一个小的窗口布局）好比是这面墙上的一块瓷砖（Fragment 要嵌入 Activity 中，就像瓷砖要贴在墙上一样）。

从 Android 3.0（API level 11）开始引入了 Fragment。可以把 Fragment 想成 Activity 中的模块，这个模块有自己的布局，有自己的生命周期，可以单独处理自己的输入，在 Activity 运行的时候可以加载或者移除。

## 4.2.2 创建 Fragment

在 Android 中，Fragment 有两种创建方式：静态创建方式和动态创建方式。

（1）静态创建方式。静态创建方式即在 XML 布局文件中直接定义 Fragment，可以在 Activity 的布局文件中通过标签定义，代码如下。

```
<fragment
    android:name="com.example.fragmentdemo.Fragment1"
    android:id="@+id/fragment1"
    android:layout_width="wrap_content"
    android:layout_height="wrap_content" />
```

（2）动态创建方式。动态创建方式是指通过 Java 代码动态创建 Fragment，一般需要在 Activity 的 onCreate 方法中调用 FragmentManager 的方式来实现，创建步骤如下。

① 创建 Fragment 类。

② 创建 Fragment 的布局文件。

③ 在 Activity 中创建 FragmentManager 对象。

④ 创建 FragmentTransaction 对象。

⑤ 绑定 Fragment 和布局文件。

⑥ 提交 FragmentTransaction。

动态创建 Fragment 的代码如下。

```
//1. 创建了一个 Fragment1 的对象
Fragment1 fragment1 = new Fragment1();
//2. 获取 Activity 的 FragmentManager 对象
FragmentManager fragmentManager = getSupportFragmentManager();
//3. 创建 FragmentTransaction 对象
FragmentTransaction transaction = fragmentManager.beginTransaction();
//4. 绑定 fragment1 和布局文件
transaction.add(R.id.fragment_container, fragment1);
//5. 提交 Transaction
```

```
transaction.commit();
```

## 4.2.3　定义 Fragment 类

Fragment 通常用来作为一个 Activity 的用户界面的一部分，并将它的 Layout 提供给 Activity。为了给 Fragment 提供 Layout，必须实现 onCreateView 回调方法。此方法的实现代码必须返回一个能够表示 Fragment 的 Layout 的 View，代码如下。

```
public class Fragment1 extends Fragment {
    // Fragment 第一次绘制用户界面时，系统会调用 onCreateView 方法。
    // 为了绘制 Fragment 的用户界面，此方法必须返回一个 View 对象，如果不显示用户界面，返回 null 即可。
     @Override
     public View onCreateView(LayoutInflater inflater, ViewGroup container, Bundle savedInstanceState) {
        /*inflate() 方法的三个参数说明：
        第一个参数是 resource ID, 指明当前的 Fragment 对应的资源文件；
        第二个参数是父容器视图；
        第三个布尔值参数表明是否连接该布局和父容器视图，在这里设置为 false,
        因为系统已经将这个布局插入到父视图，设置为 true 将会产生一个多余的 ViewGroup。
        */
        return inflater.inflate(R.layout.fragment_fragment1, container, false);
    }
}
```

创建 Fragment 需要继承 Fragment 的基类，并至少应实现 onCreate、onCreateView 和 onPause 三个生命周期的回调函数，Fragment 的生命周期如图 4-16 所示。

onCreate 函数在 Fragment 创建时被调用，用来初始化 Fragment 中的必要组件，如果仅通过 Fragment 显示元素，而不进行任何的数据保存和界面事件处理，则可仅覆盖 Fragment 类的 onCreateView 函数。

onCreateView 函数只有在 Fragment 第一次被绘制时才会被调用，它返回 Fragment 的根布局视图。

onPause 函数是在用户离开 Fragment 时被调用，用来保存 Fragment 中用户输入或修改的内容。

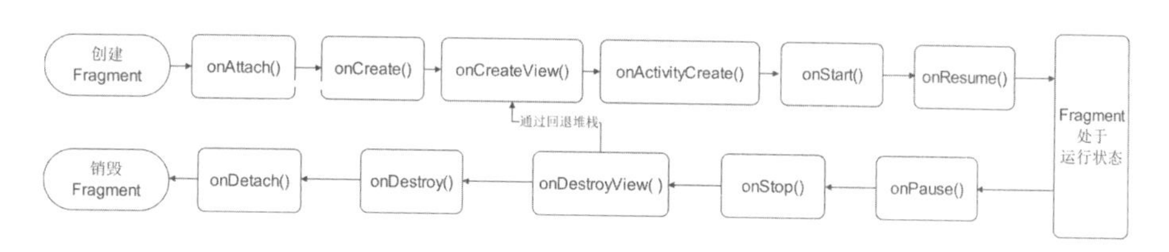


图 4-16　Fragment 的生命周期

## 4.2.4　加载 Fragment

（1）创建项目 FragmentDymatic。

（2）设计布局文件 activity_main.xml，代码如下。

```
<?xml version="1.0" encoding="utf-8"?>
<LinearLayout xmlns:android="http://schemas.android.com/apk/res/android"
    xmlns:tools="http://schemas.android.com/tools"
    android:layout_width="match_parent"
    android:layout_height="match_parent"
    android:orientation="vertical"
    tools:context=".MainActivity">
    <LinearLayout
        android:layout_width="match_parent"
        android:layout_height="wrap_content"
        android:orientation="horizontal">
        <TextView
            android:id="@+id/text1"
            android:layout_width="wrap_content"
        android:layout_height="wrap_content"
            android:gravity="center"
            android:layout_weight="1"
            android:text=" 选项卡 1" />
        <TextView
            android:id="@+id/text2"
            android:layout_width="wrap_content"
            android:layout_height="wrap_content"
            android:gravity="center"
            android:layout_weight="1"
            android:text=" 选项卡 2" />
        <TextView
            android:id="@+id/text3"
            android:layout_width="wrap_content"
            android:layout_height="wrap_content"
            android:gravity="center"
            android:layout_weight="1"
          android:text=" 选项卡 3" />
    </LinearLayout>
    <FrameLayout
        android:id="@+id/fragment_container"
        android:layout_width="match_parent"
```

```
        android:layout_height="match_parent"
        android:orientation="vertical"/>
</LinearLayout>
```

（3）创建 Fragment 类 ExampleFragment1 和对应的布局文件 fragment_example1.xml，布局文件的代码如下。

```
<?xml version="1.0" encoding="utf-8"?>
<LinearLayout xmlns:android="http://schemas.android.com/apk/res/android"
    android:layout_width="match_parent"
    android:layout_height="match_parent"
    android:background="#AFEEEE"
    android:orientation="vertical">
    <TextView
        android:layout_width="match_parent"
        android:layout_height="match_parent"
        android:text=" 这是第 1 个 fragment" />
</LinearLayout>
```

（4）按照步骤（3）的方法添加 ExampleFragment2 及其布局文件 fragment_example2.xml，布局文件代码如下。

```
<?xml version="1.0" encoding="utf-8"?>
<LinearLayout xmlns:android="http://schemas.android.com/apk/res/android"
    android:layout_width="match_parent"
    android:layout_height="match_parent"
    android:background="#AF33EE"
    android:orientation="vertical">
    <TextView
        android:layout_width="match_parent"
        android:layout_height="match_parent"
        android:text=" 这是第 2 个 fragment" />
</LinearLayout>
```

（5）按照步骤（3）的方法添加 ExampleFragment3 及其布局文件 fragment_example3.xml，布局文件代码如下。

```
<?xml version="1.0" encoding="utf-8"?>
<LinearLayout xmlns:android="http://schemas.android.com/apk/res/android"
    android:layout_width="match_parent"
    android:layout_height="match_parent"
    android:background="#3fdd00"
    android:orientation="vertical">
```

```
    <TextView
        android:layout_width="match_parent"
        android:layout_height="match_parent"
        android:text=" 这是第 3 个 fragment" />
</LinearLayout>
```

（6）对 MainActivity 进行初始化，并导入相应的包，代码如下。

```
import androidx.appcompat.app.AppCompatActivity;
import androidx.fragment.app.FragmentManager;
import androidx.fragment.app.FragmentTransaction;
import android.os.Bundle;
import android.view.View;
import android.widget.TextView;

private TextView tv1, tv2, tv3;
FragmentTransaction ft;
FragmentManager manager;
@Override
protected void onCreate(Bundle savedInstanceState) {
    super.onCreate(savedInstanceState);
    setContentView(R.layout.activity_main);
    tv1 = (TextView) findViewById(R.id.text1);
    tv2 = (TextView) findViewById(R.id.text2);
    tv3 = (TextView) findViewById(R.id.text3);
    tv1.setOnClickListener(tv1ClickListener);
    tv2.setOnClickListener(tv2ClickListener);
    tv3.setOnClickListener(tv3ClickListener);
}
```

（7）在 onCreate 方法中添加代码实现启动时程序默认显示第一个选项卡，代码如下。

```
// 获得 FragmentManager , 然后获取 FragmentTransaction
manager = getSupportFragmentManager();
ft = manager.beginTransaction();
ExampleFragment1 ef = new ExampleFragment1();
//add 是将一个 Fragment 实例添加到 Activity 的最上层
ft.add(R.id.fragment_container, ef);
ft.commit();        // 提交事务
```

（8）编写三个选项卡 (TextView) 的单击事件监听器的回调函数，实现单击选项卡切换到对应 Fragment，第一个选项卡的单击事件监听器的代码如下。

```
View.OnClickListener tv1ClickListener = new View.OnClickListener() {
    @Override
    public void onClick(View view) {
        FragmentManager manager = getSupportFragmentManager();
        FragmentTransaction ft = manager.beginTransaction();
        ExampleFragment1 ef1 = new ExampleFragment1();
        /*replace 替换 containerViewId 中的 Fragment 实例，
        注意，它首先把 containerViewId 中所有 Fragment 实例删除，然后再添加当前的 Fragment 实例 */
        ft.replace(R.id.fragment_container, ef1);
        ft.commit();
        setTabColor(tv1);
    }
};
```

（9）按照步骤（8）的方法自行完成另外两个选项卡的单击事件监听器代码。

（10）运行程序，单击顶部的选项卡可以切换 Fragment，效果如图 4-15 所示。

### 课后任务

在点餐 App 中添加 4 个 Fragment，分别是“首页”“订单”“热点新闻”“个人”。使用标签作为选项卡，实现单击选项卡切换 Fragment。

## 任务 3　在点餐 App 中使用 TabLayout 和 ViewPager 实现顶部导航栏

### 任务要求

使用 TabLayout 和 ViewPager 完成顶部导航栏，实现单击顶部导航栏标签切换 Fragment 界面，也可以左右滑动切换 Fragment 界面。

### 4.3.1　设计 Android 顶部标签

目前大多数的 App 采用的是几个 Tab 标签及多个界面滑动的形式来提供多层次的交互体验，最为常用的做法就是采用 TabLayout、ViewPager 和 Fragment 组合的方式实现多标签页面的切换与展示。

### 4.3.2　认识 TabLayout 的基本属性

Android 2.x 使用 TabHost 和 TabActivity 实现 Tab 导航栏的功能。

Android 3.x 官方推荐使用 ActionBar 和 Fragment 实现 Tab 导航栏的功能。

Android 5.x 官方推荐使用 TabLayout 实现 Tab 导航栏的功能。TabLayout 是一个用于放置水平

Tab 的布局。TabLayout 是官方的 Design 库提供的视图，可以方便地使用指示器，它的功能类似于 ViewPagerIndicator。

TabLayout 的基本属性如表 4-2 所示。

表 4-2 TabLayout 的基本属性

| 属性 | 作用 |
| --- | --- |
| background | 设置背景颜色 |
| tabTextColor | 设置未选中时的默认文本颜色 |
| tabSelectedTextColor | 设置选中时的文本颜色 |
| tabIndicatorColor | 设置指示器颜色 |
| tabIndicatorFullWidth | 设置指示器是否填充宽度 |
| tabIndicator | 自定义指示器 |
| tabMode | 设置滚动模式 |
| tabTextAppearance | 设置文本样式，如字体大小、粗细、大小写 |
| tabIndicatorHeight | 设置指示器高度。设置为 0 时，则不显示 |
| tabMaxWidth | 设置 tab 的最大宽度 |
| tabMinWidth | 设置 tab 的最小宽度 |

TabLayout.Tab 的常用方法如表 4-3 所示。

表 4-3 TabLayout.Tab 的常用方法

| 属性 | 作用 |
| --- | --- |
| setCustomView | 自定义 View |
| setIcon | 设置图标 |
| setText | 设置文本 |
| getOrCreateBadge | 获取或创建新的标记 |
| removeBadge | 移除标记 |
| select | 选中 tab |
| isSelected | 判断 tab 是否被选中 |

### 4.3.3 认识 ViewPager

ViewPager 视图用于显示顶部标签对应的界面子布局，单击不同的标签会显示不同的界面布局，另外 ViewPager 还支持左右滑动方式切换 ViewPager 中显示的界面布局。ViewPager 是负责翻页的一个视图，准确说是一个 ViewGroup，它的内容可以包含多个视图页，在手指横向滑动屏幕时，它负责对视图进行切换。

ViewPager 直接继承了 ViewGroup，所以它是一个容器类，可以在其中添加其他的视图类。

ViewPager 需要一个 PagerAdapter 适配器类给它提供数据。

ViewPager 经常和 Fragment 一起使用，并且 Android 提供了专门的 FragmentPagerAdapter 和 FragmentStatePagerAdapter 类供 Fragment 中的 ViewPager 使用。

ViewPager 的常用方法及其说明如下。

（1）setAdapter(PagerAdapter adapter) 方法可以为 ViewPager 设置适配器，ViewPager 有三种适配器，它们分别有不同的特性。

（2）setCurrentItem(int item) 方法可以设置显示 item 位置的界面。

（3）setOffscreenPageLimit(int limit) 方法用来设置当前显示页面左右两边缓存的页面数。

（4）addOnPageChangeListener(OnPageChangeListener listener) 方法为 ViewPager 添加页面切换时的监听事件。

（5）setOnScrollChangeListener(OnScrollChangeListener listener) 方法可以为 ViewPager 添加滚动事件监听。

## 4.3.4　认识 FragmentPagerAdapter

PageAdapter 是 ViewPager 的支持者，ViewPager 会调用 PageAdapter 取得所需显示的页面，而 PageAdapter 也会在数据变化时通知 ViewPager。本项目中使用的是 FragmentPagerAdapter，相比通用的 PagerAdapter，该类更专注于每一页均为 Fragment 的情况，该类中的每一个生成的 Fragment 都将保存在内存之中。

我们在实际使用的使用需要定义一个 FragmentPagerAdapter 适配器类的子类，该子类需要实现 getItem 和 getCount 方法。

## 4.3.5　使用 TabLayout 设计顶部 tab 标签

（1）创建项目 TabLayout。

（2）TabLayout 视图在 Palette 面板的 Containers 选项卡下。添加选项卡 TabItem 后的代码如下。

```
<?xml version="1.0" encoding="utf-8"?>
<LinearLayout xmlns:android="http://schemas.android.com/apk/res/android"
    xmlns:app="http://schemas.android.com/apk/res-auto"
    xmlns:tools="http://schemas.android.com/tools"
    android:layout_width="match_parent"
    android:layout_height="match_parent"
    android:orientation="vertical"
    tools:context=".MainActivity">
    <com.google.android.material.tabs.TabLayout
        android:id="@+id/tvtablayout"
        android:layout_width="match_parent"
        android:layout_height="wrap_content">
```

```
        <com.google.android.material.tabs.TabItem
            android:layout_width="wrap_content"
            android:layout_height="wrap_content"
            android:text=" 商家 " />
        <com.google.android.material.tabs.TabItem
            android:layout_width="wrap_content"
            android:layout_height="wrap_content"
            android:text=" 广告 " />
        <com.google.android.material.tabs.TabItem
            android:layout_width="wrap_content"
            android:layout_height="wrap_content"
            android:text=" 推送 " />
        <com.google.android.material.tabs.TabItem
            android:layout_width="wrap_content"
            android:layout_height="wrap_content"
            android:text=" 团购 " />
    </com.google.android.material.tabs.TabLayout>
</LinearLayout>
```

（3）编写 initView 方法，添加 tab 标签的单击事件监听器，并在 onCreate 方法中调用，代码如下。

```
private TabLayout mTabLayout;
@Override
protected void onCreate(Bundle savedInstanceState) {
    super.onCreate(savedInstanceState);
    setContentView(R.layout.activity_main);
    initView();
}
private void initView() {
    // 初始化 TabLayout 和 ViewPager
    mTabLayout = (TabLayout) findViewById(R.id.tvtablayout);
    mTabLayout.setOnTabSelectedListener(new TabLayout.OnTabSelectedListener() {
        // 当 tab 第一次被选择时调用
        @Override
        public void onTabSelected(TabLayout.Tab tab) {
            Toast.makeText(MainActivity.this, "select tab = " + tab.getText(), Toast.LENGTH_SHORT).show();
        }
        // 当 tab 从选择切换为未选择时调用
        @Override
        public void onTabUnselected(TabLayout.Tab tab) {
            Toast.makeText(MainActivity.this, "unselected = " + tab.getText(), Toast.LENGTH_SHORT).show();
        }
        // 当 tab 已是选择状态时，继续单击才会调用此方法
        @Override
```

```
            public void onTabReselected(TabLayout.Tab tab) {
                Toast.makeText(MainActivity.this, "reselected = " + tab.getText(), Toast.LENGTH_SHORT).show();
            }
        });
    }
```

（4）运行程序，单击每个标签时观察弹出的 Toast 消息框，在 Logcat 界面观察 OnTabSelected、OnTabUnselected 和 OnTabReselected 方法什么时候被执行。

### 4.3.6　使用 TabLayout 和 ViewPager 实现 tab 页切换

（1）在 4.3.5 的布局文件中通过编码的方式添加 ViewPager，布局文件代码如下，ViewPager 视图布局设计效果如图 4-17 所示。

```
<?xml version="1.0" encoding="utf-8"?>
<LinearLayout xmlns:android="http://schemas.android.com/apk/res/android"
    xmlns:app="http://schemas.android.com/apk/res-auto"
    xmlns:tools="http://schemas.android.com/tools"
    android:layout_width="match_parent"
    android:layout_height="match_parent"
    android:orientation="vertical"
    tools:context=".MainActivity">
    <com.google.android.material.tabs.TabLayout
        android:id="@+id/tvtablayout"
        android:layout_width="match_parent"
        android:layout_height="wrap_content">
        <com.google.android.material.tabs.TabItem
            android:layout_width="wrap_content"
            android:layout_height="wrap_content"
            android:text=" 商家 " />
        <com.google.android.material.tabs.TabItem
            android:layout_width="wrap_content"
            android:layout_height="wrap_content"
            android:text=" 广告 " />
        <com.google.android.material.tabs.TabItem
            android:layout_width="wrap_content"
            android:layout_height="wrap_content"
            android:text=" 推送 " />
        <com.google.android.material.tabs.TabItem
            android:layout_width="wrap_content"
            android:layout_height="wrap_content"
            android:text=" 团购 " />
    </com.google.android.material.tabs.TabLayout>
    <androidx.viewpager.widget.ViewPager
```

```
        android:id="@+id/tvviewpager"
        android:layout_width="match_parent"
        android:layout_height="wrap_content" />
</LinearLayout>
```

图 4-17　ViewPager 视图布局设计效果

（2）定义 ViewPager 对象，代码如下。

```
private ViewPager mViewPager;
private TabLayout mTabLayout;
@Override
protected void onCreate(Bundle savedInstanceState) {
    super.onCreate(savedInstanceState);
    setContentView(R.layout.activity_main);
    initView();
}
```

（3）在 initView 方法中添加 ViewPager 对象的初始化代码，代码如下。

```
private void initView() {
    // 初始化 TabLayout 和 ViewPager
    mViewPager = (ViewPager)findViewById(R.id.tvviewpager);
    mTabLayout = (TabLayout)findViewById(R.id.tvtablayout);
    mTabLayout.setOnTabSelectedListener(new TabLayout.OnTabSelectedListener() {
        // 当 tab 第一次被选择时调用
        @Override
        public void onTabSelected(TabLayout.Tab tab) {
            Toast.makeText(MainActivity.this, "select tab = " + tab.getText(), Toast.LENGTH_SHORT).show();
        }
        // 当 tab 从选择到未选择时调用
```

```
            @Override
            public void onTabUnselected(TabLayout.Tab tab) {
                Toast.makeText(MainActivity.this, "unselected = " + tab.getText(), Toast.LENGTH_SHORT).show();
            }
            // 当 tab 已是选择状态时，继续单击调用此方法
            @Override
            public void onTabReselected(TabLayout.Tab tab) {
                Toast.makeText(MainActivity.this, "reselected = " + tab.getText(), Toast.LENGTH_SHORT).show();
            }
        });
    }
```

（4）定义一个存放 Fragment 的集合，代码如下。

```
ArrayList<Fragment> fragments;
private ViewPager mViewPager;
private TabLayout mTabLayout;
@Override
protected void onCreate(Bundle savedInstanceState) {
    super.onCreate(savedInstanceState);
    setContentView(R.layout.activity_main);
    initView();
}
```

（5）添加 OneFragment，设计该 Fragment 的布局文件 fragment_one.xml，布局文件代码如下。

```
<?xml version="1.0" encoding="utf-8"?>
<FrameLayout xmlns:android="http://schemas.android.com/apk/res/android"
    xmlns:tools="http://schemas.android.com/tools"
    android:layout_width="match_parent"
    android:layout_height="match_parent"
    android:background="#3394ee"
    tools:context=".OneFragment">
    <TextView
        android:layout_width="match_parent"
        android:layout_height="match_parent"
        android:text="framgment1" />
</FrameLayout>
```

（6）按照上述步骤（5）的方法添加 TwoFragment，设计布局文件 fragment_two.xml，布局文件代码如下。

```
<?xml version="1.0" encoding="utf-8"?>
<FrameLayout xmlns:android="http://schemas.android.com/apk/res/android"
    xmlns:tools="http://schemas.android.com/tools"
    android:layout_width="match_parent"
```

```
    android:layout_height="match_parent"
    android:background="#ff94ee"
    tools:context=".TwoFragment">
    <TextView
        android:layout_width="match_parent"
        android:layout_height="match_parent"
        android:text="framgment2" />
</FrameLayout>
```

（7）按照步骤（5）的方法添加 ThreeFragment，设计 Fragment 的布局文件，布局文件代码如下。

```
<?xml version="1.0" encoding="utf-8"?>
<FrameLayout xmlns:android="http://schemas.android.com/apk/res/android"
    xmlns:tools="http://schemas.android.com/tools"
    android:layout_width="match_parent"
    android:layout_height="match_parent"
    android:background="#33ffee"
    tools:context=".ThreeFragment">
    <TextView
        android:layout_width="match_parent"
        android:layout_height="match_parent"
        android:text="framgment3" />
</FrameLayout>
```

（8）按照步骤（5）的方法添加 FourFragment，设计 Fragment 的布局文件，布局文件代码如下。

```
<?xml version="1.0" encoding="utf-8"?>
<FrameLayout xmlns:android="http://schemas.android.com/apk/res/android"
    xmlns:tools="http://schemas.android.com/tools"
    android:layout_width="match_parent"
    android:layout_height="match_parent"
    android:background="#8c3230"
    tools:context=".FourFragment">
    <TextView
        android:layout_width="match_parent"
        android:layout_height="match_parent"
        android:text="framgment4" />
</FrameLayout>
```

（9）ViewPager 需要使用 FragmentPagerAdapter 适配器来呈现 Fragment 页面。在实际使用的时候需要自定义类并继承 FragmentPagerAdapter 类。创建一个名为 MyPagerAdapter 的 Java 类，继承 FragmentPagerAdapter，通过代码补全方法添加 getItem、getCount 方法和构造函数，代码如下。

```
public class MyPagerAdapter extends FragmentPagerAdapter {
    private List<String> titleList;
    private List<Fragment> mFragmentList;
```

```
    public void setFragments(ArrayList<Fragment> fragments) {
    }
    public MyPagerAdapter(FragmentManager fm) {
        super(fm);
    }
    @Override
    public Fragment getItem(int position) {
        return null;
    }
    @Override
    public int getCount() {
        return 0;
    }
}
```

（10）在 MyPagerAdapter 类中定义 Fragment 集合和 setFragments 方法，修改 getItem 方法和 getCount 方法，代码如下。

```
public class MyPagerAdapter extends FragmentPagerAdapter {
    private List<String> titleList;
    private List<Fragment> mFragmentList;
    public void setFragments(ArrayList<Fragment> fragments) {
        mFragmentList = fragments;
    }
    public MyPagerAdapter(FragmentManager fm) {
        super(fm);
    }
    @Override
    public Fragment getItem(int position) {
        Fragment fragment = mFragmentList.get(position);
        return fragment;
    }
    @Override
    public int getCount() {
        return mFragmentList.size();
    }
}
```

（11）创建一个 ArrayList 集合用来装填 Fragment 对象，代码如下。

```
private void initView() {
    //1. 初始化 TabLayout 和 ViewPager
    mTabLayout = (TabLayout) findViewById(R.id.tvtablayout);
    mViewPager = (ViewPager) findViewById(R.id.tvviewpager);
    //2. 创建一个 ArrayList 集合，装填 Fragment 对象（需要在项目中创建 4 个 Fragment）
    fragments = new ArrayList<>();
```

```
        //3. 添加 Fragment
        fragments.add(new OneFragment());
        fragments.add(new TwoFragment());
        fragments.add(new ThreeFragment());
        fragments.add(new FourFragment());
    }
```

（12）创建并设置 ViewPager 适配器，代码如下。

```
//4. 创建 ViewPager 适配器（MyPagerAdapter）
MyPagerAdapter myPagerAdapter = new MyPagerAdapter(getSupportFragmentManager());
//5. 将集合添加到 ViewPager 适配器中
myPagerAdapter.setFragments(fragments);
//6. 给 ViewPager 设置适配器
mViewPager.setAdapter(myPagerAdapter);
```

（13）将 TabLayout 和 ViewPager 关联起来，手动添加标题防止清除 tab 标题，代码如下。

```
//7. 同步 TabLayout 和 ViewPager 的监听事件
//7.1 对 TabLayout 的适配器进行重置
//7.2 对 TabLayout 的 TabItem 进行重置
//7.3 从 ViewPager 的 Adapter 中读取每一页的标题，并为之创建 TabItem 对象并添加到 TabLayout 中
// 注意：设置 TabLayout 和 ViewPager 相关联，但是会清除 tab 标题
mTabLayout.setupWithViewPager(mViewPager);
//8. 手动添加标题（必须在 setupwidthViewPager 之后），使用 mTabLayout.getTabAt(0).setText(" 标题名称 ") 添加
mTabLayout.getTabAt(0).setText(" 商家 ");
mTabLayout.getTabAt(1).setText(" 广告 ");
mTabLayout.getTabAt(2).setText(" 推送 ");
mTabLayout.getTabAt(3).setText(" 团购 ");
```

（14）TabLayout 的事件监听器必须放在 initView 方法的最后，防止出现空指针错误，代码如下。

```
    //9.tab 的 TabSelected 事件监听器
    mTabLayout.setOnTabSelectedListener(new TabLayout.OnTabSelectedListener() {
        // 当 tab 第一次被选择时调用
        @Override
        public void onTabSelected(TabLayout.Tab tab) {
            Toast.makeText(MainActivity.this, "select tab = " + tab.getText(), Toast.LENGTH_SHORT).show();
        }
        // 当 tab 从 选择切换为未选择时调用
        @Override
        public void onTabUnselected(TabLayout.Tab tab) {
            Toast.makeText(MainActivity.this, "unselected = " + tab.getText(), Toast.LENGTH_SHORT).show();
```

```
        }
        // 当 tab 已是选择状态时，继续单击才会调用
        @Override
        public void onTabReselected(TabLayout.Tab tab) {
            Toast.makeText(MainActivity.this, "reselected = " + tab.getText(), Toast.LENGTH_SHORT).show();
        }
    });
```

（15）运行程序查看效果，单击顶部标签可以切换 Fragment，选中某个 Fragment 左右滑动也可以在相邻标签的 Fragment 之间切换，TabLayout 集成 ViewPager 实现 tab 页切换如图 4-18 所示。

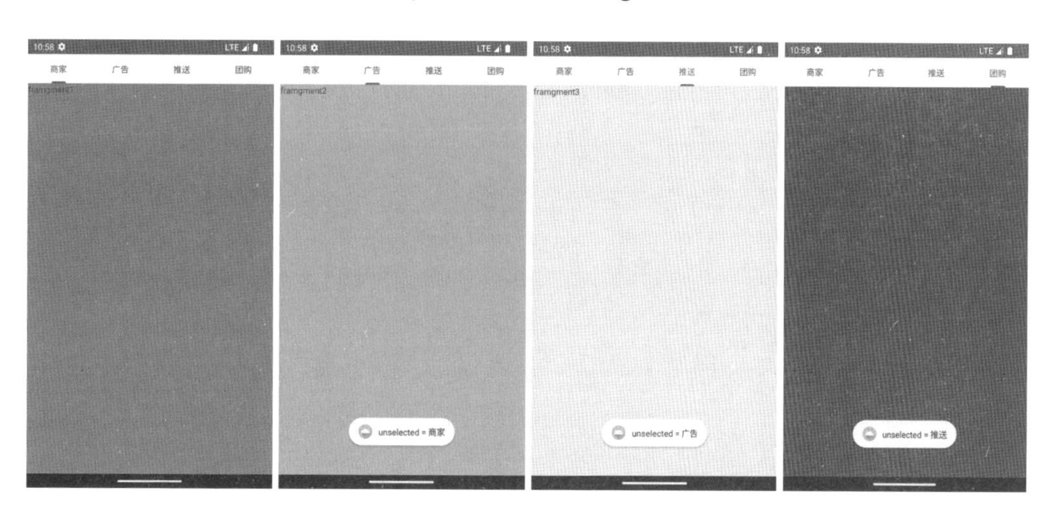

图 4-18　TabLayout 集成 ViewPager 实现 tab 页切换

## 课后任务

在点餐 App 中把顶部选项卡改为 TabLayout 并使用 ViewPager，设计“首页”“订单”“热点新闻”和“个人”四个 Fragment，单击选项卡式滑动选项卡时切换 Fragment。

### 科技强国——芯片领域的逆袭

近年来，中美两国在科技领域，尤其是在芯片领域的竞争越发激烈。作为现代信息科技的核心，芯片的研发和制造具有重要战略意义。在短短的几年内，我们的芯片自给率有了大幅度提升，芯片自给率从此前的不足 5% 提高到 20% 以上。华为海思的麒麟处理器不仅做到了全国第一，放眼全球，也就仅仅略逊于苹果的自研芯片，和高通不相上下。然而，华为空有设计能力，却没有制造能力，芯片制造企业台积电在美国的施压下，彻底断供华为，最终拥有世界先进 5G 技术的华为却只能生产技术早已经落后不止一点的 4G 手机。

华为并没有被困难打败，2023 年 8 月 29 日，搭载麒麟 9000S 的华为 Mate60 Pro 正式发售。麒麟 9000S 是一款经过重生的国产 5G 芯片，标志着中国芯片行业的重要突破。麒麟 9000S 采用了 7 纳米技术的制程，整体性能超越了美国高通的骁龙 888 芯片。此外，麒麟 9000S 还采用了自研的 GPU 架

构，实现了全自主可控。麒麟 9000S 芯片的发布为我们带来了惊喜，它已经能够与国际主流旗舰芯片相媲美。

华为 Mate 60 Pro 在升级至鸿蒙 4 的 116 版本后，许多性能测试 App，包括安兔兔和设备信息，在测试中发现其 CPU 核心数从 8 核增加到了 12 核。在多项极限性能测试中，Mate 60 系列手机不仅完胜骁龙 8 Gen2，更是在多个方面取得了很好的成绩。

华为 Mate 60 Pro 的回归，以及国产 5G 芯片的问世为整个行业注入了新的动力。在外部封锁的困境下，中国科技企业紧密合作、自力更生，并通过实际行动向世界证明在面对严峻挑战时我们的前进步伐依然坚定有力。

# 项目 5 调用 Android 的系统组件

## 学习目标

**知识目标**

（1）掌握使用 Intent 调用短信、电话、浏览器等系统功能的方法。
（2）掌握 Service 的原理和调用后台服务的用法。
（3）了解 Android 系统的四大基本组件，了解 Android 系统的进程优先级。
（4）理解 Activity 的生命周期中各状态的变化关系。

**能力目标**

（1）能够使用 Intent 调用系统功能。
（2）能够使用 Service 执行后台任务。
（3）能够使用 Android 系统的四大基本组件进行程序设计。
（4）能够调用 Notification 类实现顶部消息通知显示。
（5）能够使用 BroadcastReceiver 获取手机系统的网络连接状态。

**素质目标**

（1）厚植爱国爱党的家国情怀，增强民族自豪感。
（2）培养永无止境的探索精神，追求卓越工作实效。

## 核心知识点导图

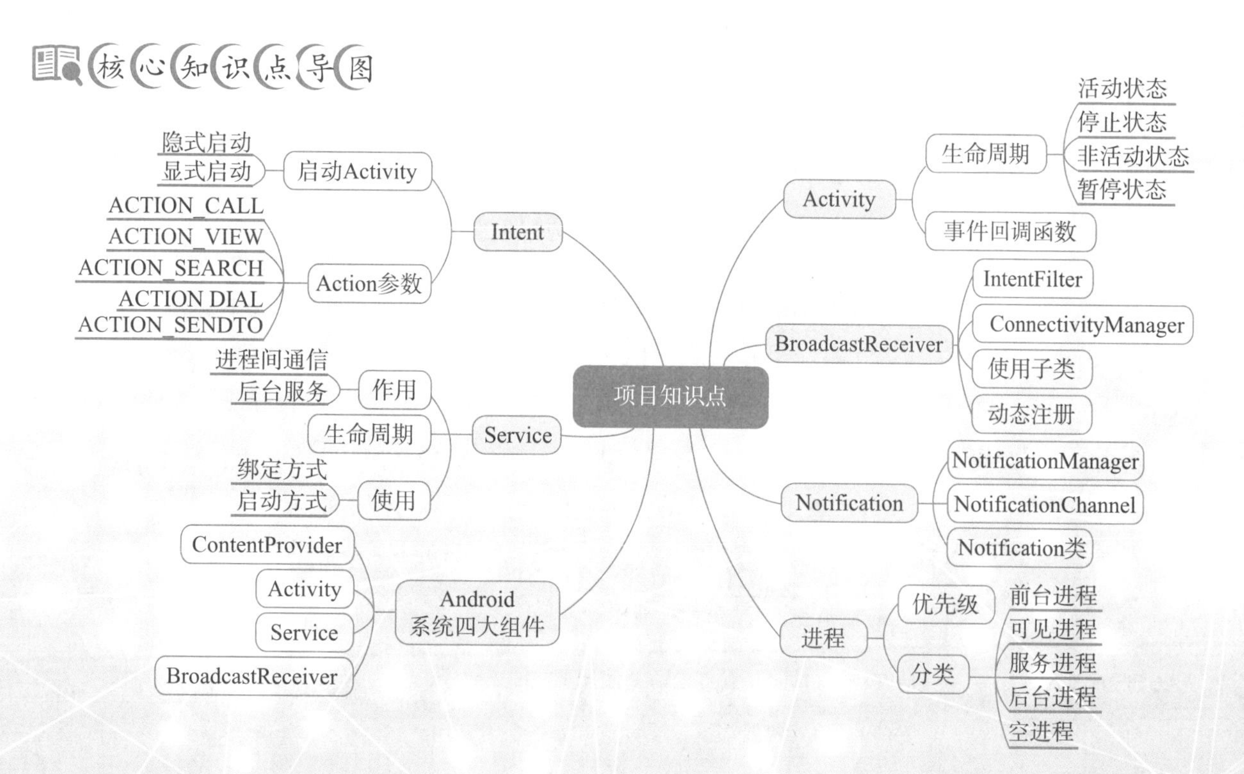

项目导入

在开发过程中，我们需要通过系统调用实现软件功能。例如，在点餐 App 开发中就需要调用系统功能解决在 App 中拨打电话和界面跳转的问题，使用系统默认浏览器打开指定的网站，并且在商家界面进行搜索并显示返回结果。在点餐 App 中的通知消息需要使用后台服务来播放提示铃声，在接收到消息后使用通知弹出顶部消息，并且能够在后台实时监控网络状态的变化，接收系统的广播消息。

# 任务 1 在点餐 App 中使用 Intent 实现系统调用

## 任务要求

（1）使用 Intent 启动新的 Activity。该示例包含两个 Activity，分别是 MainActivity（主界面）和 PhoneContactsActivity（联系人界面）。

（2）程序默认启动的 Activity 是 MainActivity，在用户单击“查看指定联系人”按钮后，程序启动的 Activity 是 PhoneContactsActivity。

（3）使用 Intent 发送短信、打开系统拨打电话界面、拨打电话、调用系统浏览器打开指定网页。

## 5.1.1 认识 Intent

Intent 是一个动作的完整描述，包含了动作的产生组件、接收组件和要传递的数据信息。Intent 位于 android.content 包中，虽没有位列四大组件，但它的作用相当重要。Intent 的作用和相关说明如下。

（1）为组件提供交互能力。Intent 可以连接应用程序的三个核心组件 Activity、Service 和 BroadcastReceiver，为这些组件提供交互能力。

（2）传递消息和发布广播。Intent 可以用于传输数据。Intent 也可当作一个在不同组件之间传递的消息，这个消息在到达接收组件后，接收组件会执行相关的动作。Intent 也可以在 Android 系统中发布广播消息。

（3）绑定信息。Intent 可以为接收 Intent 的组件绑定信息。如果程序需要调用系统照相机，可以在 Intent 中绑定照片存放的路径。Intent 还可以绑定 Android 系统需要的信息，指定哪个种类的组件可以处理这个 Intent，Intent 还可以告知如何程序启动 Activity（比如限定 Activity 在哪个 task 中）。

Intent 由组件名称、Action、Data、Category、Extra 及 Flag 六部分组成。

Intent 构造函数的第 1 个参数是 Intent 需要执行的动作，Android 系统支持的 Intent 的动作字符串常量可以参考表 5-1。Intent 构造函数的第 2 个参数是 Uri，它表示需要传递的数据。

表 5-1 Intent 的动作字符串常量

| 动作 | 说明 |
| --- | --- |
| ACTION_ANSWER | 打开接听电话的 Activity，默认打开 Android 内置的拨号界面 |
| ACTION_CALL | 打开拨号盘界面并拨打电话，使用 Uri 中的数字部分作为电话号码 |

续表

| 动作 | 说明 |
|---|---|
| ACTION_DELETE | 打开一个 Activity，对所提供的数据进行删除操作 |
| ACTION_DIAL | 打开内置拨号界面，显示 Uri 中提供的电话号码 |
| ACTION_EDIT | 打开一个 Activity，对所提供的数据进行编辑操作 |
| ACTION_INSERT | 打开一个 Activity，在提供数据的当前位置插入新项 |
| ACTION_PICK | 启动一个子 Activity，从提供的数据列表中选取一项 |
| ACTION_SEARCH | 启动一个 Activity，执行搜索动作 |
| ACTION_SENDTO | 启动一个 Activity，向提供的联系人发送信息 |
| ACTION_SEND | 启动一个可以发送数据的 Activity |
| ACTION_VIEW | 最常用的动作，对以 Uri 方式传送的数据，程序会根据 Uri 协议部分以最佳方式启动相应的 Activity 进行处理。对于 http:address 将打开浏览器查看；对于 tel:address 将打开拨号界面并呼叫指定的电话号码 |
| ACTION_WEB_SEARCH | 打开一个 Activity，对提供的数据进行 Web 搜索 |

## 5.1.2 启动 Activity

在 Android 系统中，应用程序一般都有多个 Activity，Intent 可以实现不同 Activity 之间的切换和数据传递。启动 Activity 的方式分为显式启动和隐式启动。

显式启动：在 Intent 中指明启动的 Activity 所在的类（比如指定使用 Chrome 浏览器打开一个百度首页）。

隐式启动：Android 系统根据 Intent 的动作和数据来决定启动哪一个 Activity，这时 Intent 中只包含需要执行的动作和所包含的数据，而无需指明具体启动哪一个 Activity。选择权由 Android 系统和用户来决定（如打开一个百度首页，具体使用什么软件打开由用户选择）。隐式启动的好处在于不需要指明需要启动哪一个 Activity，而由 Android 系统来决定，这样有利于降低组件之间的耦合度。

如果只是 Activity 跳转也可以直接用以下代码。

```
setContentView(R.layout. 布局文件 );
```

利用 Intent 启动 Activity 的代码如下。

```
Intent intent = new Intent(Intent.ACTION_VIEW, Uri.parse(urlString));
```

此处 Intent 的动作是 Intent.ACTION_VIEW，数据是 Web 地址，使用 Uri.parse(urlString) 方法可以简单地把一个字符串解释成 Uri 对象。

Android 系统在匹配 Intent 时，首先根据动作 Intent.ACTION_VIEW 得知需要启动具备浏览功能的 Activity，但具体是浏览电话号码还是浏览网页，还需要根据 Uri 的数据类型判断。如果提供的数据是 Web 地址，例如“http://www.baidu.com”，Android 系统最终可以判定 Intent 需要启动具有网页浏览功能的 Activity。在缺省的情况下，Android 系统会调用内置的 Web 浏览器。

如果程序开发人员希望启动一个浏览器查看指定的网页内容，却不能确定具体应该启动哪一个 Activity（我们无法知道用户的手机到底安装了哪个浏览器）时，可使用 Intent 的隐式启动，由 Android 系统在程序运行时决定具体启动哪一个应用程序的 Activity。

被启动的是程序本身的 Activity，也可以是 Android 系统内置的 Activity，还可以是第三方应用程序提供的 Activity。

显式启动一个 Activity 的代码如下。

```
// 创建一个 Intent 对象，指定当前的应用程序上下文以及要启动的 Activity
Intent intent = new Intent( 当前 Activity 类名 .this, 要启动的 Activity.class);
// 把创建好的 Intent 作为参数传递给 startActivity 方法
startActivity(intent);
```

## 5.1.3 查看指定联系人

（1）创建一个名为 Intent 的项目。

（2）设计 MainActivity 的布局，添加 id 为 btnPhoneContacts 的“查看指定联系人”按钮，id 为 btnMsg 的“调用短信程序”按钮，id 为 BtnDail 的“调用拨号程序”按钮，id 为 btnCall 的“拨打指定电话”按钮，id 为 btnSearchWeb 的“用百度查找”按钮，Intent 系统调用界面如图 5-1 所示。

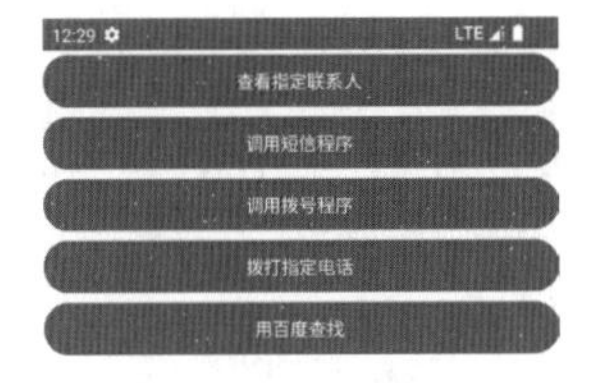


图 5-1　Intent 系统调用界面

（3）MainActivity 初始化的代码如下。

```
Button btnPhoneContacts,btnMsg,BtnDail,btnCall,btnSearchWeb;
@Override
protected void onCreate(Bundle savedInstanceState) {
    super.onCreate(savedInstanceState);
    setContentView(R.layout.activity_main);
    btnPhoneContacts=(Button) findViewById(R.id.btnPhoneContacts);
    btnMsg=(Button) findViewById(R.id.btnMsg);
```

```
        BtnDail=(Button) findViewById(R.id.BtnDail);
        btnCall=(Button) findViewById(R.id.btnCall);
        btnSearchWeb=(Button)findViewById(R.id.btnSearchWeb);
    }
```

（4）在 MainActivity 中编写“查看联系人”按钮的单击事件处理方法，代码如下。

```
//查看指定联系人
btnPhoneContacts.setOnClickListener(new View.OnClickListener() {
    @Override
    public void onClick(View view) {
        Intent intent = new Intent(MainActivity.this,PhoneContactsActivity.class);
        //以键值的方式绑定 intent 对象
        intent.putExtra("name", " 张三 ");
        intent.putExtra("sex", " 男 ");
        intent.putExtra("tel", "13508778901");
        startActivity(intent);
    }
});
```

**代码解释**

Intent 构造函数的第 1 个参数是应用程序上下文，在这里就是 MainActivity，第 2 个参数是接收 Intent 的目标组件，这里使用的是显式启动，直接指明了需要启动的 Activity。

（5）添加 PhoneContactsActivity。选中包后，右键单击并依次执行“new”→“Activity”→“Empty Views Activity”命令。

（6）设计 PhoneContactsActivity 的布局，在布局中添加一个 id 为 textView1 的标签视图。

（7）修改 PhoneContactsActivity 的 onCreate 方法，代码如下。

```
TextView t1;
@Override
protected void onCreate(Bundle savedInstanceState) {
    super.onCreate(savedInstanceState);
    setContentView(R.layout.activity_phone_contacts);
    t1=(TextView) findViewById(R.id.textView1);
    String str = null;
    Intent intent=new Intent();
    intent=getIntent();
    //使用 intent 对象的 getStringExtra 方法获取传递过来的值
    String uname=intent.getStringExtra("name");
    String usex=intent.getStringExtra("sex");
```

```
        String uTel=intent.getStringExtra("tel");
        str=" 姓名："+uname+" 性别："+usex+" 电话："+uTel;
        t1.setText(str);
    }
```

（8）启动程序，Intent 系统调用界面如图 5-1 所示。单击“查看指定联系人”按钮，界面跳转到 PhoneContactsActivity 并显示该联系人信息，如图 5-2 所示。

12:29

姓名：张三性别：男电话：13508778901

图 5-2　PhoneContactsActivity 界面

## 5.1.4　用百度查找

（1）编写“用百度查找”按钮的单击事件的处理代码，代码如下。

```
// 访问百度
btnSearchWeb.setOnClickListener(new View.OnClickListener() {
    @Override
    public void onClick(View view) {
        String urlString = "http://m.baidu.com";
        Intent intent = new Intent(Intent.ACTION_VIEW, Uri.parse(urlString));
        startActivity(intent);
    }
});
```

（2）运行程序，单击“用百度查找”按钮，使用外部浏览器打开网站的界面如图 5-3 所示。

图 5-3 使用外部浏览器打开网站的界面

## 5.1.5 调用系统的短信发送程序界面

（1）在 MainActivity 中编写“调用短信程序”按钮的单击事件监听器的代码，代码如下。

```
// 调用短信程序
btnMsg.setOnClickListener(new View.OnClickListener() {
    @Override
    public void onClick(View view) {
        Uri uri = Uri.parse("smsto:10065");
        Intent it = new Intent(Intent.ACTION_SENDTO, uri);
        it.putExtra("sms_body", " 这是测试短信，收到勿回 !!!");
        startActivity(it);
    }
});
```

（2）运行程序，单击“调用短信程序”按钮，调用系统的短信发送程序界面如图 5-4 所示。

图 5-4　调用系统的短信发送

## 5.1.6　调用系统的拨号程序界面

（1）在 MainActivity 中编写“调用拨号程序”按钮的单击事件监听器的代码，代码如下。

```
// 调用拨号程序
BtnDail.setOnClickListener(new View.OnClickListener() {
    @Override
    public void onClick(View view) {
        Uri uri=Uri.parse("tel:10086");
        Intent it = new Intent(Intent.ACTION_DIAL,uri);
        startActivity(it);
    }
});
```

（2）运行程序，单击“调用拨号程序”按钮，系统拨号界面如图 5-5 所示。

图 5-5　系统拨号界面

## 5.1.7　调用系统的拨号功能拨打电话

（1）编写“拨打电话”按钮的单击事件监听器的代码，代码如下。

```
//拨打电话
btnCall.setOnClickListener(new View.OnClickListener() {
    @Override
    public void onClick(View view) {
        Uri uri=Uri.parse("tel:10086");
        Intent it = new Intent(Intent.ACTION_CALL,uri);
        startActivity(it);
    }
});
```

（2）启动程序，单击“拨打指定电话”按钮，程序崩溃，出现如图 5-6 所示的界面。抛出的异常信息如图 5-7 所示。

图 5-6　拨打电话程序崩溃界面

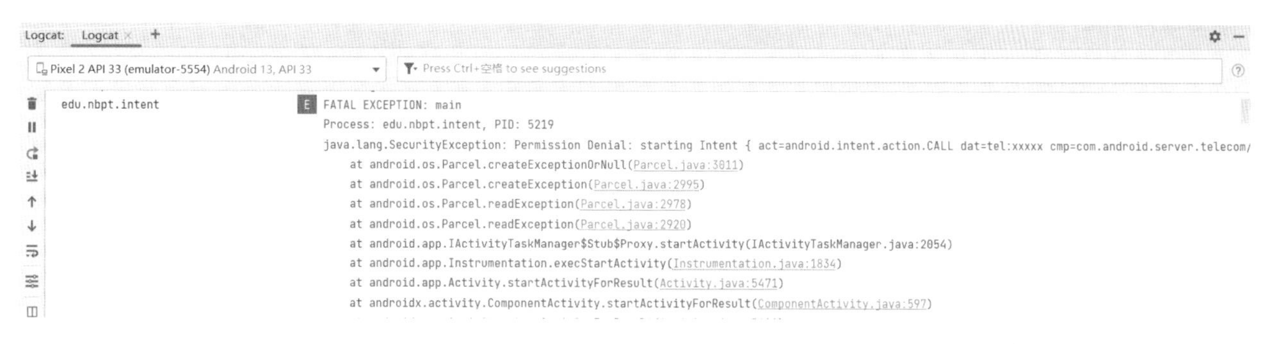


图 5-7　拨打电话程序的异常信息

（3）在 Android 6.0 以后，访问系统功能都需要申请权限。在 AndroidManifest.xml 文件中添加如下代码。该代码需要放在 <application></application> 节点之前。

```
<uses-feature
    android:name="android.hardware.telephony"
    android:required="false" />
<uses-permission android:name="android.permission.CALL_PHONE" />
```

（4）运行一次程序。依次打开手机操作系统的“设置”→“应用”→“ Intent”→“权限”，将“电话权限”设置为“允许”，如图 5-8 所示。

（5）再次运行程序，单击“拨打指定电话”按钮，拨打电话界面如图 5-9 所示。

图 5-8　设置电话权限　　图 5-9　拨打电话界面

**代码解释**

在 Android 6.0 之前，在 AndroidManifest.xml 中声明即可申请权限。但是在 Android 6.0 及更高的版本中，需要对系统访问的权限进行动态监测和申请。在 Android 6.0 或者更高版本的操作系统中需要在设置中手动打开权限或者使用动态申请权限的代码实现。

### 课后任务

在点餐 App 的商家界面添加一个电话号码标签视图，单击该视图组件拨打商家电话。在点餐 App 中添加登录界面，登录成功后跳转到主界面。

## 任务 2　在点餐 App 中使用 Service 调用后台服务

### 任务要求

通过界面上的“开始”按钮调用 startService(Intent) 函数，启动 Music 服务播放音乐。通过界面上的“停止”按钮调用 stopService(Intent) 函数，停止 Music 服务。

## 5.2.1　认识 Service

Android 在某些情况下会自动关闭非前台显示的 Activity，所以如果要让一个功能在后台一直执行，就必须使用 Service。Service 是 Android 系统的服务组件，适用于开发没有用户界面，无需用户干预，且长时间在后台长期运行的应用功能。

Service 没有用户界面，更加有利于降低系统资源的消耗。Service 比 Activity 具有更高的优先级，在系统资源紧张时，Service 不会被 Android 系统优先终止。即使 Service 被系统终止，在系统资源恢复后 Service 也将自动恢复运行，因此可以认为 Service 是在系统中永久运行的组件。Service 除了可以实现后台服务功能，还可以用于进程间通信（inter process communication，IPC），解决不同 Android 应用程序进程之间的调用和通信问题。

我们开发的点餐 App 需要在接收通知消息后播放通知铃声，比如提示订购成功、商品已发货。这类音乐的播放是不需要在用户界面显示播放界面的，比较合适使用 Service 来实现。

在实际应用中，有很多应用需要使用 Service，例如音乐播放器关闭播放器界面后，在后台继续保持音乐持续播放，检测手机存储上文件的变化并计算后台数据，记录用户的地理信息位置的改变。

## 5.2.2　认识 Service 的生命周期

Service 的完整生命周期从 onCreate 开始到 onDestroy 结束，在 onCreate 中完成 Service 的初始化工作，在 onDestroy 中释放所有占用的资源。活动生命周期从 onStart 开始，但没有与之对应的“停止”函数，因此可以粗略地认为活动生命周期是以 onDestroy 标志结束。onCreate、onStart、onDestroy 回调函数数说明如下。Service 的生命周期如图 5-10 所示。

onCreate 事件回调函数：Service 的生命周期开始时执行，完成 Service 的初始化工作。

onStart 事件回调函数：活动生命周期开始时执行，但没有与之对应的“停止”函数，因此可以近似认为活动生命周期也是以 onDestroy 标志结束。

onDestroy 事件回调函数：Service 的生命周期结束时执行，释放 Service 所有占用的资源。

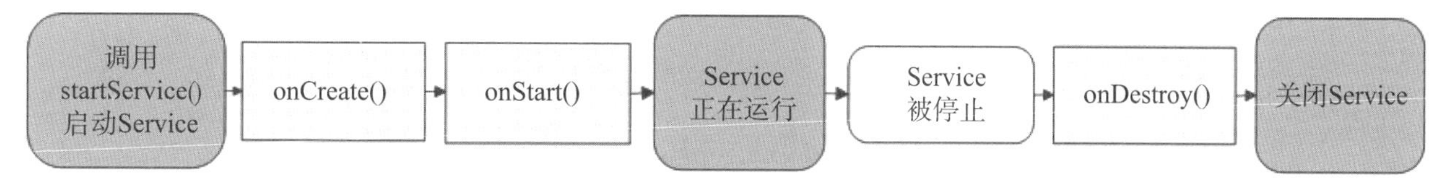


图 5-10　Service 的生命周期

## 5.2.3　Service 的使用方式

Service 的使用方式一般有两种，分别是启动方式和绑定方式，也可以将它们结合起来使用。

（1）启动方式。通过调用 Context.startService 方法启动 Service，通过调用 Context.stopService 方法或 Service.stopSelf 方法停止 Service。Service 一定是由其他组件启动的，但停止过程可以通过其他组件或自身完成。

在启动方式中，启动 Service 的组件不能够获取到 Service 的对象实例，因此无法调用 Service 的任何函数，也不能够获取到 Service 的任何状态和数据信息。能够以启动方式使用的 Service 需要具备自我管理的能力，而且不需要通过函数调用获取 Service 的功能和数据。

（2）绑定方式。Service 的使用是通过服务链接（Connection）实现的，服务链接能够获取 Service 的对象实例，因此绑定 Service 的组件可以调用 Service 中实现的函数，或直接获取 Service 中的状态和数据信息。

使用 Service 的组件通过 Context.bindService 方法建立服务链接，通过 Context.unbindService 方法停止服务链接。如果在绑定过程中 Service 没有启动，Context.bindService 方法会自动启动 Service，而且同一个 Service 可以绑定多个服务链接，这样可以同时为多个不同的组件提供服务。

（3）启动方式和绑定方式的结合。启动方式和绑定方式并不是完全独立的，在某些情况下可以混合使用。以 MP3 播放器为例，在后台工作的 Service 通过 Context.startService 方法启动某个音乐播放 Service，但在播放过程中如果用户需要暂停音乐播放，则需要通过 Context.bindService 方法获取服务链接和 Service 对象实例，进而通过调用 Service 对象实例中的函数暂停音乐播放，并保存相关信息。在这种情况下，如果调用 Context.stopService 方法并不能够停止 Service，需要在所有的服务链接关闭后，Service 才能停止。

## 5.2.4 使用 Service 在后台播放通知铃声

（1）创建一个名为 service 的项目。

（2）设计布局 activity_main.xml，代码如下。

```
<?xml version="1.0" encoding="utf-8"?>
<LinearLayout xmlns:android="http://schemas.android.com/apk/res/android"
    android:layout_width="fill_parent"
    android:layout_height="fill_parent"
    android:orientation="vertical">
    <Button
        android:id="@+id/start"
        android:layout_width="fill_parent"
        android:layout_height="wrap_content"
        android:text=" 开始 " />
    <Button
        android:id="@+id/stop"
        android:layout_width="fill_parent"
        android:layout_height="wrap_content"
        android:text=" 停止 " />
</LinearLayout>
```

（3）初始化 MainActivity 文件视图，代码如下。

```
Button start,stop;
@Override
protected void onCreate(Bundle savedInstanceState) {
```

```
        super.onCreate(savedInstanceState);
        setContentView(R.layout.activity_main);
        start=(Button)findViewById(R.id.start);
        stop=(Button)findViewById(R.id.stop);
    }
```

（4）创建后台播放音乐的服务类 Music.java 并继承 Service 类，代码如下。

```
public class Music extends Service {
    private MediaPlayer mp; // 创建 MediaPlayer 对象 mp
    @Override
    public void onCreate() {
        super.onCreate();
        Log.d("MyService", "onCreate() 被执行 ");
        mp=MediaPlayer.create(this,R.raw.new_msg);
    }
    @Override
    public int onStartCommand(Intent intent, int flags, int startId) {
        Log.d("MyService", "onStartCommand() 被执行 ");
        mp.start(); // 播放音乐
        return super.onStartCommand(intent, flags, startId);
    }
    @Override
    public void onDestroy() {
        super.onDestroy();
        Log.d("MyService", "onDestroy() 被执行 ");
        mp.stop(); // 停止播放音乐
    }
    @Override
    public IBinder onBind(Intent arg0) {// 使用绑定方式启动 Service 时执行
            Log.d("MyService", "=========onBind=========");
            return null;
    }
}
```

（5）在项目中添加 MP3 文件。在工程的 res 目录下建立名为 raw 的文件夹。选中 res 目录并右击，选择“new”→“android resource directory”，输入目录名称，将音频文件 new_msg.mp3 保存在 raw 文件夹下。

**【注意】**音频文件名必须是有效的文件名，只能以小写英文字母开头，后面可以使用小写英文字母或者数字。

（6）在 AndroidManifest.xml 中添加 Service 类 Music 的配置信息，代码如下。

```
<service android:enabled="true" android:name=".Music" />
```

（7）编写“开始”按钮的点击事件监听器，启动后台服务，代码如下。

```
start.setOnClickListener(new View.OnClickListener() {
    public void onClick(View view) {
        // 启动服务
        startService(new Intent( MainActivity.this, Music.class));
        Toast.makeText(MainActivity.this," 调用 Service 的 onCreate 和 onBind 方法 ",
                Toast.LENGTH_SHORT).show();
    }
});
```

（8）编写“停止”按钮的点击事件监听器，停止后台服务，代码如下。

```
stop.setOnClickListener(new View.OnClickListener() {
    public void onClick(View view) {
        Toast.makeText(MainActivity.this," 调用 Service 的 onUnbind 和 onDistroy 方法 ",
                Toast.LENGTH_SHORT).show();
        // 停止服务
        stopService(new Intent( MainActivity.this,Music.class));
    }
});
```

（9）运行程序，单击“开始”按钮，再次单击“开始”按钮，单击“停止”按钮，观察 Logcat 显示的信息，如图 5-11 所示。

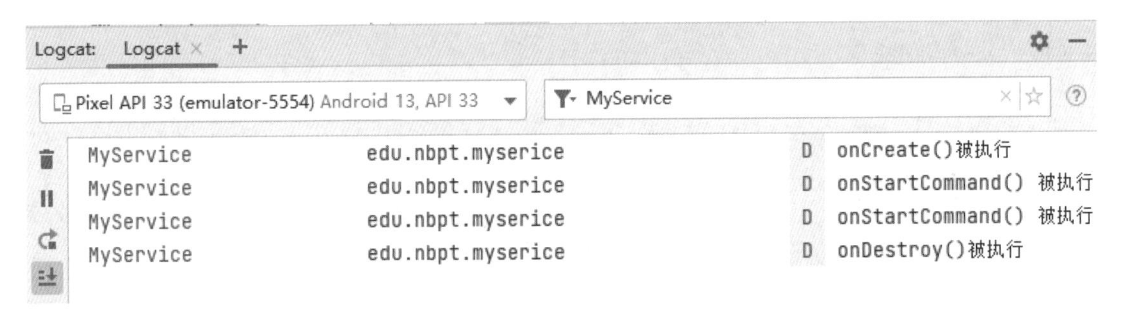


图 5-11　Service 后台服务执行后 Logcat 显示的信息

## 课后任务

在点餐 App 中添加一个后台播放通知铃声的功能。

# 任务 3　查看点餐 App 中系统组件的生命周期

## 任务要求

使用 Logcat 观察点餐 App 中 Activity 的生命周期，查看相关回调函数执行的顺序。

## 5.3.1　认识 Android 组件

Android 应用程序没有像常见的应用程序一样将 main 方法作为程序的入口，取而代之的是一系列的组件。Android 应用程序是由组件组成的，而这些组件是相互加空的，它们可以相互调用、相互协调，共同构成应用程序。

一般情况下，一个 Android 应用程序是由四种组件构成的，分别为活动（Activity）、服务（Service）、内容提供器（ContentProvider）和广播接收器（BroadcastReceiver）。它们合称为 Android 的四大组件。

## 5.3.2　认识 Activity

活动（Activity）是 Android 应用程序最基本的组件，它负责显示可视化的用户界面，是用户和应用程序交互的窗口，接收与用户交互所产生的界面事件。一个 Android 应用程序可以包含一个或多个 Activity，其中一个作为主要的 Activity 用于启动显示。

在 Android 程序中，一个 Activity 代表了一个单独的屏幕，类似于一个网页界面或者一个窗体。在 Activity 这个可视化区域的屏幕中可以添加 View，并对 View 做一些操作。View 可以理解为一个 UI 容器，在这个容器中，开发者可以添加 Button、TextView、EditView 和 List 等 UI 元素，这些丰富的 UI 元素组成了和用户交互的用户界面。

一个 Activity 就是一个独立的类（是 Android 的核心类，该类的全名是 androidx.appcompat.app.AppCompatActivity），它继承了 Activity 的基类。在开发过程中，Activity 是由 Android 系统进行维护的，它有自己的生命周期。Activity 生命周期主要分为产生、运行、销毁三个阶段，在 Android 的生命周期中会调用许多方法，比如 onCreate（创建），onStart（激活）、onResume（恢复）、onPause（暂停）、onStop（停止）、onDestroy（销毁）和 onRestart（重启）。

## 5.3.3　认识 Service

Android 中的服务（Service）类似于 Windows 系统中的 Windows Service。它是运行在后台且不可见的，没有界面且生命周期较长的组件。常用的手机 QQ 程序就是一个 Service，它可以在后台运行时仍然能保持接收信息。Service 的生命周期和使用方式在任务 2 中已经介绍，此处不再赘述。

## 5.3.4　认识 ContentProvider

内容提供器是 Android 系统提供的一种标准的共享数据的机制，应用程序可通过 ContentProvider 访问其他应用程序的私有数据。私有数据可以是存储在文件系统中的文件，也可以是数据库中的数据。Android 系统内部也提供了一些内置的 ContentProvider，能够为应用程序提供重要的数据信息。

ContentProvider 的主要作用如下。

（1）为存储和读取数据提供统一的接口。

（2）使用 ContentProvider，应用程序可以实现数据共享。

（3）Android 内置的许多数据都是以 ContentProvider 形式提供的，可以供开发者方便调用，例如视频、音频、图片、通讯录等。

Android 系统有一个独特之处就是数据库只能被它的创建者所使用，数据是私有的，其他的应用是不能访问的，但是如果一个应用要使用另一个应用的数据，实现不同应用间的数据共享，又该怎么做呢？这个时候 ContentProvider 就派上用场了，它是一种特殊的存储数据的类型，一个 ContentProvider 提供了一套标准的方法接口用来获取及操作数据，能让其他应用程序保存和读取此 ContentProvider 提供的各种数据。ContentProvider 数据类型包括音频、视频、图片及私人通讯录等。实现 ContentProvider 的接口就可以实现数据共享。

ContentProvider 已经实现了数据的封装和处理，外界是看不到数据的具体存储细节的，在使用时只需要通过接口提供的方法就操可以实现读取数据、删除数据、插入数据、更新数据等操作。

### 5.3.5 认识 BroadcastReceiver

Android 中不同组件之间的调用往往是基于消息触发，而不是简单的事件调用。广播接收器（BroadcastReceiver）是用来接收并响应广播消息的组件。它跟 Service 一样是不可见的，它没有用户界面，唯一的作用就是接收并响应消息，可以用来监听手机电量或者监听网络状态。BroadcastReceiver 可以通过启动 Activity 或者 Notification 通知用户接收到了重要信息。

一个应用程序可以有多个广播接收器，所有的广播接收器都需要继承 android.content.Broadcast Receiver 类。当系统中发出一个广播后，系统会根据该广播的 action 自动去匹配系统中现有各个意图过滤 IntentFilter，一旦发现有匹配的广播接收器，则系统会自动调用该广播接收器的 onReceive 方法，那么就可以在这个方法中定义要执行的操作。

广播接收器做的事情不宜太复杂，在系统中，BroadcastReceiver 的生命周期约为 5 秒，超时后将会被回收。如果需要在 onReceive 方法中做复杂的业务处理最好开启一个新的线程来完成工作。

### 5.3.6 Android 系统的进程优先级

Android 进程的主要类型有前台进程、可见进程、服务进程、后台进程和空进程。Android 根据不同任务的紧急情况给进程设置了不同的进程优先级。Android 系统的进程优先级如图 5-12 所示。

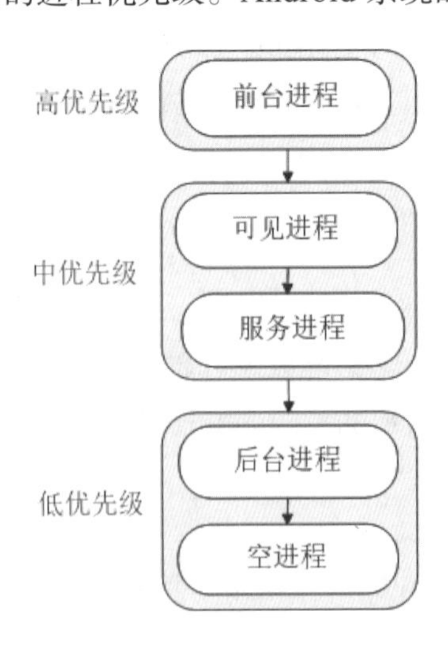


图 5-12　Android 系统的进程优先级

（1）前台进程。前台进程是 Android 系统中最重要的进程，前台进程表示进程中的 Activity 正在与用户进行交互。常见的前台进程有：Service 被 Activity 调用，而且这个 Activity 正在与用户进行交互；Service 正在执行生命周期中的回调函数，如 onCreate、onStart 或 onDestroy；进程的 BroadcastReceiver 正在执行 onReceive 方法。

（2）可见进程。可见进程指部分程序界面能够被用户看见，却不在前台与用户交互，不响应界面事件的进程。如果一个进程包含 Service，且这个 Servicc 正在被用户可见的 Activity 调用，此进程同样被视为可见进程。

（3）服务进程。服务进程包含已启动服务的进程。Android 系统除非不能保证前台进程或可视进程有所必要的资源，否则不强行清除服务进程。服务进程没有用户界面，在后台长期运行。

（4）后台进程。后台进程指不包含任何已经启动的服务，而且没有任何用户可见的 Activity 的进程。Android 系统中一般存在数量较多的后台进程。

（5）空进程。空进程是不包含任何活跃组件的进程，在系统资源紧张时会被首先清除。

Android 有一个重要并且特殊的特性就是，一个应用的进程的生命周期不是由应用程序自身直接控制的，而是由系统默认调用，它是根据运行中的应用的一些特征来决定的，这些特征包括应用程序对用户的重要性、系统的全部可用内存等。

## 5.3.7　认识 Activity 的生命周期

（1）生命周期的概念与作用。自然界中各种物质都是有生命周期的，人也会经历从生到死的过程。生命周期不只有生、死两个状态，就像我们的人生会经历不同的阶段，拥有不同的状态。所有的 Android 组件都具有自己的生命周期，生命周期是从组件建立到组件销毁的整个过程。在组件的生命周期中，组件会在可见、不可见、活动、非活动等状态中不断变化。

Android 系统之所以引入生命周期，是因为 Android 系统可以通过生命周期管理 Activity。在 Android 系统中，某一个正在运行的应用程序可能会被其他程序所打断，此时就需要保存应用程序的状态，执行一定操作。比如在手机中某一个游戏程序正在运行，突然有电话打来，这时系统会通知游戏程序，游戏程序得到通知后要做出相应的处理，比如保留当前状态变量或者执行某个方法，方便用户打完电话后继续游戏，这就是生命周期的必要性。理解了生命周期的概念与作用能够在开发时根据具体的情况在不同生命周期执行不同的操作。

（2）Activity 生命周期。Activity 生命周期指 Activity 从启动到销毁的过程。Activity 共表现为四种状态，分别为活动状态、暂停状态、停止状态和非活动状态，如图 5-13 所示。

在活动状态（Active）时，Activity 在用户界面中处于最上层，用户完全可见，能够与用户进行交互。

在暂停状态（Paused）时，Activity 在界面上被部分遮挡，该 Activity 不再处于用户界面的最上层，且不能够与用户进行交互，依然保持活力（保持所有的状态和成员信息，和窗口管理器保持连接），但是在系统内存剩余量极低的时候将被关掉。

在停止状态（Stopped）时，Activity 在界面上完全不能被用户看到，即该 Activity 被其他 Activity 全部遮挡。它依然保持所有状态和成员信息，当系统内存需要被用在其他地方时，该 Activity 将被关掉。

不在以上三种状态中的 Activity 处于非活动状态，系统可以将该 Activity 从内存中删除，Android 系统采用两种方式进行删除，要么要求该 Activity 结束，要么直接关掉它的进程。当该 Activity 再次显示给用户时，它必须重新开始并重置前面的状态。

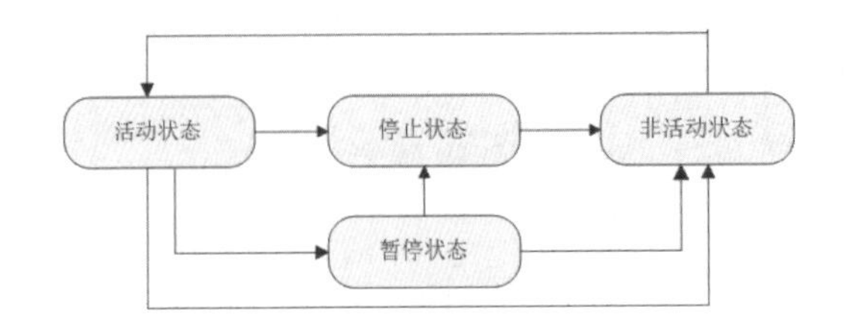


图 5-13　Activity 的四种状态

在 Activity 从建立到调回的过程中需要在不同的阶段调用 7 个生命周期方法。这些方法均由系统调用。Activity 生命周期回调函数如表 5-2 所示，完整的 Activity 生命周期如图 5-14 所示。

表 5-2　Activity 生命周期回调函数

| 函数 | 是否可终止 | 说明 |
| --- | --- | --- |
| onCreate() | 否 | Activity 启动后第一个被调用的函数，常用来进行 Activity 的初始化，例如创建 View、绑定数据或恢复信息等 |
| onStart() | 否 | 当 Activity 显示在屏幕上时，该函数被调用，一般用来初始化或启动与更新界面相关的资源 |
| onRestart() | 否 | 当 Activity 从停止状态进入活动状态前，调用该函数。onRestart() 函数在 onSart() 前被调用，用来在 Activity 从不可见变为可见的过程中进行一些特定的处理 |
| onResume() | 否 | 当 Activity 能够与用户交互，接收用户输入时，该函数被调用。此时的 Activity 位于 Activity 栈的栈顶 |
| onPause() | 否 | 当 Activity 进入暂停状态时，该函数被调用。主要用来保存持久数据、关闭动画、释放 CPU 资源等。该函数中的代码必须简短，因为另一个 Activity 必须等待该函数执行完毕后才能显示在界面上。一般用来保存持久化的数据，释放占用的资源 |
| onStop() | 是 | 当 Activity 不对用户可见后，该函数被调用，Activity 进入停止状态。一般用来暂停或停止一切与更新用户界面相关的线程、计时器和功能 |
| onDestroy() | 是 | 在 Activity 被终止前，即进入非活动状态前，该函数被调用。有两种情况该函数会被调用：(1) 当程序主动调用 finish 函数；(2) 程序被 Android 系统终结 |
| onSaveInstanceState() | 否 | Android 系统因资源不足终止 Activity 前调用该函数，用以保存 Activity 的状态信息，供 onRestoreInstanceState 或 onCreate 恢复时使用，还可以用来保存界面的用户输入数据 |
| onRestoreInstanceState() | 否 | 恢复 onSaveInstanceState 保存的 Activity 状态信息，在 onStart 和 onResume 之间被调用 |

onRestoreInstanceState 方法和 onSaveInstanceState 方法不属于生命周期的事件回调函数，但可以用于保存和恢复 Activity 的界面临时信息。onSaveInstanceState 方法会将界面临时信息保存在 Bundle 中。onCreate 方法和 onRestoreInstanceState 方法都可以恢复这些保存的信息，还是较为简化的办法是使用 onCreate 恢复，但有些特殊的情况下还是需要使用 onRestoreInstanceState 方法恢复。

在 Activity 的状态变换过程中，onResume 方法和 onPause 方法经常被调用，因此这两个方法中应使用更为简单、高效的代码。onStop 方法和 onDestroy 方法随时能被 Android 系统终止。

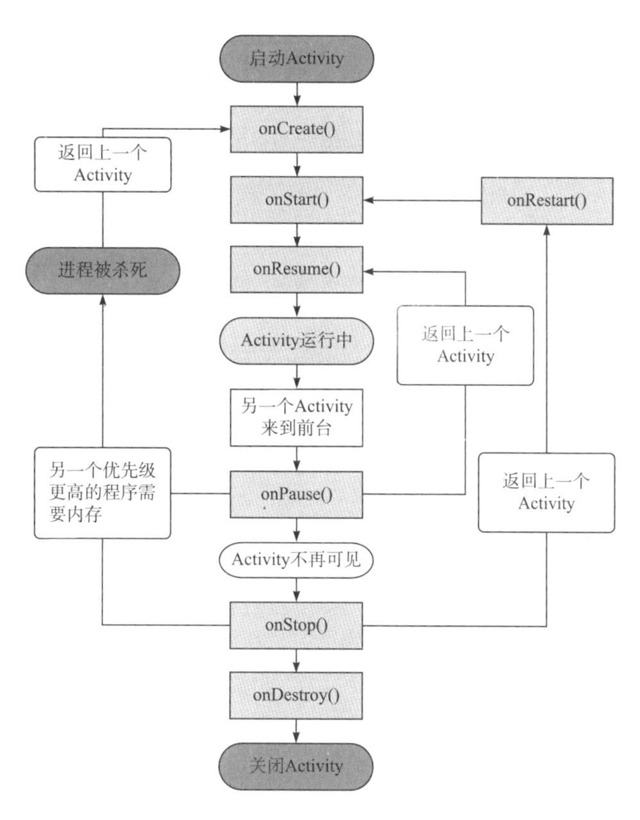


图 5-14　完整的 Activity 生命周期

Activity 的生命周期可分为全生命周期、可视生命周期和活动生命周期三种。每种生命周期中包含不同的事件回调函数，它们按照一定调用顺序被调用，如图 5-15 所示。

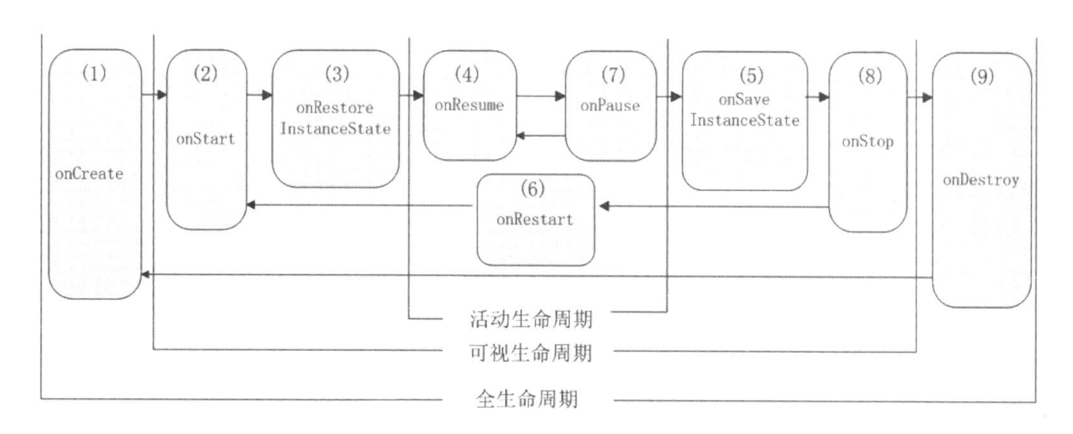


图 5-15　Activity 事件回调函数的调用顺序

全生命周期是从 Activity 建立到销毁的全部过程，起始于 onCreate 方法，结束于 onDestroy 方法，使用者通常在 onCreate 方法中初始化 Activity 所能使用的全局资源和状态，并在 onDestroy 方法中释放这些资源。在一些极端的情况下，Android 系统会不调用 onDestroy 方法，而是直接终止进程。

可视生命周期是 Activity 在界面上从可见到不可见的过程，开始于 onStart 方法，结束于 onStop 方法。

活动生命周期是 Activity 在屏幕的最上层，并能够与用户交互的阶段，开始于 onResume 方法，结束于 onPause 方法。

## 5.3.8 验证 Activity 的生命周期

（1）创建项目 ActivityLifeCycle。

（2）设计界面，布局文件的代码如下。

```
<?xml version="1.0" encoding="utf-8"?>
<LinearLayout xmlns:android="http://schemas.android.com/apk/res/android"
    android:layout_width="fill_parent"
    android:layout_height="fill_parent"
    android:orientation="vertical" >
    <Button
        android:id="@+id/btn_finish"
        android:layout_width="wrap_content"
        android:layout_height="wrap_content"
        android:text=" 结束程序 " />
</LinearLayout>
```

（3）在 MainActivity 中编写 onCreate 方法，代码如下。

```
private static String TAG = "LIFECYCLE_tag";
@Override
// 完全生命周期开始时被调用，初始化 Activity
public void onCreate(Bundle savedInstanceState) {
    super.onCreate(savedInstanceState);
    setContentView(R.layout.activity_main);
    Log.i(TAG, "(1) onCreate()");
    Button button = (Button) findViewById(R.id.btn_finish);
    button.setOnClickListener(new View.OnClickListener() {
        public void onClick(View view) {
            finish();
        }
    });
}
```

（4）覆盖系统方法，编写生命周期的检测方法，代码如下。

```
// 在可视生命周期结束时被调用，一般用来保存持化久的数据或释放占用的资源
public void onStop() {
    super.onStop();
    Log.i(TAG, "(8) onStop()");
}
@Override
// 在完全生命周期结束时被调用，一般用来释放资源，包括线程、数据连接等
```

```
public void onDestroy() {
    super.onDestroy();
    Log.i(TAG, "(9) onDestroy()");
}
```

（5）运行程序，测试 Activity 的全生命周期。启动 ActivityLifeCycle 程序，在 Logcat 窗口输入“LIFECYCLE_tag”过滤输出日志。单击“结束程序”关闭程序，查看 Logcat 的输出结果，Activity 全生命周期的函数调用顺序为 onCreate() → onStart() → onResume() → onPause() → onStop() → onDestroy()，如图 5-16 所示。

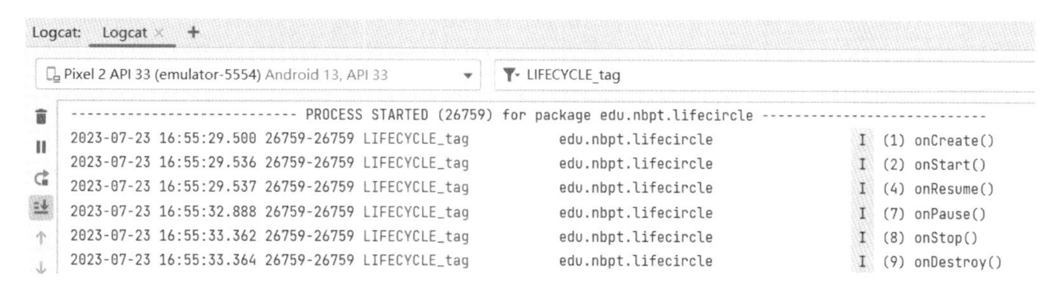


图 5-16　Activity 的全生命周期调用顺序

（6）运行程序，测试 Activity 的可视生命周期。启动 ActivityLifeCycle 程序，按手机虚拟机的 Home 键，单击 ActivityLifeCycle 的程序图标启动程序。可视生命周期函数的调用顺序为 onCreate() → onStart() → onResume() → onPause() → onSaveInstanceState() → onStop() → onRestart() → onStart() → onResume()，如图 5-17 所示。

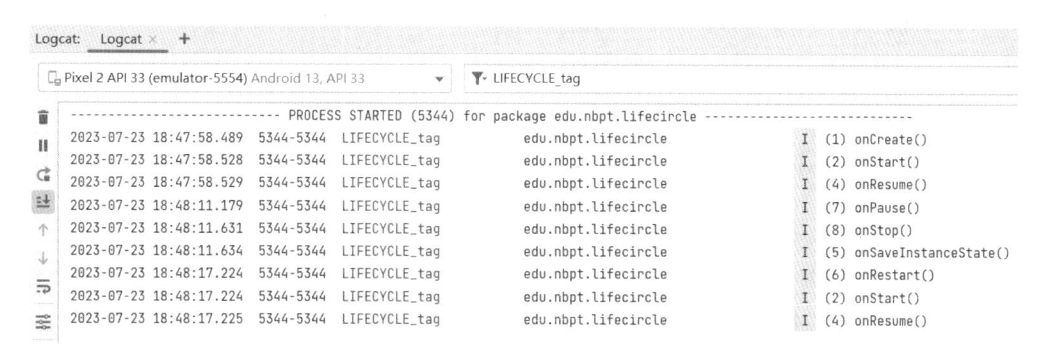


图 5-17　Activity 的可视生命周期

## 课后任务

在点餐 App 的主界面的 onCreate()、onStart()、onResume()、onPause()、onStop() 和 onDestroy() 中添加输出 Log 日志的代码。

# 任务 4 在点餐 App 中接收通知与广播消息

## 任务要求

（1）设计两个通知按钮，单击“启动 Notification”按钮弹出通知消息，单击“清除 Notification”按钮将通知消息清空。

（2）使用 BroadcastReceiver 获取系统发送的手机网络的状态，包括是否开打移动数据、是否打开 Wi-Fi 等。

## 5.4.1 认识 Notification

Notification 是 Android 系统给用户消息提示的方式，消息提示位于屏幕最顶部的状态栏中。通知的同时还可以播放声音，振动提示用户，单击通知还可以返回指定的 Activity。通常使用 Notification 在状态栏中显示电池电量、信息强度等信息。按住状态栏，然后往下拖动可以打开状态栏并查看系统的提示信息。和 Notification 有关的类和说明如下。

NotificationManager：状态栏通知的管理类，负责发送通知、清除通知。

NotificationChannel：通知渠道（NotificationChannel）提供了一种更加灵活的通知显示方式。通知渠道是从 Android 8.0 开始引入的。通知渠道提供了统一的系统接口来帮助用户管理通知。如果以 Android 8.0 或者更高版本系统作为开发平台，Android 应用必须实现一个或者多个通知渠道，以向用户显示通知。比如聊天类软件需要为每个聊天组设置一个通知渠道，指定特定的声音、灯光等配置。

NotificationChannelGroup：对通知渠道进行分组。

Notification：通知信息类，它里面对应了通知栏的各个属性。

## 5.4.2 认识 BroadcastReceiver

只要手机一连接移动网络或者 Wi-Fi，很多 App 就会连接网络开始弹窗，进行自动更新等操作，这个是怎么实现的呢？百度卫士、腾讯手机管家等安全软件能够拦截短信和骚扰电话，这又是如何做到的呢？ Android 系统提供了一种 Broadcast 广播机制，网络连接变化、电池电量变化、接收到短信或系统设置变化时会被系统通过 Broadcast 进行广播，如果应用程序注册了 BroadcastReceiver，则可以接收到指定的系统广播信息。

BroadcastReceiver 自身并不实现图形用户界面，但是当它收到某个通知后，BroadcastReceiver 可以启动 Activity 作为响应，它还可以通过 NotificationMananger 提醒用户、启动 Service。

**【注意】**当 Android 系统接收到与注册 BroadcastReceiver 匹配的广播消息时，Android 系统会自动调用这个 BroadcastReceiver 接收广播消息。在 BroadcastReceiver 接收到与之匹配的广播消息后，onReceive 方法会被调用，但 onReceive 方法必须要在 5 秒内执行完毕，否则 Android 系统会认为该组件失去响应，并提示用户强行关闭该组件。

接收广播的实现步骤如下。

（1）继承 BroadcastReceiver 类，实现自己的类，重写父类 BroadcastReceiver 中的 onReceive 方法。

（2）在 AndroidManifest.xml 文件中为应用程序添加需要的权限。

（3）在 AndroidManifest.xml 文件中或者程序代码中注册 BroadcastReceiver 对象。

（4）等待接收广播，然后匹配特点的广播消息。

随着 Android API 版本的升级，Android 当中的安全问题越来越被重视。旧的版本中广播可以被随意使用，几乎不会出现问题。Android 8.0（API 27）后，如果还使用之前的方式，就会无法正常响应。在 Android 8.0 的平台上的应用不能对大部分的广播进行静态注册，但是可以通过动态注册广播接收器来接收消息。

### 5.4.3 使用 Notification 显示点餐通知

（1）创建项目 NotificationDemo。

（2）初始化 MainActivity 并初始化 Notification 通知栏对象，代码如下。

```
String channel_id = "notificationChannelId";        //NotificationChannel 的 id
String channel_name = "notificationChannel 的名称 ";       //NotificationChannel 的名称
String channel_desc = "notificationChannel 的描述 ";       //NotificationChannel 的描述
String notification_title = "notification 的标题 ";
String notification_text = "notification 的内容 ";
int notificationId = 10086;
//NotificationManager 是状态栏通知的管理类，负责发送通知、清除通知等操作
NotificationManager notificationManager;
private Context context;
Button btnStartNotifi, btnClearNotifi;
@Override
public void onCreate(Bundle savedInstanceState) {
    super.onCreate(savedInstanceState);
    setContentView(R.layout.activity_main);
    btnStartNotifi = (Button) findViewById(R.id.btnStartNotifi);
    btnStartNotifi.setOnClickListener(btnStartNotifilis);
    btnClearNotifi = (Button) findViewById(R.id.btnClearNotifi);
    btnClearNotifi.setOnClickListener(btnClearNotifilis);
    // 创建通知渠道
    createNotificationChannel();
}
```

（3）编写“启动 Notification”按钮的单击事件监听器，代码如下。

```
// 单击“启动 Notification”按钮显示通知栏消息
View.OnClickListener btnStartNotifilis = new View.OnClickListener() {
    @Override
    public void onClick(View v) {
```

```
            sendNotification();    // 发送通知
        }
    };
```

（4）编写“清除 Notification”按钮的单击事件监听器，代码如下。

```
// 单击“清除 Notification”按钮显示通知栏消息
View.OnClickListener btnClearNotifilis = new View.OnClickListener() {
    @Override
    public void onClick(View v) {
        // 除了可以根据 id 来取消通知外，还可以调用 cancelAll 方法关闭该应用产生的所有通知
        notificationManager.cancel(notificationId); // 取消 Notification
    }
};
```

（5）编写创建通知渠道的 createNotificationChannel 方法，代码如下。

```
private void createNotificationChannel() {
    //Android 8.0(API 26) 以上需要调用下列方法，但更低的版本由于支持库旧，不支持
    if (Build.VERSION.SDK_INT >= Build.VERSION_CODES.O) {
        int importance = NotificationManager.IMPORTANCE_HIGH;
      // 获得通知渠道对象
      NotificationChannel channel = new NotificationChannel(channel_id, channel_name, importance);
      // 通知渠道设置描述
      channel.setDescription(channel_desc);
      // 设置通知出现时开启声音，默认通知是有声音的
      channel.setSound(null, null);
      // 设置通知出现时的闪灯（如果 Android 设备支持的话）
      channel.enableLights(true);
      channel.setLightColor(Color.RED);
      // 设置通知出现时的震动（如果 Android 设备支持的话）
      channel.enableVibration(true);
      channel.setVibrationPattern(new long[]{100, 200, 300, 400, 500, 400, 300, 200, 400});
      // 设置自定义的提示音
      /* 注意：通知渠道需要设置 NotificationManager.IMPORTANCE_DEFAULT 以上的级别，才能设置铃声 */
      channel.setSound(Uri.parse("android.resource://" + getPackageName()
              + "/" + R.raw.new_msg), Notification.AUDIO_ATTRIBUTES_DEFAULT);
      // 获得 NotificationManager 对象
      notificationManager = (NotificationManager) getSystemService(Context.NOTIFICATION_SERVICE);
      // 在 notificationManager 中创建该通知渠道
      notificationManager.createNotificationChannel(channel);
    } else {//Android 8.0(API 26) 以下
```

```
        notificationManager = (NotificationManager) getSystemService(Context.NOTIFICATION_SERVICE);
    }
}
```

（6）编写发送通知的方法 sendNotification，代码如下。

```
private void sendNotification() {
    // 定义一个 PendingIntent，单击 Notification 后启动一个 Activity
    Intent it = new Intent(this, MainActivity.class);
    //API level 31 及以后的版本，PendingIntent 需要使用 FLAG_IMMUTABLE 参数
    PendingIntent pit = PendingIntent.getActivity(this, 0, it, PendingIntent.FLAG_IMMUTABLE);
    // 配置通知栏的各个属性
    Notification notification = new NotificationCompat.Builder(this, channel_id)
            .setContentTitle(notification_title)     // 标题
            .setContentText(notification_text)     // 内容
            .setWhen(System.currentTimeMillis())     // 设置通知时间，不设置则默认为当前时间
            .setSmallIcon(R.mipmap.order_status_rider_icon)     // 设置小图标
            .setLargeIcon(BitmapFactory.decodeResource(getResources(), R.mipmap.order_status_rider_icon)) // 设置大图标
            // 设置默认的三色灯与振动器
            .setDefaults(Notification.DEFAULT_LIGHTS | Notification.DEFAULT_VIBRATE)
            .setPriority(NotificationCompat.PRIORITY_HIGH)
            .setAutoCancel(true) // 设置单击通知后，通知自动消失
            .setContentIntent(pit) // 设置 PendingIntent
            .build();
    // 用于显示通知，第一个参数为 id，每个通知的 id 都必须不同。第二个参数是具体的通知对象
    notificationManager.notify(notificationId, notification);
}
```

（7）在 AndroidManifest.xml 中添加发送通知的权限，代码如下。

```
<uses-permission android:name="android.permission.POST_NOTIFICATIONS" />
```

（8）运行程序，单击启动“启动 Notification”会发现没有弹出通知。没有弹出的原因是在 Android 系统中没有打开允许通知的权限。在手机系统中依次选择“设置”→“应用”→“NotificationDemo”→“通知”，将“所有 NotificationDemo 通知”开关打开，如图 5-18 所示。

（9）运行程序，单击“启动 Notification”，出现通知界面，并且播放通知背景音乐，如图 5-19 所示，单击弹出的通知，下拉顶部通知栏可以看到通知信息，如图 5-20 所示，单击内容可以跳转到 MainActivity 界面。

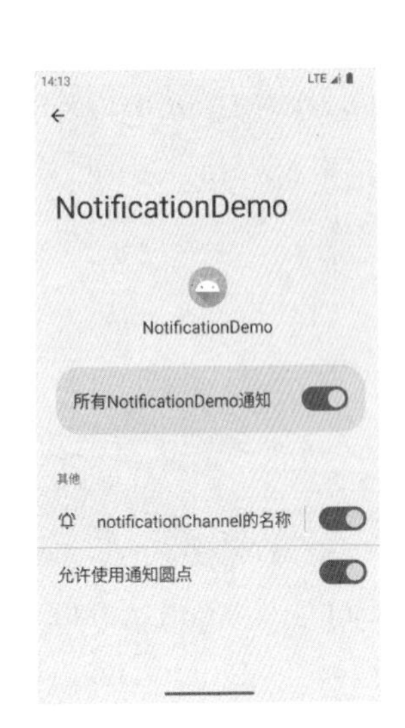

图 5-18　开启所有 NotificationDemo 通知　　图 5-19　NotificationDemo 通知信息

（10）单击“清除 Notification”清除通知。原生的 Android 系统通过 setSmallIcon 方法设置的图片背景必须是透明的，所有不透明的点最终都会显示为白色。由于国内手机系统基本都是通过底层修改过的，通过 setSmallIcon 方法设置的图片可以正常显示，而且也是彩色的。真机显示的 NotificationDemo 通知信息如图 5-21 所示。

（11）将 setSmallIcon 方法中的图片改为背景透明的图片 order_status_rider_icon，修改后查看顶部通知栏的图标是否能正常显示。

图 5-20　下拉显示 NotificationDemo 通知信息　　图 5-21　真机显示的 NotificationDemo 通知信息

## 5.4.4　用 BroadcastReceiver 监听网络状态

（1）创建项目 BroadCastNetState。

（2）添加 BroadcastReceiver 类 BroadCastNetwork.java，代码如下。

```
public class BroadCastNetwork extends BroadcastReceiver {
    @SuppressWarnings("deprecation")
    @Override
    public void onReceive(Context context, Intent intent) {
        ConnectivityManager manager = (ConnectivityManager)
                    context.getSystemService(Context.CONNECTIVITY_SERVICE);
        NetworkInfo mobileInfo = manager.getNetworkInfo(ConnectivityManager.TYPE_MOBILE);
        NetworkInfo wifiInfo = manager.getNetworkInfo(ConnectivityManager.TYPE_WIFI);
        NetworkInfo activeInfo = manager.getActiveNetworkInfo();
        // 如果无网络连接 activeInfo 为 null
        if (activeInfo == null) {
            Toast.makeText(context, " 无网络连接 ", Toast.LENGTH_SHORT).show();
            Log.i("netstatus", " 无网络连接 ");
            return;
        } else {
            String netstatus = " 移动数据状态 :" + mobileInfo.isConnected() + "\n"
                        + "wifi 状态 :" + wifiInfo.isConnected() + "\n"
                        + " 启动的连接是 :" + activeInfo.getTypeName();
            Toast.makeText(context, netstatus, Toast.LENGTH_SHORT).show();
            Log.i("netstatus", netstatus);
        }
    }
}
```

（3）在 MainActivity 的 onCreate 方法中注册 BroadcastReceiver 类。

```
private BroadCastNetwork myBroadcastReceiver;
private IntentFilter intentFilter;
@Override
protected void onCreate(Bundle savedInstanceState) {
    super.onCreate(savedInstanceState);
    setContentView(R.layout.activity_main);
    /*
    * 动态注册 Broadcast Receiver，不需要在 AndroidManifest.xml 文件中配置 filter 过滤器，
    * 也不需要指定处理的类是谁，只需要在需要接收消息界面的 onCreate 方法中动态注册
    *  Broadcast Receiver 就可以了
    */
    myBroadcastReceiver = new BroadCastNetwork();
    intentFilter = new IntentFilter();
    intentFilter.addAction("android.net.conn.CONNECTIVITY_CHANGE");
```

```
        /* 当网络发生变化的时候，系统广播会发出值为 android.net.conn.CONNECTIVITY_CHANGE 的广播 */
        registerReceiver(myBroadcastReceiver, intentFilter);
    }
```

（4）在 AndroidManifest.xml 中添加获取网络状态的权限。

（5）下拉手机顶部通知栏，单击“互联网”按钮打开网络设置，将“T-Moblie”和“WLAN”设置为关闭。

（6）测试 Wi-Fi。下拉手机顶部通知栏设置，单击打开“WLAN”开关，然后单击“AndroidWiFi”按钮连接 Wi-Fi，如图 5-22 所示。然后关闭“WLAN”开关，查看 Toast 提示信息和 Logcat 信息，如图 5-23 所示。

图 5-22　在手机顶部通知栏打开 Wi-Fi 网络的设置

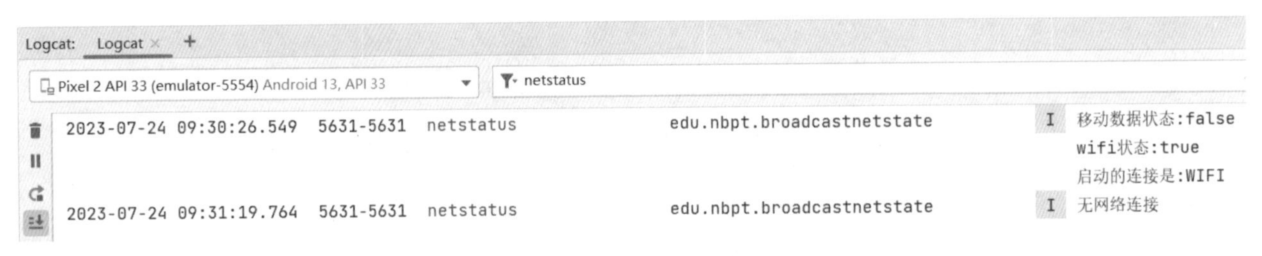


图 5-23　测试 Wi-Fi 过程中的 Logcat 调试信息

（7）测试移动数据。下拉手机顶部通知栏，在设置中单击打开“T-Moblie”开关，然后单击“AndroidWifi”按钮连接 Wi-Fi，然后关闭“T-Moblie”开关，可以看到 Toast 提示信息和 Logcat 调试信息，如图 5-24 所示。

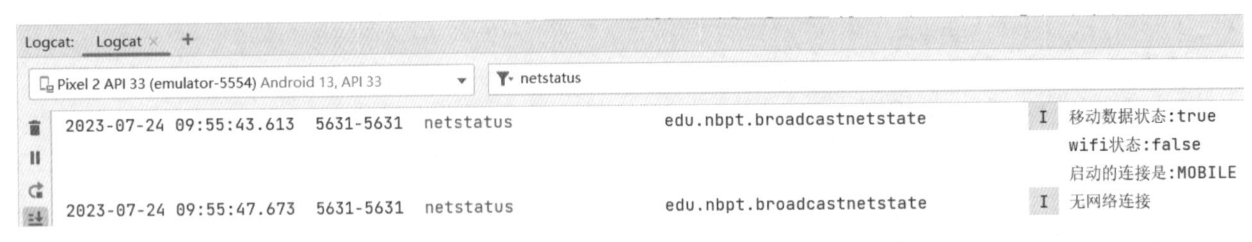


图 5-24　测试移动数据过程中的 Logcat 调试信息

## 课后任务

在点餐 App 中添加一个 Notification，当网络连接以后弹出通知提示有新的推荐产品和商家信息。

### 科技强国——加快新一代存储技术国产化进程

半导体是信息技术的核心，也是国家安全和竞争力的重要基础。智能手机中除了 CPU 以外，另外一个被国外卡脖子的技术就是存储芯片。在当前的国际形势下，加快半导体产业的自主创新和自给自足是中国面临的紧迫任务。长江存储是我国最大的 3D NAND 闪存芯片生产企业。长江存储公司成立于 2016 年，它是中国唯一一家正在专注于集成电路市场的企业，其核心业务就是 DRAM（动态随机存储器）和 NAND 闪存芯片的研发和生产。

2022 年 4 月 19 日，长江存储宣布推出 UFS 3.1 通用闪存 UC023。这是长江存储为 5G 时代精心打造的一款高速闪存芯片，可广泛适用于高端旗舰智能手机、平板电脑、AR/VR 等智能终端领域，可以满足 AIoT、机器学习、高速通信、8K 视频、高帧率游戏对存储容量和读写性能的严苛需求。

此番长江存储发布的 UFS 3.1 闪存采用基于全新升级的晶栈 2.0（Xtacking.0）技术的 TLC 3D 闪存芯片，提供 128 GB、256 GB 和 512 GB 三款存储容量，这三个容量也对应了目前手机主流的市场需求。它的连续读取速度可达到 2 000 MB/s，写入速度根据容量大小的不同而有所不同，最高达到 1 250 MB/s，这样的读写速度和目前主流的闪存产品相比也毫不逊色。

根据 JEDEC 2020 年发布的标准，UFS 3.1 作为当下旗舰智能手机、平板的首选存储方案，可大幅缩短应用加载的等待时间，提升工作效率，为消费者带来 8K 视频、AR/VR 等前沿技术的优质体验。

# 项目 6 实现点餐 App 的网络访问

## 学习目标

### 知识目标

（1）掌握使用 Thread 类创建子线程的方法。

（2）理解 Handler 类处理子线程传递消息的机制。

（3）掌握 JSON 数据的构建与解析。

### 能力目标

（1）能够使用 Thread 类创建线程。

（2）能够使用 Handler 处理子线程传递过来的消息。

（3）能够使用 OKHttp 的 GET/POST 方式发起网络请求。

（4）能够使用 JSONObject、JSONArray 类解析和构建 JSON 数据。

### 素质目标

（1）培养创新创造意识，树立勇于创新的工作理念。

（2）树立正确的人生观、价值观，养成良好的道德品质。

## 核心知识点导图

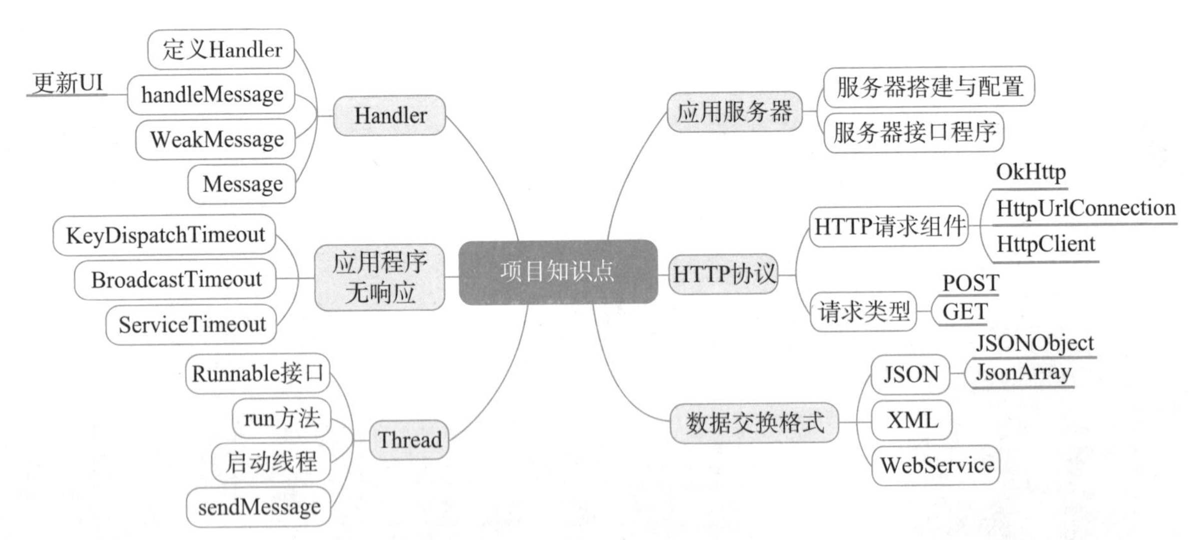

## 项目导入

本项目主要介绍使用子线程和 Handler 实现耗时操作，例如网络请求的异步操作。通过使用 HTTP 组件 OkHttp 发起网络请求，实现 Android 端与服务器端的交互，并且使用 JSON 数据格式实现 Android 端与服务器的数据传递。通过使用 phpEnv 搭建服务器，使用 Postman 对服务器接口程序进行测试。

# 任务 1　在点餐 App 中使用子线程

## 任务要求

使用 Handler 和子线程完成耗时操作结果的 UI 更新显示功能。

### 6.1.1　认识 ANR

我们平时使用手机 App 时，有时候会出现单击程序界面无反应，过几秒后手机提示该程序无响应的情况。造成这无响应的原因是什么？在开发点餐 App 时如何避免出现这个问题？

ANR(application not responding) 是指应用程序无响应。在 Android 系统中有一个 ANR 机制，如果应用程序有一段时间响应不够灵敏，系统会向用户显示一个对话框，这个对话框称作 ANR 对话框。一个流畅的合理的应用程序一般不会弹出 ANR 对话框，频繁弹出 ANR 对话框会降低用户的使用体验，因此在程序中要优化代码的设计，减少 ANR 对话框弹出的次数，提高用户体验。

（1）ANR 的类型。ANR 一般有以下三种类型：KeyDispatchTimeout(5 seconds) 表示按键或触摸事件在特定时间内无响应；BroadcastTimeout(10 seconds) 表示在特定时间内无法处理完成任务；ServiceTimeout(20 seconds) 表示 Service 在特定的时间内无法处理完成任务。

（2）超时的原因。超时时间的计数一般是从按键分发给 App 开始。超时的原因一般有下面两种：当前的事件没有机会得到处理（即 UI 线程正在处理前一个事件，没有及时地完成或者 looper 被某种原因阻塞住了）；当前的事件正在处理，但没有及时完成。

（3）如何避免 KeyDispatchTimeout。避免 KeyDispatchTimeout 的方法主要有：UI 线程（即 ActivityThread，主线程或 UI 线程）尽量只做和 UI 相关的工作；耗时的工作（比如数据库操作，I/O 操作，连接网络或者别的有可能阻碍 UI 线程的操作）放入单独的线程处理；尽量用 Handler 来处理 UI 线程和别的线程之间的交互。

### 6.1.2　认识线程

线程是操作系统能够进行运算调度的最小单位。它被包含在进程之中，是进程中的实际运作单位。

每个应用程序第一次启动时，Android 会同时启动一个对应的主线程（Main Thread），主线程负责处理与 UI 相关的事件，比如用户的按键事件、用户触摸屏幕的事件及屏幕绘图事件，并把相关的事件分发到对应的组件中进行处理，所以主线程通常又被叫做 UI 线程。

创建新（子）线程 thread 的方法：继承 Java.lang.Thread 类，重写类中的 run 方法；让 Activity 类实现 Runnable 接口，然后把 run 方法单独提出来。

创建一个子线程的代码如下。

```
Thread thread=new Thread(new Runnable() {
    @Override
    public void run(){
    // 执行耗时操作
    // 发送消息
    }
}).start();
```

## 6.1.3 认识 Handler

Handler 是用来在线程间发送消息的处理对象。Handler 是 Runnable 和 Activity 交互（传递消息）的桥梁。

更新 UI 的操作方法如下：在 Activity 或 Activity 的 Widget 中生成 Handler 类的对象，并重写其 handleMessage 方法。新建一个 Thread，这个 Thread 拥有 UI 线程中的一个 Handler。当 Thread 处理完一些耗时的操作后通过传递进来的 Handler 对象的 sendMessage 方法或者 sendEmptyMessage 方法向 UI 线程发送数据；在 Handler 中使用 handleMessage 方法接收消息，然后根据不同的消息执行不同的操作（在 UI 线程去更新界面），相关的时序图如图 6-1 所示。

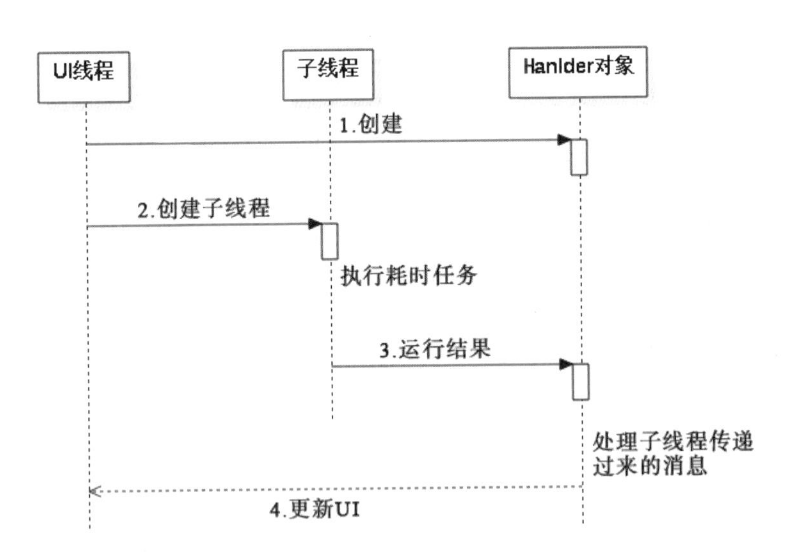


图 6-1　使用线程更新 UI 的时序图

子线程传递消息（数据）的方式：使用 Message 的对象 msg 打包数据，并使用 Handler 的 sendMessage 方法发送数据；在子线程中给 Message 的对象 msg.what 设置一个整数值（可以表示一个状态），然后再在 Handler 对象的 handleMessage 方法中处理。

开发 Android 应用时必须遵守单线程模型的原则。Android UI 操作并不是线程安全的并且这些操作必须在 UI 线程中执行，如果在非 UI 线程中直接操作 UI 线程，会抛出 android.view.ViewRoot$Call edFromWrongThreadException 异常，这与普通的 Java 程序不同。由于 UI 线程负责事件监听和绘图，因此，必须保证 UI 线程能够随时响应用户的需求，UI 线程里的操作应该向中断事件那样短小，费时的操作（如网络连接）需要额外开启线程，否则，如果 UI 线程超过 5s 没有响应用户请求，会弹出对话框提醒用户终止应用程序。如果在新开启的线程中需要对 UI 进行设定，就可能违反单线程模型，因此 Android 采用一种 Message Queue 机制保证线程间通信。

## 6.1.4 使用 Handler 引发的内存泄漏问题

Handler 的生命周期与 Activity 不一致，非静态内部类或匿名内部类会默认隐性引用外部类对象。例如，在 AppCompatActivity 类中定义了一个匿名内部类 Handler 的静态实例 handler。Handler 对 Activity 的引用阻止了 GC（垃圾回收），会引起内存泄漏，以下的代码就会造成内存泄漏。

```
// 匿名内部类
Handler handler=new Handler(){
    @Override
    Public void handleMessage(Message msg) {
        super.handleMessage(msg);
    }
};
```

自定义静态类继承自 Handler，静态类不持有外部类的对象，所以 Activity 可以随意被回收。使用了以上方法之后，由于 Handler 不再持有外部类对象的引用，导致程序不允许在 Handler 中操作 Activity 中的对象，所以需要在 Handler 中增加一个对 Activity 的弱引用（WeakReference），GC 回收的时候会忽略弱引用。

## 6.1.5 编写计算质数的程序

（1）创建一个 primenumberAnr 项目。

（2）设计布局，根布局为线性布局（垂直），在该布局内添加一个 id 为 tvResult 的标签视图和一个 id 为 btnGet 的按钮视图。

（3）MainActivity 的初始化代码如下。

```
TextView tvResult;
Button btnget;
@Override
protected void onCreate(Bundle savedInstanceState) {
    super.onCreate(savedInstanceState);
    setContentView(R.layout.activity_main);
    tvResult=(TextView)findViewById(R.id.tvResult);
    btnget=(Button)findViewById(R.id.btnGet);
    btnget.setOnClickListener(btnGetClickListener);
}
```

（4）将质数计算代码封装为 primenumber 方法，代码如下。

```
private  void  primenumber(){
    int upperNum= 2000000;
    List<Integer> numList = new ArrayList<Integer>();
    outer:
    for (int i = 2; i < upperNum; i++) {
        for (int j = 2; j < Math.sqrt(i); j++) {
            if (i % j == 0) { continue outer; }
        }
        numList.add(i);
    }
    tvResult.setText(" 计算完成 !");
}
```

（5）按钮的单击事件的代码如下。

```
OnClickListener  btnGetClickListener=new OnClickListener() {
    @Override
    public void onClick(View arg0) {
        primenumber();
    }
};
```

（6）运行程序，多次单击计算按钮，提示程序没有响应，出现如图 6-2 所示的界面。

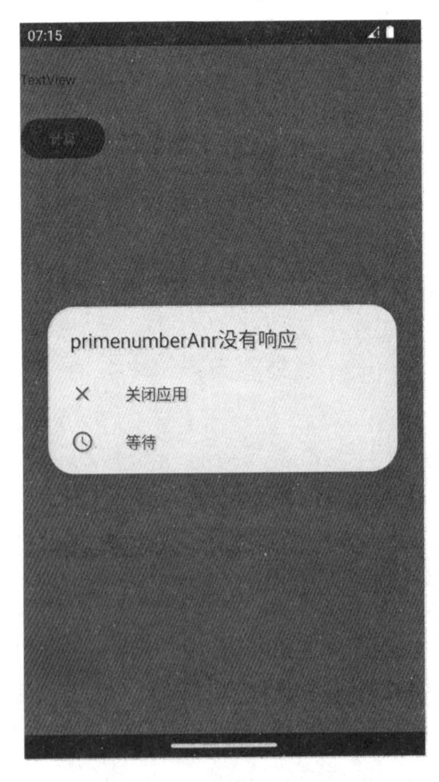


图 6-2　程序没有响应

### 6.1.6 使用 Handler 处理耗时操作

（1）导入 6.1.5 的项目。

（2）开启一个新的子线程用于处理耗时操作（即修改按钮的单击事件代码），并实现 Runnable 接口，在该新线程中处理耗时操作。

```
OnClickListener btnGetClickListener = new OnClickListener() {
    @Override
    public void onClick(View arg0) {
        // 开启一个子线程，进行网络请求等耗时的操作，等待有返回结果，使用 handler 通知 UI
        new Thread(new Runnable() {
            public void run() {
                primenumber();      // 该方法在子线程中执行
            }
        }).start();
    }
};
```

（3）运行程序，单击“计算”按钮，程序崩溃，提示在子线程中不能更新 UI，如图 6-3 所示。

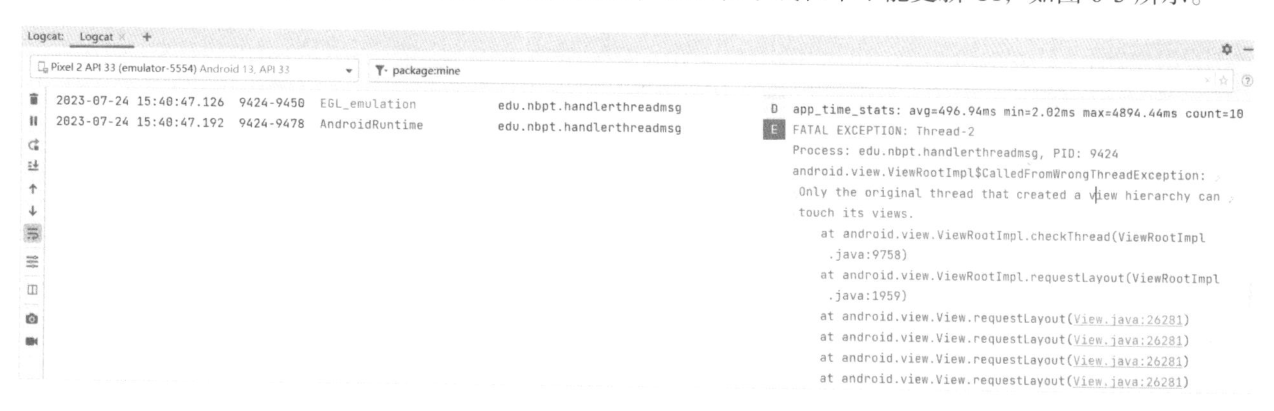


图 6-3 在子线程中不能更新 UI

（4）把 primenumber 方法中的“tvResult.setText("计算完成!");”删除，避免在子线程中更新 UI 导致抛出异常。修改后的 run 方法的代码如下。

```
OnClickListener btnGetClickListener = new OnClickListener() {
    @Override
    public void onClick(View arg0) {
        // 开启一个子线程，进行网络请求等耗时的操作，等待有返回结果，使用 handler 通知 UI
        new Thread(new Runnable() {
            @Override
            public void run() {
                primenumber();      // 该方法在子线程中执行
```

```
                Message msg = new Message();      // 创建消息对象 msg
                Bundle data = new Bundle();      // 创建 Bundle 用于保存操作结果
                data.putString("result", " 计算完成 !");
                msg.setData(data);      // 将结果装入消息对象 msg
                handler.sendMessage(msg);      // 将消息对象 msg 传递给 handler 对象进行处理
            }
        }).start();
    }
};
```

（5）创建 Handler 对象，由该对象接收新的线程传递过来的消息对象，代码如下。

```
public static class MyHandler extends Handler {
    private WeakReference<Activity> reference;
    public MyHandler(Activity activity) {
        reference = new WeakReference<Activity>(activity);
    }
    @Override
    public void handleMessage(Message msg) {
        if (reference.get() != null) {
            Bundle data = msg.getData();      // 获取消息对象 msg 中保存的数据
            String val = data.getString("result");      // 通过创建 result 获取数据值
            // UI 界面的更新等相关操作
            tvResult.setText(val);
        }
    }
}
```

（6）定义 Handler 类的对象，代码如下。

```
private Handler handler = new MyHandler(this);
```

（7）运行程序，查看使用 Handler 处理耗时操作的计算结果，计算结果如图 6-4 所示。

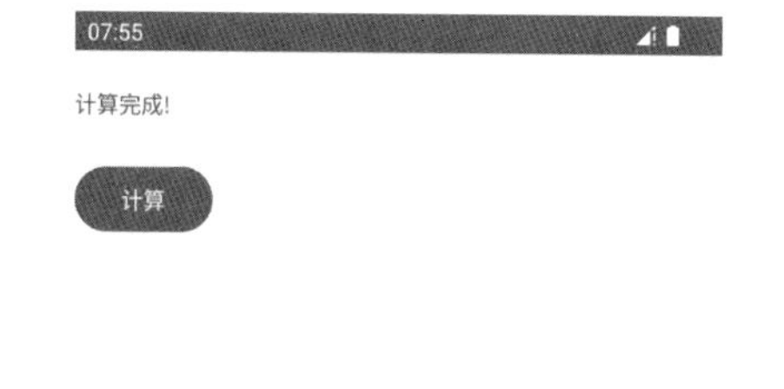


图 6-4　使用 Handler 处理耗时操作的计算结果

## 课后任务

在点餐 App 的登录界面添加一个模拟耗时操作的方法，在耗时操作后跳转到主界面。

# 任务 2　点餐 App 服务器的搭建与商家信息的获取

## 任务要求

安装配置 App 服务器，在服务器端安装 PHP、Web 服务器和 MySQL 数据库，使用 OkHttp 组件访问服务器端的文本和图片资源。

## 6.2.1　认识网络通信组件

在开发点餐 App 时我们需要构建服务器端程序。Android App 即客户端需要与服务器进行通信，从服务器获取文本数据或者图片数据。在 Android 开发中我们需要使用网络请求组件实现网络连接功能与服务器进行数据的交互功能，通过调用网络请求组件的 API 可以向服务器发起网络请求。

Android 与服务器之间通信使用的是 HTTP 协议。HTTP 是一种基于 TCP/IP 连接的网络通信协议，常用的请求方式有 GET 和 POST 两种，GET 请求把参数放在 URL 字符串后面，而 POST 请求把参数放在 HTTP 请求体中。

## 6.2.2　使用 OkHttp 库

Android 可以使用的网络请求的组件有很多。OkHttp 是一个第三方库，用于在 Android 中发起网络请求。这是一个开源项目，是 Android 端最火热的轻量级框架，由移动支付公司 Square 贡献。该组件用于替代 HttpUrlConnection 和 Apache HttpClient(Android AP I 23 里已移除 HttpClient)。

OkHttp 的使用方法（同步 GET 模式）如下。

（1）导入 OkHttp 依赖和网络请求权限，代码如下。

```
implementation ‘com.squareup.okhttp3:okhttp:3.12.0’
```

（2）发起网络请求，代码如下。

```
/*1 创建 OkHttpClient 对象 ,OkHttpClient 是网络请求执行的一个中心，它可以管理连接池，复用那些没有断开连接的TCP 连接，它可以管理缓存，将重复请求的数据缓存在本地，它还可以管理 SocketFactory 和代理等。*/
OkHttpClient okHttpClient = new OkHttpClient();
/*2. 构造 Request 对象，Request 用于描述一个 HTTP 请求，它可以设置请求的方法，指定请求的 URL，添加请求的header，修改请求的 body，设置请求的缓存策略等。*/
Request request =new Request.Builder().get().url(path).build();
/*3. 将 Request 封装为 Call 对象。
OkHttp 使用 Call 抽象出一个满足请求的模型。
Call 是一次 HTTP 请求的任务，它会执行网络请求以获得响应。OkHttp 中的网络请求执行 Call 既可以同步进行，也可以异步进行。调用 call.execute() 将直接执行网络请求，阻塞直到获得响应。*/
Call call = client.newCall(request);
/*4. 执行网络请求并获取响应。Response 响应是对请求的回复，包含状态码、HTTP 头和主体三个部分。*/
Response response = call.execute();
if (response.code() ==200) {
    // 响应成功
    String string = response.body().string();
    // 解析字符串
}
```

（3）在 AndroidManifest.xml 中添加网络请求的权限，对应代码请读者参考前面小节对应内容自行完成。

## 6.2.3　App 服务器端的架设与配置

（1）下载 Web 服务器端程序 phpEnv。phpEnv 程序集成了 php、apache、MySQL 服务器环境。从 phpEnv 的官方网站（http://www.phpenv.cn/）下载 Windows 64 位版本的安装程序。

（2）单击安装程序，弹出的 phpEnv 安装界面如图 6-5 所示，按照提示完成安装。完成安装后，启动桌面上的 phpEnv 程序。

（3）在 phpEnv 安装目录的 www 目录下创建服务器目录 DinnerServer，将服务器端程序 shopinfo.php 文件复制到 DinnerServer 目录下，服务器端程序就部署完毕了。

（4）设置服务器目录。打开 phpEnv 菜单，依次单击“应用软件”→“设置”→“其它”，在该页面中输入主服务器的 IP 地址，如图 6-6 所示。

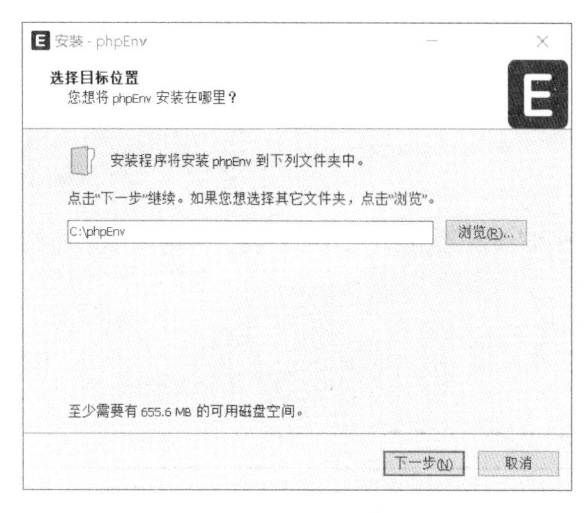


图 6-5　phpEnv 安装界面

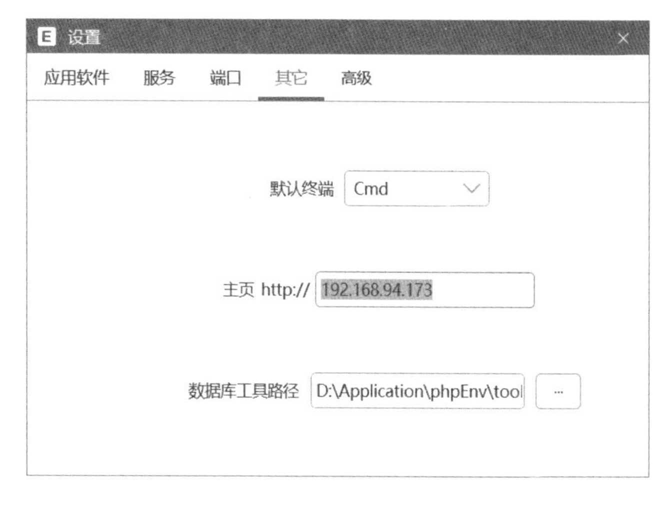


图 6-6　服务器 IP 地址设置

（5）打开 phpEnv，在主界面上单击蓝色的“网站”按钮，在打开的“网站管理”对话框中单击“添加”按钮，在弹出的“新增网站”对话框中输入域名（这里填写服务器 IP 地址）和根目录（DinnerServer 的完整的路径）后单击“添加”按钮，完成服务器的基本设置，如图 6-7 所示。

图 6-7　服务器的基本设置

（6）将 shopinfo.php 和 s1.jpg 文件复制到 DinnerServer 目录中，在浏览器中输入服务器程序地址 http://192.168.94.173/shopinfo.php 和 http://192.168.94.173/s1.jpg，如果能够正常打开网页和图片就表示服务器配置成功了。

## 6.2.4 使用 OkHttp 组件访问服务器

（1）创建一个名为 OkHttp 的项目。

（2）设计一个 LinearLayout 布局，添加一个 id 为 btnGetText 的“获取文本”按钮，一个 id 为 btnGetImg 的“获取图片”按钮以及一个标签和图片视图，效果如图 6-9 所示。

（3）进行 MainActivity 类的视图初始化，代码如下。

```
Button btnGetText,btnGetImg;
static TextView textView_response;
static ImageView img;
@Override
protected void onCreate(Bundle savedInstanceState) {
    super.onCreate(savedInstanceState);
    setContentView(R.layout.activity_main);
    textView_response = (TextView) findViewById(R.id.TextView1);
    img=(ImageView) findViewById(R.id.imageView);
    btnGetText = (Button) findViewById(R.id.btnGetText);
    btnGetImg= (Button) findViewById(R.id.btnGetImg);
    btnGetText.setOnClickListener(btnGetTextListener);
    btnGetImg.setOnClickListener(btnGetImgListener);
}
```

（4）添加网络访问组件 OkHttp，在 build.gradle(module:app) 添加 OkHttp 库的依赖，在 dependencies 中添加依赖配置信息，代码如下。

```
implementation 'com.squareup.okhttp3:okhttp:3.12.0'。
```

（5）完成后的 build.gradle(module:app) 的 dependencies 部分的代码如下。

```
dependencies {
    implementation 'androidx.appcompat:appcompat:1.6.1'
    implementation 'com.google.android.material:material:1.5.0'
    implementation 'androidx.constraintlayout:constraintlayout:2.1.4'
    implementation 'com.squareup.okhttp3:okhttp:3.12.0'
    testImplementation 'junit:junit:4.13.2'
    androidTestImplementation 'androidx.test.ext:junit:1.1.5'
    androidTestImplementation 'androidx.test.espresso:espresso-core:3.5.1'
}
```

（6）添加上述 OkHttp 的依赖后，单击 build.gradle(module:app) 编辑器顶部的“Sync Now”按钮，开发环境会从网络上下载 OkHttp 相关的组件包。

（7）在 AndroidManifest.xml 中添加网络权限。

```
<uses-permission android:name="android.permission.INTERNET"></uses-permission>
```

（8）在 AndroidManifest.xml 的 <application> 中添加以下属性，代码如下。

```
android:usesCleartextTraffic="true"
```

（9）编写 sendRequestText 方法，代码如下。

```
private void sendRequestText() throws IOException {
    OkHttpClient client=new OkHttpClient();
    Request request=new Request.Builder().url("http://192.168.214.179/shopinfo.php").build();
    Call call=client.newCall(request);
    Response response= call.execute();
    String resultStr= response.body().string();
    Log.i("TAG",resultStr);
}
```

（10）编写 btnGetText 的单击事件监听器的代码，发起网络请求，代码如下。

```
View.OnClickListener btnGetTextListener =new View.OnClickListener() {
    @Override
    public void onClick(View v) {
        try {
            sendRequestText();
        } catch (IOException e) {
            throw new RuntimeException(e);
        }
    }
};
```

（11）运行程序，显示错误信息，如图 6-8 所示。

图 6-8　主线程访问网络错误

**代码解释**

在 Logcat 可以看到运行时报 android.os.NetworkOnMainThreadException 异常。一个 App 如果在主线程中请求网络操作将会抛出此异常。Android 的这个设计是为了防止网络请求时间过长而导致界面假死的情况发生。从 Android SDK 3.0 开始，Google 不再允许网络请求（HTTP、Socket）相关操作直接在主线程类中，直接在 UI 线程进行网络操作会阻塞 UI 渲染，用户体验相当差。因此建议将和网络有关的比较耗时的操作放到子线程里操作，然后用 Handler 消息机制与主线程（UI 线程）通信。

（12）修改按钮的单击事件代码，添加启动线程，代码如下。

```
View.OnClickListener  btnGetTextListener=new View.OnClickListener() {
    @Override
    public void onClick(View v) {
        //1. 创建子线程，并且启动它
        new Thread(new Runnable() {
            @Override
            public void run() {
                try {
                    //2. 执行耗时操作 ( 发送网络请求 )
                    sendRequestText();
                } catch (IOException e) {
                    throw new RuntimeException(e);
                }
            }
        }).start();
    }
};
```

（13）编写创建内部匿名 MyHandler 类，在这里接收子线程发来的消息，然后更新 TextView 的内容，代码如下。

```
//1. 创建内部匿名 MyHandler 类
public static class MyHandler extends Handler {
    private WeakReference<Activity> reference;
    public MyHandler(Activity activity) {
        reference = new WeakReference<Activity>(activity);
    }
    @Override
    public void handleMessage(Message msg) {
        //2. 处理子线程传来的消息
        if (reference.get() != null) {
            //3. 更新 UI
            if(msg.what==1) {
```

```
                String response = (String) msg.obj;
                textView_response.setText(response);
            }
        }
    }
}
```

（14）创建 MyHandler 类的对象 handler，代码如下。

```
// 创建 MyHandler 类的对象 handler
private Handler handler = new MyHandler(this);
```

（15）修改 sendRequestText 方法，添加发送消息的代码。

```
private void sendRequestText() throws IOException {
    OkHttpClient client=new OkHttpClient();
    Request  request=new Request.Builder().url("http://192.168.214.179/shopinfo.php").build();
    Call call=client.newCall(request);
    Response  response= call.execute();
    String  resultStr= response.body().string();
    Log.i("TAG",resultStr);
    handler.obtainMessage(1,resultStr).sendToTarget();
}
```

（16）运行程序，单击“获取文本”按钮，获取服务器端文本的结果，如图 6-9 所示。

图 6-9　获取服务器端文本的结果

（17）编写请求下载图片的 sendRequestImg 方法，代码如下。

```
private void  sendRequestImg() throws IOException {
    OkHttpClient client = new OkHttpClient();
    Request request = new Request.Builder()
            .url("http://192.168.204.173/s1.jpg")
            .build();
    Call call = client.newCall(request);
    Response response = call.execute();
    byte[] picture_bt = response.body().bytes();
    Bitmap bitmap=BitmapFactory.decodeByteArray(picture_bt,0,picture_bt.length);
    handler.obtainMessage(0,bitmap).sendToTarget();
}
```

（18）编写“获取图片”按钮的单击事件监听器代码，代码如下。

```
View.OnClickListener  btnGetImgListener=new View.OnClickListener() {
    @Override
    public void onClick(View v) {
        //1. 创建子线程，并且启动它
        new Thread(new Runnable() {
            @Override
            public void run() {
                //2. 执行耗时操作（发送网络请求）
                try {
                    sendRequestImg();
                } catch (IOException e) {
                    throw new RuntimeException(e);
                }
            }
        }).start();
    }
};
```

（19）在 MyHandler 类中增加从服务器获取图片并在客户端显示的功能，代码如下。

```
public static class MyHandler extends Handler { //1. 创建内部匿名 MyHandler 类
    private WeakReference<Activity> reference;
    public MyHandler(Activity activity) {
        reference = new WeakReference<Activity>(activity);
    }
    @Override
    public void handleMessage(Message msg) { //2. 处理子线程传来的消息
```

```
            if (reference.get() != null) { //3. 更新 UI
                if(msg.what==1) {
                    String response = (String) msg.obj;
                    textView_response.setText(response);
                }
                if(msg.what==0) {
                    Bitmap response = (Bitmap) msg.obj;
                    img.setImageBitmap(response);
                }
            }
        }
    }
```

（20）运行程序，单击“获取图片”按钮，显示的效果如图 6-10 所示。

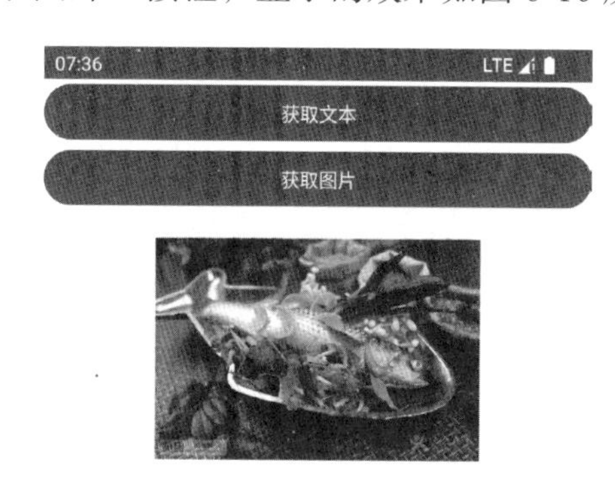


图 6-10　获取服务器端图片并显示

## 课后任务

在点餐 App 的商家界面中添加从服务器端获取商家的图片、地址和店名信息的功能。

# 任务三　使用 OkHttp 获取服务器端的数据

## 任务要求

使用 OkHttp 提供的 GET 方式将客户端数据提交到服务器端。在登录界面输入正确的用户名和密码跳转到主界面，输入的用户账号错误或者网络访问失败则给出错误提示信息。

### 6.3.1　实现 Android App 与服务器的通信

实现 Android App 与服务器进行通信，通过向服务器发送登录请求验证用户账号的合法性，提交 App 端的请求。客户端使用 HTTP 请求的组件类（例如 OkHttp）的 GET/POST 方式与服务器端进行交互，步骤如下。

（1）在 App 端发送请求到服务器端。

（2）服务器端的程序处理请求，返回执行结果。

（3）App 端接收服务器端传回的结果信息，并作出相应的操作。

服务器端的程序可以有多种实现方式。一般情况下都采用 Web 服务器作为服务器端，结合 HTTP 协议与客户端 (Android　App) 进行通信。服务器端的程序设计可以采用任何一种动态脚本语言（如 ASP.NET、Jsp、PHP 等）。

### 6.3.2　发起 POST 请求

使用 GET 调用的缺点是请求的参数作为 URL 的一部分传递。以这种方式传递时，URL 的长度应该在 2048 个字符之内。使用 POST 请求传递参数时，需要使用键值对保存要传递的参数。另外，使用 POST 请求时还需要设置提交数据所使用的字符集。

OkHttp 的 POST 请求和 GET 请求一样，都有同步和异步两种方法。OkHttp 的 POST 请求携带 JSON 参数的参考代码如下。

```
RequestBody requestBody =RequestBody.create(JSON, String.valueOf(json));
Request request = new Request.Builder().url(URL).post(requestBody).build();
```

### 6.3.3　使用 Postman 测试接口

Postman 是一款功能强大的免费的 HTTP 调试与模拟软件，不仅可以调试简单的 CSS、HTML、脚本等网页的基本信息，还可以发送几乎所有类型的 HTTP 请求。可以使用 Postman 模拟客户端向服务器端发起 GET 和 POST 请求，用于测试和验证服务器接口的有效性。使用 Postman 测试接口的步骤如下所示。

（1）部署服务器程序。启动服务器，将 Login1.php 复制到服务器中的 DinnerServer 目录下。

（2）GET 接口的测试。在 Postman 程序中，单击右侧的“+”按钮打开一个新标签。下拉选择

GET 方式，输入服务器接口程序的网址后单击右侧“Send”按钮发起，请求服务器响应的 GET 请求的结果在下方显示，如图 6-11 所示。

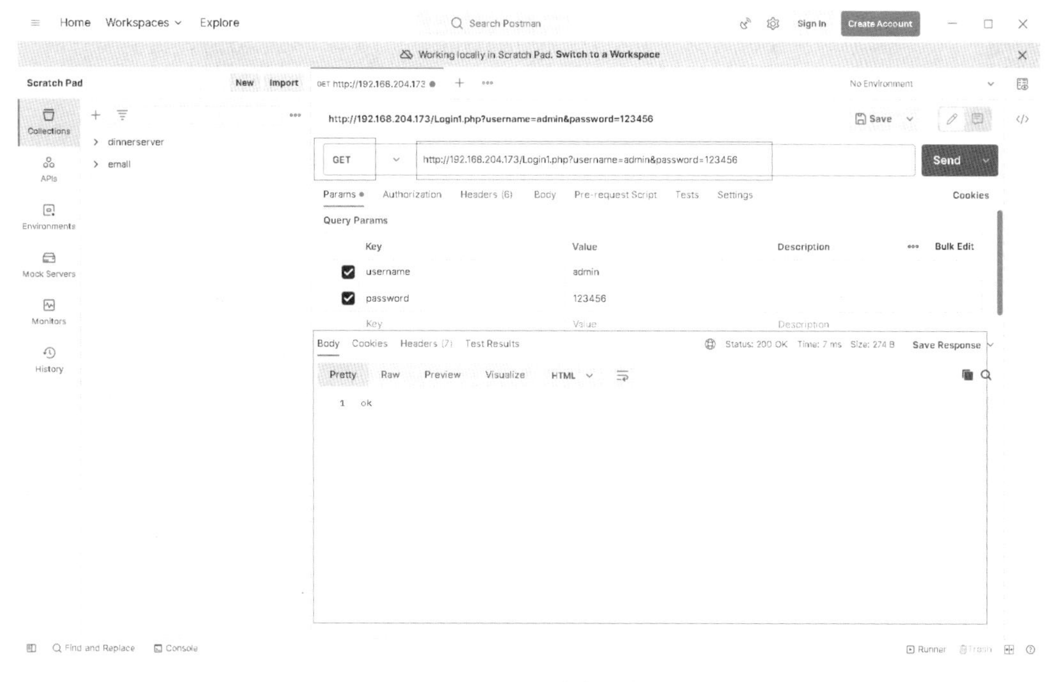

图 6-11　GET 请求相应结果

（3）POST 接口的测试。选择 POST 方式，输入服务器的接口程序的地址，单击选择 Body，输入 Key 和 Value 的值，单击“Send”按钮，服务器响应的 POST 请求的结果在下方显示，如图 6-12 所示。

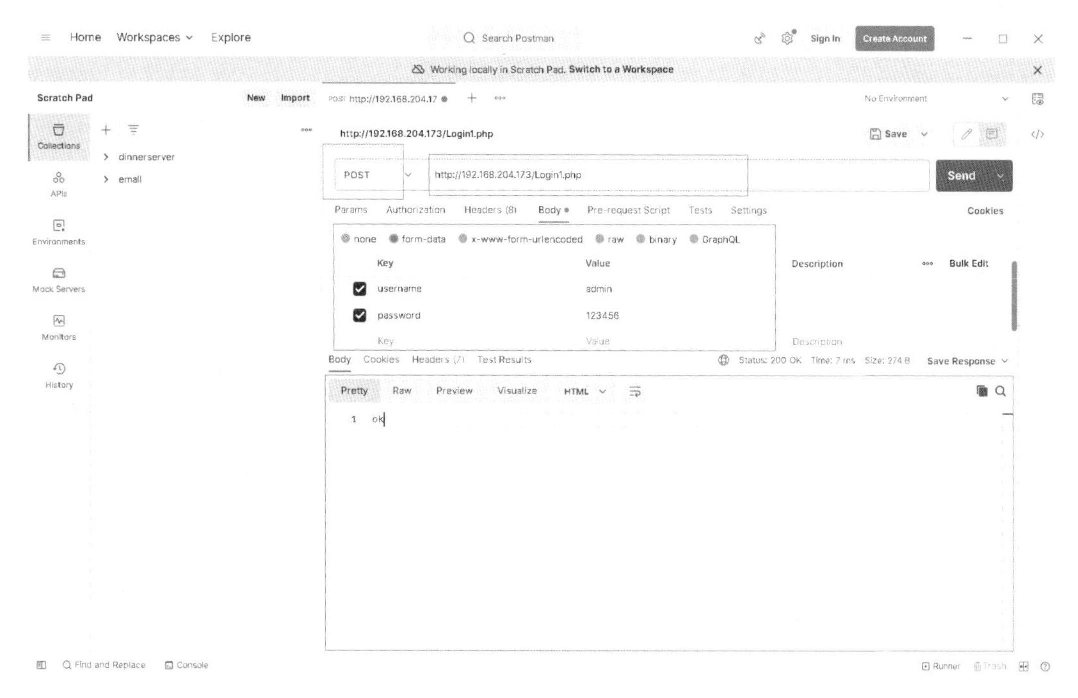

图 6-12　Postman 的 POST 接口程序测试

## 6.3.4 使用 GET 方式访问服务器

（1）创建一个名为 OkHttpGetPost 的项目。

（2）添加 LoginActivity 和 RegisterActivity 两个 Activity。

（3）设计 LoginActivity 的布局，添加两个标签，id 分别为 name 和 pass，再添加两个文本框，id 分别为 EditName 和 EditPass，添加两个按钮，id 分别为 btnGet 和 btnPost，最后添加一个 id 为 iv 的图片视图。

（4）设计 MainActivity 的布局，代码如下。

```
<RelativeLayout xmlns:android="http://schemas.android.com/apk/res/android"
    xmlns:tools="http://schemas.android.com/tools"
    android:layout_width="match_parent"
    android:layout_height="match_parent"
    tools:context=".MainActivity" >
    <TextView
        android:layout_width="wrap_content"
        android:layout_height="wrap_content"
        android:layout_centerInParent="true"
        android:textColor="#0000AA"
        android:textSize="22sp"
        android:text=" 登录成功 !" />
</RelativeLayout>
```

（5）配置 AndroidManifest.xml 文件，添加网络访问权限。设置 LoginActivity 为启动界面，代码如下。

```
<activity
    android:name=".LoginActivity"
    android:exported="true">
    <intent-filter>
        <action android:name="android.intent.action.MAIN" />
        <category android:name="android.intent.category.LAUNCHER" />
    </intent-filter>
</activity>
<activity android:name=".MainActivity"></activity>
<activity android:name=".RegisterActivity"></activity>
```

（6）添加 OkHttp 的依赖。

（7）对 LoginActivity 进行初始化，代码如下。

```
private Button btnGet, btnPost;
private EditText editname,editpass;
```

```
private String result;    // 保存服务器返回的结果
String name, pass;    // 在界面中填写的用户名和密码
@Override
protected void onCreate(Bundle savedInstanceState) {
    super.onCreate(savedInstanceState);
    setContentView(R.layout.activity_login);
    btnGet = (Button) findViewById(R.id.btnGet);
    btnPost = (Button) findViewById(R.id.btnPost);
    editname = (EditText) findViewById(R.id.EditName);
    editpass = (EditText) findViewById(R.id.EditPass);
    // 登录（GET 方法）
    btnGet.setOnClickListener(new View.OnClickListener() {
        @Override
        public void onClick(View v) {
        }
    });
    // 登录（POST 方法）
    btnPost.setOnClickListener(new View.OnClickListener() {
        @Override
        public void onClick(View v) {
        }
    });
}
```

（8）定义 MyHandler 类，代码如下。

```
public class MyHandler extends Handler {
    private WeakReference<Activity> reference;
    public MyHandler(Activity activity) {
        reference = new WeakReference<Activity>(activity);
    }
    @Override
    public void handleMessage(Message msg) {
        if (reference.get() != null) {
            if (msg.what == 1) {
                String resultstr = (String) msg.obj;
                Log.i("handleMessage:", resultstr);
                if (resultstr.equals("ok")) {
                Intent intent = new Intent(LoginActivity.this, MainActivity.class);
                startActivity(intent);
```

```
                }
                if (resultstr.equals("error-get") || resultstr.equals("error-post")) {
                    Toast.makeText(getApplicationContext(), " 登录失败 !", Toast.LENGTH_SHORT).show();
                }
                if (resultstr.length() > 20) {
                    Toast.makeText(getApplicationContext(), " 服务器响应错误！ ", Toast.LENGTH_SHORT).show();
                }
            }
            if (msg.what == -1) {
                Toast.makeText(getApplicationContext(), " 服务器连接错误！ ", Toast.LENGTH_SHORT).show();
            }
        }
}
```

（9）定义 MyHandler 对象和服务器地址，代码如下。

```
private Handler mHandler = new MyHandler(this);
String host = "http://192.168.204.173/";
```

【注意】host 要填写架设了 Web 服务器的 IP 地址 ( 不能填 localhost)。

（10）发起 GET 请求的方法的代码如下。

```
public void getMessage() {
    String url = host + "Login1.php?username=" + name + "&password=" + pass;
    String resultStr = null;
    Log.i("okhttp", "url:" + url);
    try {
        OkHttpClient client = new OkHttpClient();
        Request request = new Request.Builder().url(url).build();
        Call call = client.newCall(request);
        Response response = call.execute();
        resultStr = response.body().string();
        Log.i("okhttp", "GET:" + resultStr);
        mHandler.obtainMessage(1, resultStr).sendToTarget();
    } catch (Exception e) {
        e.printStackTrace();
        mHandler.sendEmptyMessage(-1);      // 表示服务器连接异常
        Log.i("okhttp", "Exception GET:" + resultStr);
    }
}
```

（11）编写以 GET 方式登录验证的按钮的单击事件监听器，代码如下。

```
//登录（GET 方式）
btnGet.setOnClickListener(new View.OnClickListener() {
    @Override
    public void onClick(View v) {
        //获取用户名和密码文本框中输入的账号信息
        name = editname.getText().toString();
        pass = editpass.getText().toString();
        new Thread(new Runnable() {
            public void run() {
                getMessage();      //以 GET 方式提交数据到服务器
            }
        }).start();
    }
});
```

（12）启动程序，在界面中（见图 6-13）输入正确的用户名和密码（用户名 admin，密码 123456），单击“登录 get 方法”按钮，程序跳转到主界面，程序主界面如图 6-14 所示。

图 6-13　GET 和 POST 登录验证界面　　　　图 6-14　主界面

（13）输入错误的用户名或者密码后再次单击登录，提示登录失败，如图 6-15 所示。

（14）关闭服务器，单击登录，提示连接服务器错误，如图 6-16 所示。

（15）把服务器程序 Login.php 重命名为 Login.php1，输入账号后提示服务器响应错误，如图 6-17 所示。

图 6-15　登录失败界面

图 6-16　连接服务器错误

图 6-17　服务器响应错误

## 6.3.5　使用 POST 方式访问服务器

（1）编写以 POST 方式提交数据到服务器端的 PostMessage 方法，代码如下。

```
// 以 POST 方式提交数据到服务器
public void PostMessage() {
    String url = host + "Login1.php";
    String resultStr = null;
    try {
        FormBody formBody = new FormBody.Builder()
                .add("username", name)
                .add("password", pass)
                .build();
        OkHttpClient client = new OkHttpClient();
        Request request = new Request.Builder().url(url).post(formBody).build();
        Call call = client.newCall(request);
        Response response = call.execute();
        resultStr = response.body().string();
        Log.i("okhttp", "GET:" + resultStr);
        mHandler.obtainMessage(1, resultStr).sendToTarget();
    } catch (Exception e) {
```

```
            e.printStackTrace();
            mHandler.sendEmptyMessage(-1);     // 表示服务器连接异常
            Log.i("okhttp", "Exception GET:" + resultStr);
        }
    }
```

（2）编写以 POST 方式登录的单击事件监听器，代码如下。

```
// 登录（POST 方式）
btnPost.setOnClickListener(new View.OnClickListener() {
    @Override
    public void onClick(View v) {
        // 获取用户名和密码文本框中输入的账号信息
        name = editname.getText().toString();
        pass = editpass.getText().toString();
        new Thread(new Runnable() {
            public void run() {
                PostMessage();     // 以 POST 方式提交数据到服务器
            }
        }).start();
    }
});
```

（3）启动程序，参考任务 6.3.4 的登录验证的测试方法和流程，单击“登录 POST 方法”按钮，测试程序。

## 课后任务

在点餐 App 的登录界面添加使用 GET 和 POST 方式提交服务器进行登录验证的功能。

# 任务 4　点餐 App 的 JSON 数据本地解析

## 任务要求

解析点餐系统的 JSON 对象和数组数据，将解析结果显示在程序界面上。

### 6.4.1　认识数据交换格式

使用 HTTP 组件仅仅解决了 Android 客户端与服务器程序之间进行交互的问题。如果手机客户端需要从服务器获取大量的格式复杂的数据，比如用户详细信息、订单信息和商品信息，我们就需要一种有效的解决方案。通过直接访问服务器端数据库的方式进行数据传递既不安全，也不方便，而通过一种通用的数据交换格式进行数据传递就是一种比较合理有效的解决方法。

Android 客户端与服务器通信的数据交换方式（格式）有以下几种。

（1）JSON。JSON（JavaScript Object Notation）是一种轻量级的数据交换格式，易于人们阅读和编写，同时也易于程序解析和生成，Android/iOS 客户端及服务器端都容易实现。

（2）XML。XML 文件比 JSON 庞大，文件格式相对复杂，传输占带宽。

（3）WebService。WebService 采用 XML，支持跨平台远程调用，它基于 HTTP 的 SOAP 协议，可跨越防火墙，支持面向对象开发。它的缺点是传输效率低，WebService 需要将数据转化为 XML 格式进行传输，数据传输量大，且 XML 的解析和序列化需要更大的系统资源。WebService 还有开发复杂度高的问题，WebService 需要引入 SOAP 协议和一些配置，服务端和客户端的开发和部署都比较复杂。

### 6.4.2 认识 JSON

JSON 独立于编程语言，具有自我描述性，更易理解。JSON 易于机器解析和生成，并且易于书写和阅读。JSON 使用 JavaScript 语法来描述数据对象，但是 JSON 跟 XML 一样独立于语言和平台。

使用 JSON 库可以方便地将 Java 对象转成 JSON 格式的字符串，还可以将 JSON 格式的字符串转换成 Java 对象。JSON 比 XML 更轻量，使用起来比较轻便和简单。JSON 数据格式在 Android 中被广泛运用于客户端和服务器通信，在网络数据传输与解析时非常方便。

解析 JSON 数据有多种方法，既可以使用官方自带的 JSONObject 和 JSONArray 解析，也可以使用第三方开源库，包括但不限于 GSON、FastJSON、Jackson。JSON 的语法规则如下。

（1）使用键值对表示对象的属性和值。

（2）使用逗号“,”分隔多条数据。

（3）使用花括号“{}”包含对象。

（4）使用中括号“[]”表示数组。

### 6.4.3 认识 JSON 对象

JSON 对象（JSONObject）在 JavaScript 中表示为花括号“{}”括起来的内容，数据结构为 {key: value, key: value, …} 的键值对。在面向对象的语言中，key 为对象的属性，value 为对应的属性值，可以通过“对象 .key”获取属性值。

例如，以下示例就表示了一个 JSON 对象。

```
{"name":" 张三 ","age":20}
```

value 的类型包括：Boolean、JSONArray、JSONObject、Number、String 或者默认值 JSONObject.NULL、Object。

### 6.4.4 认识 JSON 数组

JSON 数组（JSONArray）在 JavaScript 中是中括号“[]”括起来的内容，数据结构为 [ 字段 1, 字段 2, 字段 3...]，其中字段值的类型可以是数字、字符串、数组或对象。取值方式和 Java 语言中的一样，使用索引获取，以下是 JSON 数组的示例。

```
[" 北京 "," 上海 "," 广州 "]
```

## 6.4.5　解析点餐 App 中的用户基本信息

（1）创建项目 DinnerJsonResolveLoc。

（2）按照下图设计布局，添加一个 id 为 textView1 的标签，添加“解析用户基本信息”“解析用户详细信息”“解析街道列表”“解析地址列表”“解析多个用户基本信息”“解析多个用户详细信息”6 个按钮视图。

（3）编写 MainActivity 的初始化功能，代码如下。

```
private Button btn1,btn2,btn3, btn4,btn5,btn6;
private TextView tv1;
String jsonstr = "";
@Override
protected void onCreate(Bundle savedInstanceState) {
    super.onCreate(savedInstanceState);
    setContentView(R.layout.activity_main);
    tv1 = (TextView) findViewById(R.id.textView1);
    btn1=(Button) findViewById(R.id.button1);
    btn2=(Button) findViewById(R.id.button2);
    btn3=(Button) findViewById(R.id.button3);
    btn4=(Button) findViewById(R.id.button4);
    btn5=(Button) findViewById(R.id.button5);
    btn6=(Button) findViewById(R.id.button6);
    btn1.setOnClickListener(new View.OnClickListener() {
        @Override
        public void onClick(View arg0) {
        }
    });
    btn2.setOnClickListener(new View.OnClickListener() {
        @Override
        public void onClick(View arg0) {
        }
    });
    btn3.setOnClickListener(new View.OnClickListener() {
        @Override
        public void onClick(View arg0) {
```

```
            }
        });
        btn4.setOnClickListener(new View.OnClickListener() {
            @Override
            public void onClick(View arg0) {
            }
        });
        btn5.setOnClickListener(new View.OnClickListener() {
            @Override
            public void onClick(View arg0) {
            }
        });
        btn6.setOnClickListener(new View.OnClickListener() {
            @Override
            public void onClick(View arg0) {
            }
        });
    }
```

（4）启动 JsonView.exe 软件，输入以下字符串。

```
{"username":"hxw2017","realname":" 胡小威 ","age":20,"activate":true}
```

（5）单击 JsonView 软件的“格式化 JSON 字符串”按钮，得到格式化后的便于阅读的 JSON 数据，如图 6-18 所示。

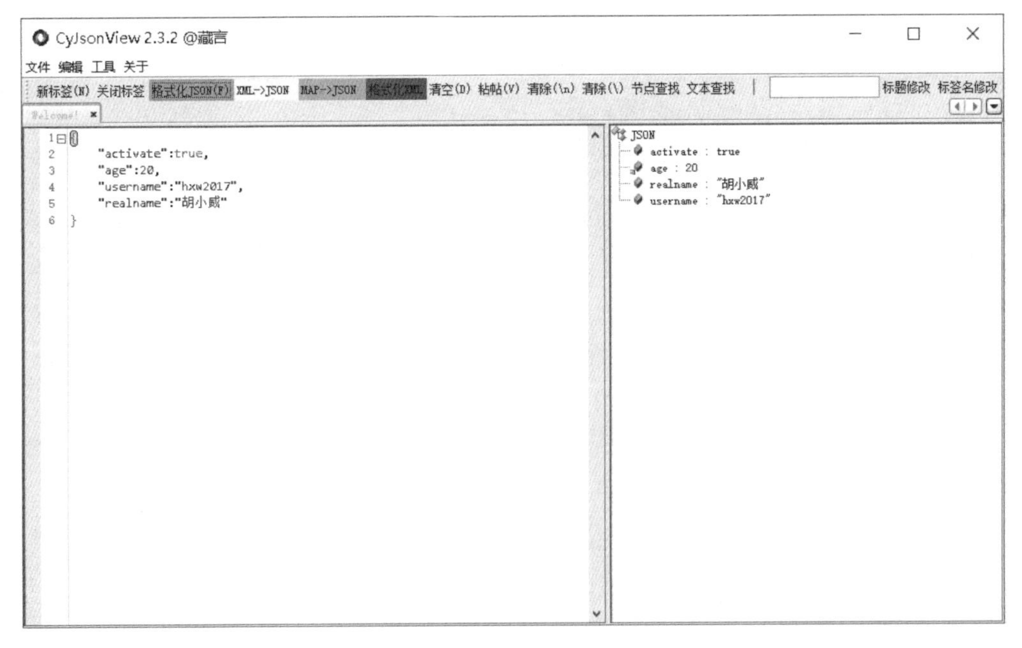


图 6-18　格式化后的 JSON 数据

（6）可以看到这个用户基本信息是一个 JSON 对象，该 JSON 对象包含了四个键值对，分别包含了 username、realname、age 和 activate 四条信息，用户基本信息 JSON 数据的结构如图 6-19 所示。

```
{
    "username": "hxw2017",
    "realname": "胡小威",
    "age": 20,
    "activate": true
}
```

| key | value |
|---|---|
| username | hxw2017 |
| realname | 胡小威 |
| age | 20 |
| activate | true |

图 6-19　用户基本信息 JSON 数据的结构

（7）添加 JSON 解析类 JsonRe.java，负责 JSON 数据的本地解析，代码如下。

```
/**
 * JSON 解析类
 * */
public class JsonRe {
    String str = "";      // 保存解析后的数据
}
```

（8）编写 JsonRe 类的 getJsonUserInfo 方法，解析用户基本信息。

```
// 解析订餐 App 中用户基本信息 ( 简单 JSON 对象 )，返回解析后得到的用户基本信息
public String getJsonUserInfo(String jsonstr) {
    try {
        /* 创建 JSONObject 对象 jsonObject, 解析字符串 jsonstr
        * JSONObject 只能用来解析形如 {a:1,b:2,c:3...} 的 JSON 字符串
        */
        JSONObject jsonObject = new JSONObject(jsonstr);
        // 调用 JSONObject 对象的 getString 方法获取 JSON 字符串中键名为 username 的值
        str = " 账号：" + jsonObject.getString("username")
                + "\n 姓名：" + jsonObject.getString("realname")
                + "\n 年龄：" + jsonObject.getInt("age")
                + "\n 是否激活：" + jsonObject.getString("activate") ;
    } catch (JSONException e) {
        e.printStackTrace();
    }
    return str;
}
```

（9）在 strings.xml 文件中添加名为 json1 的字符串，内容为 JSON 数据，代码如下。

```
<string name="json1">
    {"activate":true,"age":20,"username":"hxw2017","realname":" 胡小威 "}
</string>
```

（10）在 MainActivity 添加 JsonRe 的对象定义，代码如下。

```
JsonRe jsonRe;      // 创建解析类的对象
```

（11）在 MainActivity 的 onCreate 方法中初始化 JsonRe 对象，代码如下。

```
jsonRe = new JsonRe(); // 初始化解析类对象 jsonRe
```

（12）在 MainActivity 的 btn1 按钮对象的单击事件监听器中编写代码解析 JSON，代码如下。

```
btn1.setOnClickListener(new View.OnClickListener() {
    @Override
    public void onClick(View arg0) {
        Log.i("jsonstr",jsonstr);
        // getString() 从配置文件 strings.xml 中读取名为 json1 的字符串
        jsonstr=getString(R.string.json1);
        jsonRe.getJsonUserInfo(jsonstr);
        tv1.setText(jsonRe.getJsonUserInfo(jsonstr));
    }
});
```

（13）运行程序，单击“解析用户基本信息”按钮，界面效果如图 6-20 所示。

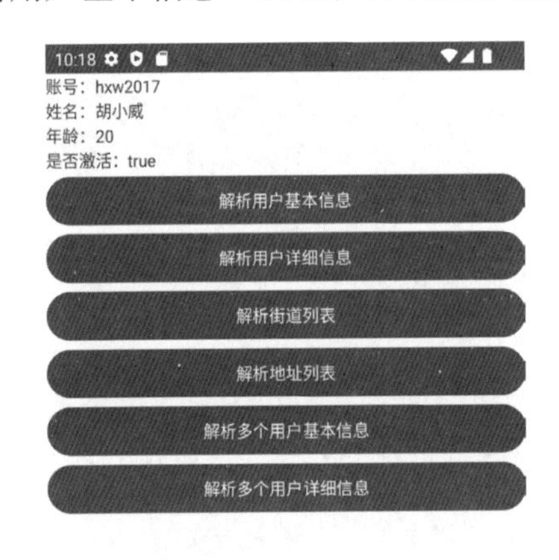


图 6-20　单击“解析用户基本信息”按钮的界面效果

## 6.4.6　解析点餐 App 中的用户详细信息

（1）在 strings.xml 文件中添加名为 json2 的字符串，内容为 JSON 数据，代码如下。

```
<string name="json2">{"username": "hxw2017","realname": " 胡 小 威 ","age": 20,"activate": true,
"address": {"street": " 新大路 1069 号 ", "city": " 宁波 ","country": " 中国 "}}</string>
```

（2）用户详细信息的 JSON 数据结构如图 6-21 所示。该 JSON 数据是一个复合的 JSON 对象，键“address”的值本身又是一个 JSON 对象。

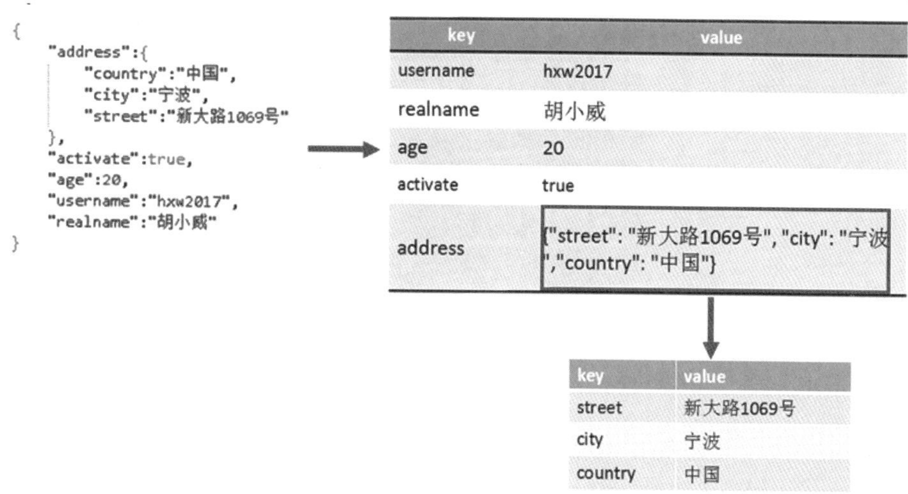


图 6-21　用户详细信息 JSON 数据结构

（3）编写 JsonRe 类的 getJsonUserInfoD 方法解析该 JSON，代码如下。

```
// 解析 JSON 用户详细信息（有子对象的 JSON 对象）
public String getJsonUserInfoD(String jsonstr) {
    try {
        JSONObject jsonObject = new JSONObject(jsonstr);
        str = " 账号： " + jsonObject.getString("username")
            + "\n 姓名： " + jsonObject.getString("realname")
            + "\n 年龄： " + jsonObject.getString("age")
            + "\n 是否激活： " + jsonObject.getString("activate");
        // 获取地址 address 属性的值（是一个 JSON 对象）
        JSONObject jsonObjectAddress = new
            JSONObject(jsonObject.getString("address"));
        str = str + "\n 地址： \n 街道： " + jsonObjectAddress.getString("street");
        str = str + "\n 城市： " + jsonObjectAddress.getString("city");
        str = str + " \n 国家： " + jsonObjectAddress.getString("country");
    } catch (JSONException e) {
        e.printStackTrace();
    }
    return str;
}
```

（4）运行程序，单击“解析用户详细信息”按钮，用户详细信息 JSON 的解析结果如图 6-22 所示。

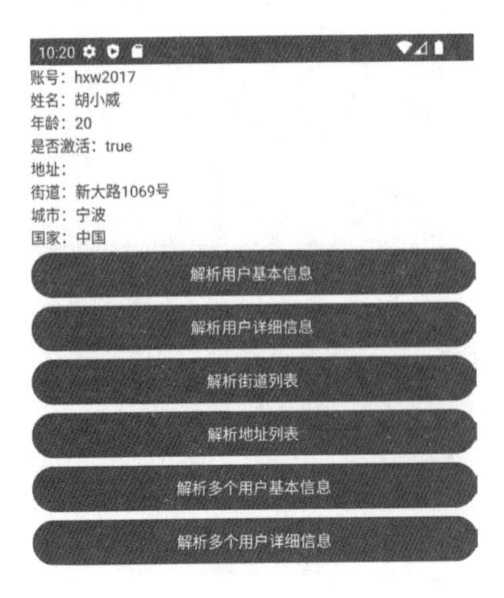


图 6-22　用户详细信息 JSON 的解析结果

## 6.4.7　解析点餐 App 中的街道列表

（1）在 strings.xml 文件中添加名为 json3 的字符串，内容为 JSON 数据，代码如下。

```
<string name="json3">[" 新大路 1069 号 "," 中河路 56 号 "," 泰山路 345 号 "]</string>
```

（2）街道列表的 JSON 数据结构如图 6-23 所示。该 JSON 数据是一个 JSON 数组，该数组包含了 3 个元素。

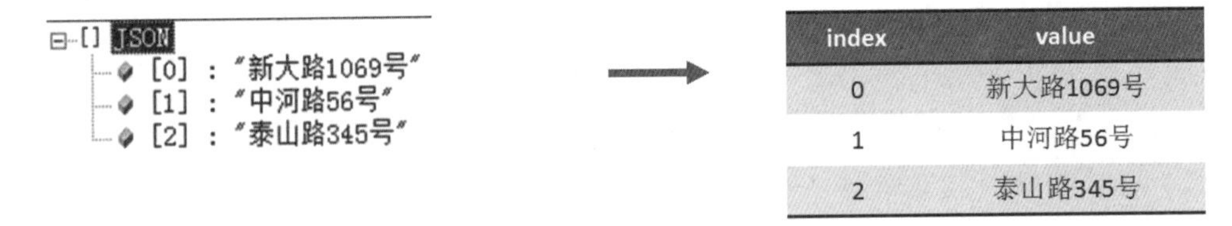


图 6-23　街道列表的 JSON 数据结构

（3）完成 JsonRe 类的 getJsonStreet 方法解析 JSON，代码如下。

```
// 解析街道列表（JSONArray）
public String getJsonStreet(String jsonstr) {
    String str = "";
```

```
        try {
            /* 定义一个 JSONArray 对象 jsonArray 解析字符串 jsonstr
            * jsonArray 只能用于解析形如 [a,b,c...] 的 JSON 字符串
            */
            JSONArray jsonArray = new JSONArray(jsonstr);
            /* 使用循环逐个读取 JSON 数组中的元素，循环次数为 JSON 数组中元素的个数
            *  jsonArray.length() 中的值为 JSON 数组中元素个数
            */
            for (int i = 0; i < jsonArray.length(); i++) {
                //jsonArray.getString(i) 获取 JSON 数组中索引号为 i 的那个元素的值
                str = str + "  " + jsonArray.getString(i) + "\n";
            }
        } catch (JSONException e) {
            e.printStackTrace();
        }
        return str;
    }
```

（4）运行程序，单击“解析街道列表”按钮，界面效果如图 6-24 所示。

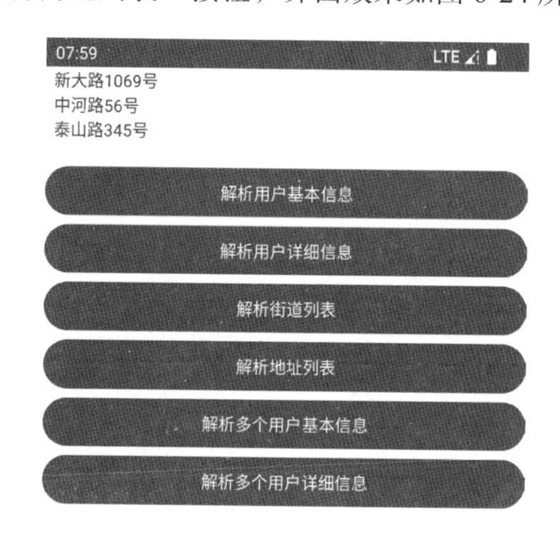


图 6-24　单击“解析街道列表”按钮的界面效果

## 6.4.8 解析点餐 App 中的地址列表

（1）在 strings.xml 文件中添加名为 json4 的字符串，内容为 JSON 数据，代码如下。

```
<string name="json4">[{"street": " 新大路 1069 号 ", "city": " 宁波 ","country": " 中国 "},{"street": " 中河路 56 号 ", "city": " 宁波 ","country": " 中国 "}]</string>
```

（2）编写 JsonRe 类的 getJsonAddress 方法解析地址列表，代码如下。

```
// 解析地址列表（数组的元素是对象）
public String getJsonAddress(String jsonstr) {
    String str = "";
    try {
        JSONArray jsonArray = new JSONArray(jsonstr);
        for (int i = 0; i < jsonArray.length(); i++) {
            /*
            * JSONArray 的 optString 会在得不到你想要的值时返回空字符串 ""，而 getString 方法会抛出异常
            * (JSONObject) jsonArray.opt(i) 获取索引号为 i 的 JSON 数组元素并转换为 JSONObject
            */
            JSONObject jsonObjAddress = (JSONObject) jsonArray.opt(i);
            // 对该 JSONObject 中包含的街道、城市、国家信息进行解析
            str = str + " 街道：" + jsonObjAddress.getString("street");
            str = str + "\n 城市：" + jsonObjAddress.getString("city");
            str = str + "\n 国家：" + jsonObjAddress.getString("country")+"\n";
        }
    } catch (JSONException e) {
        e.printStackTrace();
    }
    return str;
}
```

（3）地址列表的 JSON 数据结构如图 6-25 所示。该 JSON 数据是一个 JSON 对象数组，每个数组元素本身又是一个 JSON 对象。

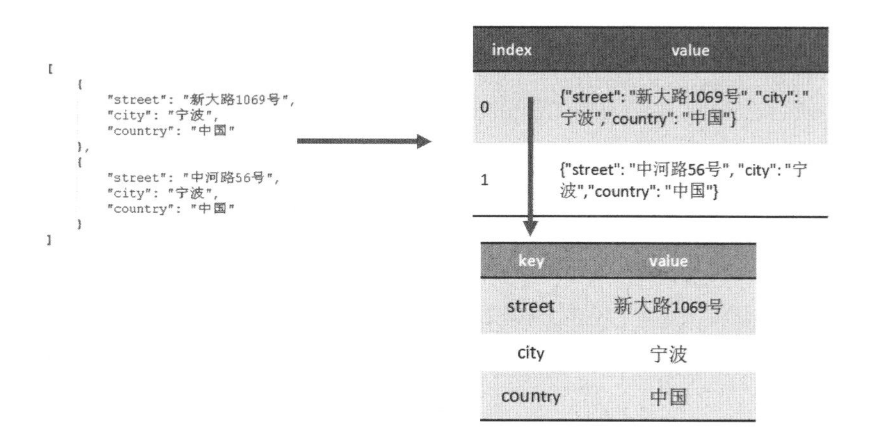


图 6-25　地址列表的 JSON 数据结构

（4）运行程序，单击“解析地址列表”按钮，界面效果如图 6-26 所示。

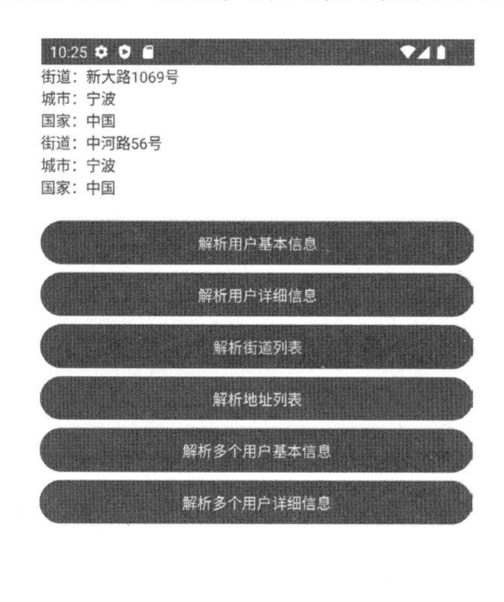


图 6-26　单击“解析地址列表”按钮的界面效果

## 课后任务

解析社会主义核心价值观的 JSON 数据，JSON 字符串如下，要求解析其中包含的时间、概念内涵、会议和发布部门信息。

```
{
    "时间":"2013 年 12 月 11 日",
    "概念内涵":{
        "社会层面的价值取向":[
```

```
                "自由",
                "平等",
                "公正",
                "法治"
            ],
            "个人层面的价值准则":[
                "爱国",
                "敬业",
                "诚信",
                "友善"
            ],
                "国家层面的价值目标":[
                "富强",
                "民主",
                "文明",
                "和谐"
            ]
        },
        "会议":"党的十八大",
        "发布部门":"中共中央办公厅"
    }
```


## 任务 5　点餐 App 获取服务端的 JSON 数据

### 任务要求

从服务器端的数据库表 tb_shopinfo 中获取商家的店名、人均价格、地址和图片数据并显示在商家列表界面中，将图片存放在服务器端 php 程序同一路径下。

### 6.5.1　Android 获取服务器接口程序的方法

（1）启动线程完成如下任务。

① 首先使用 OkHttp 的 GET 方式获取服务器端接口程序返回的 JSON 数据。

②解析 JSON 数据，将数据存到 List 集合对象 list 中。list 中的每个元素是一个 Map 对象，该对象存放一个商家的所有信息，JSON 中包含几个商家数据，list 容器就有几个元素。

③ 从获取 JSON 数据中分析得到每个商家的图片的网址。

④ 使用 OkHttp 的 GET 方式下载图片并将下载的图片保存为 Bitmap 对象，并保存到该商家的

Map 对象中。

⑤将获取商家数据的 list 集合对象通过消息机制发送到 handler 对象。

（2）handler 对象接收到消息 ( 即包含了商家数据的 List 集合对象 ) 后，使用 List 对象初始化 SimpleAdapter 适配器。

（3）对适配器进行自定义设置（setViewBinder)，让 ListView 的列表项布局中的图片能够支持非资源数据的显示 ( 即能够显示从网络下载的位图格式的图片 )。

### 6.5.2　服务器端程序的部署

（1）打开 phpEnv 软件，启动服务器环境。

（2）单击 phpEnv 界面上右侧的“数据库”按钮，启动 HeidiSQL 数据库管理工具。

（3）在 HeidiSQL 数据库管理工具的会话管理器中，设置网络类型为 MariaDB or MySQL(TCP/IP)，主机名为 127.0.0.1，用户名为 root，密码也为 root，如图 6-27 所示。

图 6-27　HeidiSQL 的会话管理器设置

（4）在 HeidiSQL 的会话管理器中单击“打开”按钮连接 MySQL 数据库，出现如图 6-28 所示的界面。

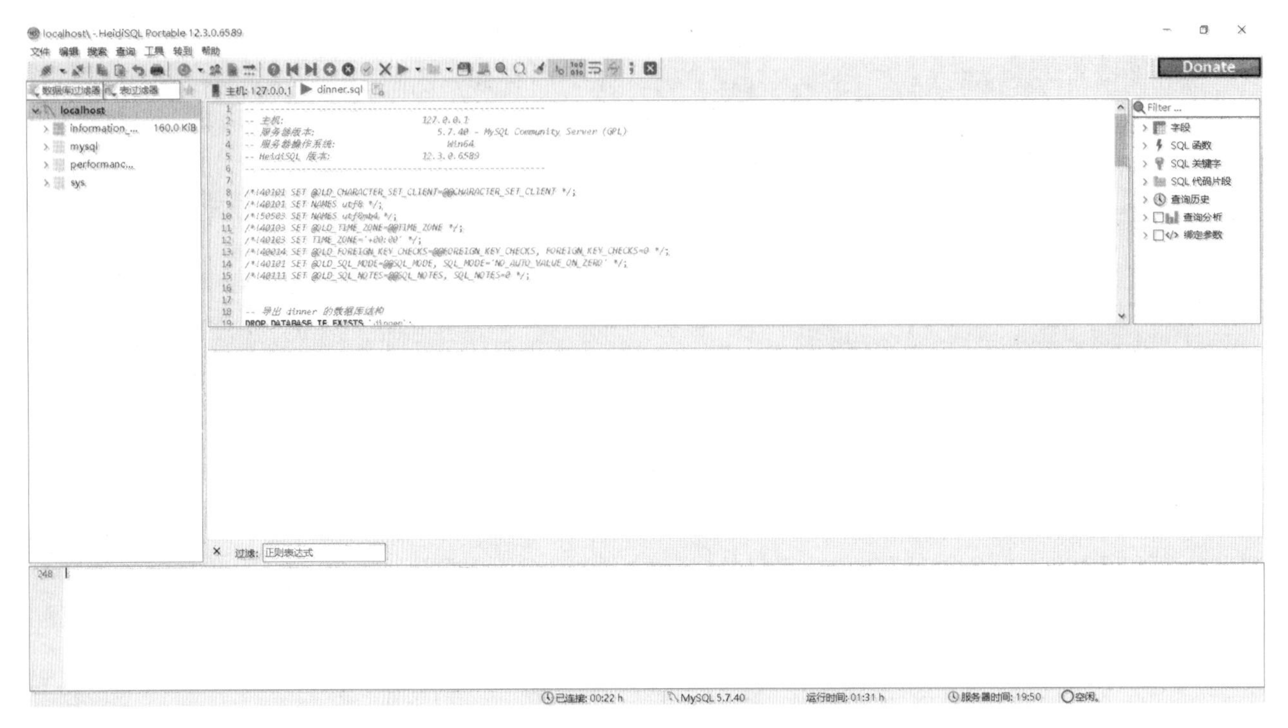

图 6-28　HeidiSQL 数据库管理界面

（5）导入点餐 App 服务器端的数据库文件 dinner.sql。单击“文件”→“加载 SQL 文件”，在弹出的对话框中选择数据库文件 dinner.sql 后单击“是”，在工具栏上单击三角形箭头运行该 SQL 脚本，如图 6-28 所示。脚本执行完毕以后即可创建 dinner 数据库并导入数据记录。

（6）将 shopinfolist.php 和商家图片 s1.jpg、s2.jpg、s3.jpg 复制到 phpEnv 安装目录下的 www\DinnerServer 子目录中。

（7）在浏览器或者 Postman 中输入 http:// 服务器 IP 地址 /DinnerServer/shopinfolist.php 查看是否能获取 JSON 数据，shopinfolist 接口返回的 JSON 数据如图 6-29 所示。

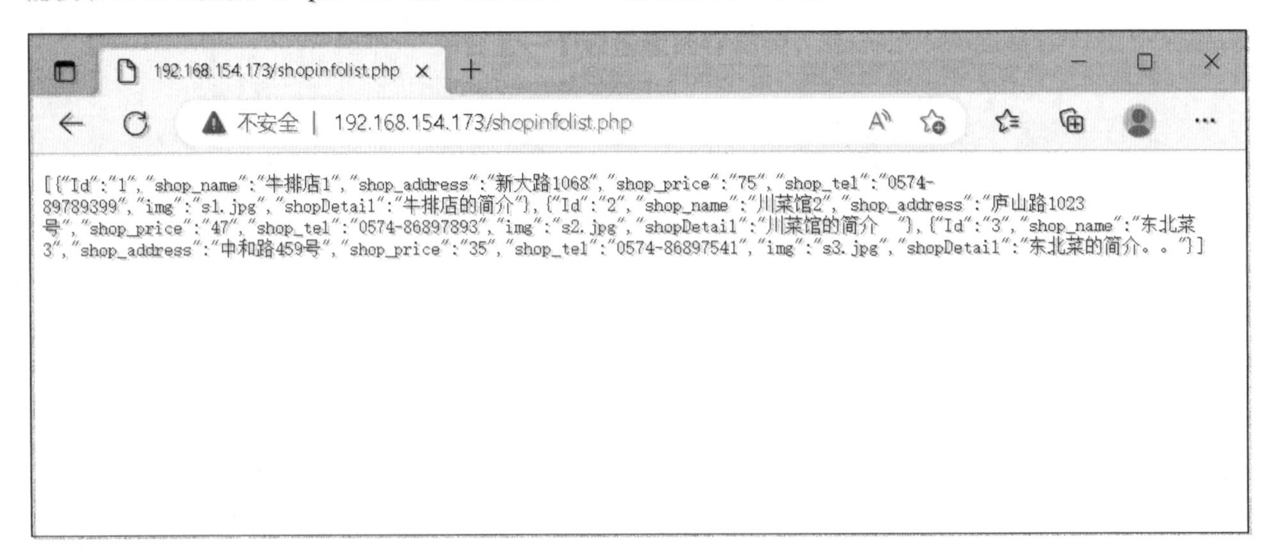


图 6-29　shopinfolist 接口返回的 JSON 数据

## 6.5.3　从服务器端获取商家信息列表和照片的 Android 端功能开发

（1）创建一个项目 ShopListJsonImg。

（2）添加一个 ShopListActivity 和对应的布局文件 activity_shop_list.xml。

（3）在 AndroidManifest.xml 中将 ShopListActivity 设置为启动界面并添加网络权限，代码如下。

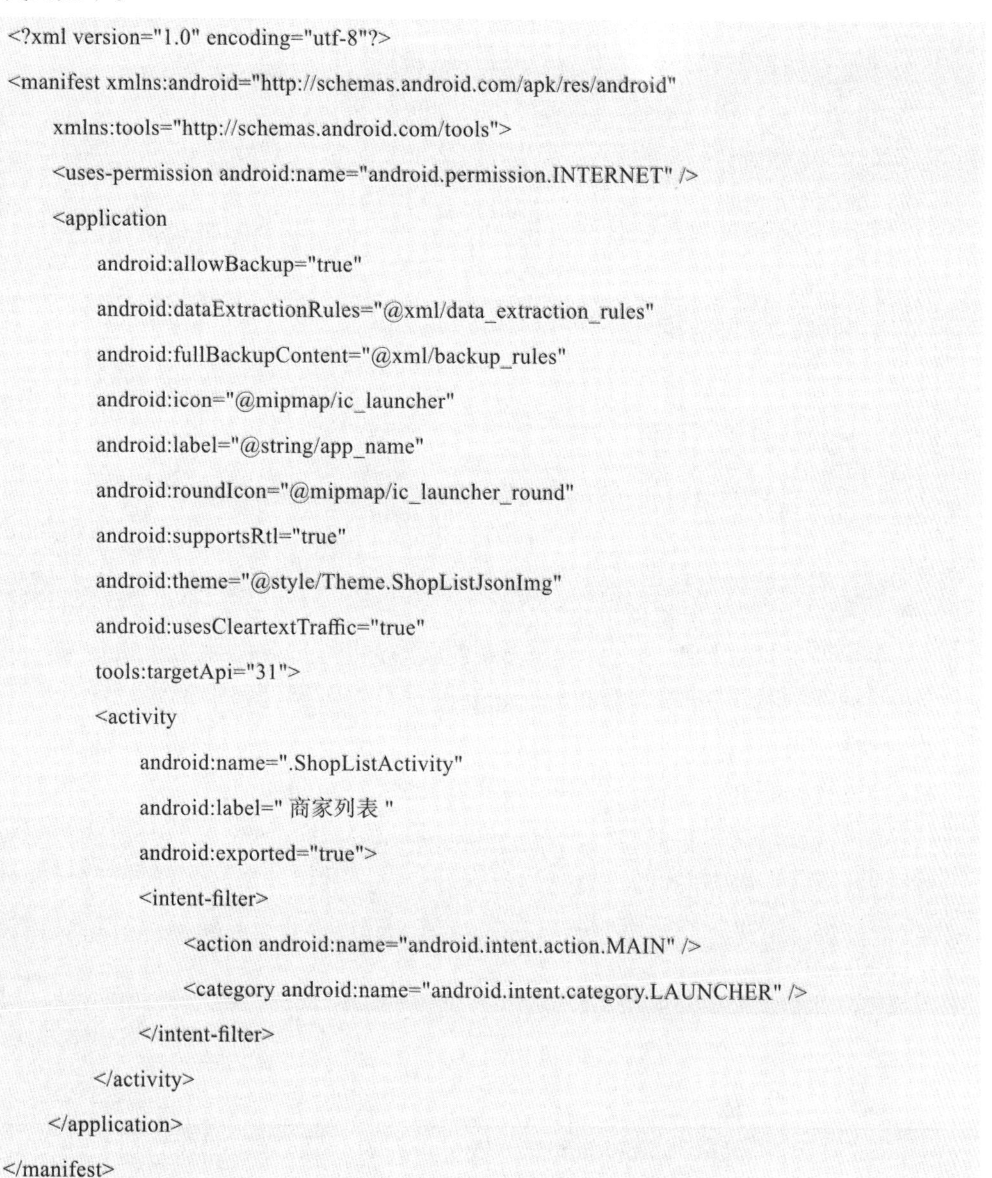

```
<?xml version="1.0" encoding="utf-8"?>
<manifest xmlns:android="http://schemas.android.com/apk/res/android"
    xmlns:tools="http://schemas.android.com/tools">
    <uses-permission android:name="android.permission.INTERNET" />
    <application
        android:allowBackup="true"
        android:dataExtractionRules="@xml/data_extraction_rules"
        android:fullBackupContent="@xml/backup_rules"
        android:icon="@mipmap/ic_launcher"
        android:label="@string/app_name"
        android:roundIcon="@mipmap/ic_launcher_round"
        android:supportsRtl="true"
        android:theme="@style/Theme.ShopListJsonImg"
        android:usesCleartextTraffic="true"
        tools:targetApi="31">
        <activity
            android:name=".ShopListActivity"
            android:label=" 商家列表 "
            android:exported="true">
            <intent-filter>
                <action android:name="android.intent.action.MAIN" />
                <category android:name="android.intent.category.LAUNCHER" />
            </intent-filter>
        </activity>
    </application>
</manifest>
```

（4）在 activity_shop_list.xml 布局文件中添加 id 为 listView1 的一个 ListView 视图，代码如下。

```
<LinearLayout xmlns:android="http://schemas.android.com/apk/res/android"
    android:layout_width="fill_parent"
    android:layout_height="fill_parent"
    android:orientation="vertical" >
    <ListView
```

```
        android:id="@+id/listView1"
        android:layout_width="match_parent"
        android:layout_height="335dp" >
    </ListView>
</LinearLayout>
```

（5）设计列表项自定义布局文件 shoplistitem.xml，代码如下。

```
<?xml version="1.0" encoding="utf-8"?>
<RelativeLayout xmlns:android="http://schemas.android.com/apk/res/android"
    android:layout_width="match_parent"
    android:layout_height="match_parent">
    <FrameLayout
        android:layout_width="fill_parent"
        android:layout_height="wrap_content">
        <LinearLayout
            android:layout_width="wrap_content"
            android:layout_height="wrap_content"
            android:orientation="horizontal">
            <TextView
                android:id="@+id/tv_id"
                android:layout_width="wrap_content"
                android:layout_height="wrap_content"
                android:text="Tid"
                android:visibility="gone" />
            <LinearLayout
                android:id="@+id/layoutShopList"
                android:layout_width="match_parent"
                android:layout_height="wrap_content"
                android:orientation="horizontal">
                <ImageView
                    android:id="@+id/icon"
                    android:layout_width="wrap_content"
                    android:layout_height="wrap_content"
                    android:layout_marginLeft="10dip"
                    android:layout_marginTop="4dip"
                    android:layout_marginRight="10dip"
                    android:layout_marginBottom="10dip"
                    android:adjustViewBounds="true"
                    android:maxWidth="120dip"
```

```
        android:maxHeight="100dip"
        android:minWidth="120dip"
        android:minHeight="100dip"
        android:src="@mipmap/s1" />
    <LinearLayout
        android:id="@+id/layoutShopInfo"
        android:layout_width="wrap_content"
        android:layout_height="wrap_content"
        android:orientation="vertical">
        <TextView
            android:id="@+id/shopname"
            android:layout_width="wrap_content"
            android:layout_height="wrap_content"
            android:text=" 店名 "
            android:textSize="18sp" />
        <LinearLayout
            android:id="@+id/layoutPrice"
            android:layout_width="wrap_content"
            android:layout_height="wrap_content"
            android:orientation="horizontal">
            <ImageView
                android:id="@+id/star"
                android:layout_width="wrap_content"
                android:layout_height="wrap_content"
                android:adjustViewBounds="true"
                android:maxHeight="16dip"
                android:src="@mipmap/star50" />
            <TextView
                android:id="@+id/price"
                android:layout_width="wrap_content"
                android:layout_height="wrap_content"
                android:text=" 人均消费价格 "
                android:textSize="16sp" />
        </LinearLayout>
        <TextView
            android:id="@+id/address"
            android:layout_width="wrap_content"
            android:layout_height="wrap_content"
            android:text=" 地址 "
```

```
                        android:textColor="#969696"
                        android:textSize="14sp" />
                </LinearLayout>
            </LinearLayout>
        </LinearLayout>
        <ImageView
            android:id="@+id/imageView_re"
            android:layout_width="wrap_content"
            android:layout_height="wrap_content"
            android:layout_marginLeft="94dp"
            android:layout_marginTop="5dip"
            android:adjustViewBounds="true"
            android:maxWidth="35dip"
            android:maxHeight="25dip"
            android:minWidth="35dip"
            android:minHeight="25dip"
            android:src="@mipmap/new_shop" />
    </FrameLayout>
    <ImageView
        android:id="@+id/imageView1"
        android:layout_width="wrap_content"
        android:layout_height="wrap_content"
        android:layout_alignParentRight="true"
        android:layout_marginTop="6dip"
        android:layout_marginRight="6dip"
        android:adjustViewBounds="true"
        android:maxHeight="20dip"
        android:src="@mipmap/detail_grouponicon" />
</RelativeLayout>
```

**代码解释**

shoplistitem.xml 中的一个 id 为 tv_id 的 TextView 视图用于绑定商家信息中的 id 号（即 tb_shopinfo 中 id 字段的值）。

（6）ShopListActivity 初始化的代码如下。

```
ListView listView;
List<Map<String, Object>> shop_list = null;     // 保存商家列表记录的 List 容器对象
String url="http:// 服务器 IP/shopinfolist.php";      // 服务器端程序地址
@Override
```

```
public void onCreate(Bundle savedInstanceState) {
    super.onCreate(savedInstanceState);
    setContentView(R.layout.activity_shop_list);
    listView = (ListView) findViewById(R.id.listView1);
}
```

（7）创建网络访问的类 OKHttpHelpher.java。

（8）编写 OKHttpHelpher 类中获取 JSON 的 sendRequestText 方法，代码如下。

```
public String  sendRequestText(String url) throws IOException {
    // 构造对象时需要传入参数 1，即计数器的值
    final CountDownLatch latch=new CountDownLatch(1);
    OkHttpClient client = new OkHttpClient();
    Request request = new Request.Builder()
            .url(url)
            .build();
    Call call = client.newCall(request);
    Response response = call.execute();
    String resultStr=response.body().string();
    latch.countDown();     // 接收到图片数据后 countDown−1
    Log.d("sendRequestText_TAG", resultStr);
    try {
        latch.await();     // 等异步请求完成之后再执行 return
    } catch (InterruptedException e) {
        e.printStackTrace();
    }
    return resultStr;
}
```

（9）编写 OKHttpHelpher 类中的获取服务器端图片的 sendRequestImg 方法，代码如下。

```
public Bitmap sendRequestImg(String url) throws IOException {
    // 构造对象时需要传入参数 1，即计数器的值
    final CountDownLatch latch=new CountDownLatch(1);
    OkHttpClient client = new OkHttpClient();
    Request request = new Request.Builder()
            .url(url)
            .build();
    Call call = client.newCall(request);
    Response response = call.execute();
    byte[] picture_bt = response.body().bytes();
    Bitmap bitmap=BitmapFactory.decodeByteArray(picture_bt,0,picture_bt.length);
```

```
        latch.countDown();      // 接收到图片数据后 countDown-1
        try {
            latch.await();      // 等异步请求完成之后再执行 return
        } catch(InterruptedException e) {
            e.printStackTrace();
        }
        return bitmap;
    }
```

（10）添加 JSON 解析类 JsonRe.java，将 JSON 数据转为 List 集合对象作为 ListView 的数据源，代码如下。

```
List<Map<String, Object>> shopInfoList;// 定义 List 容器，节点类型是 Map
String hostip = "http://192.168.214.179/";
// 将 JSON 数据转为 List 格式
public List<Map<String, Object>> getShopList(String jsonStr) {
    OKHttpHelpher oKhttpHelpher = new OKHttpHelpher();
    shopInfoList = new ArrayList<Map<String, Object>>();// 保存商家数据的 List 容器对象
    Map<String, Object> map = new HashMap<String, Object>();
    try {
        JSONArray jsonArray = new JSONArray(jsonStr);
        Log.i("json", String.valueOf(jsonArray.length()));
        for (int i = 0; i < jsonArray.length(); i++) {  //jsonArray.length() 获取 JSON 中数组元素的个数
            map = new HashMap<String, Object>();
            JSONObject jsonObject = (JSONObject) jsonArray.opt(i);// 获取数组中第 i 个数组元素
            map.put("Id", jsonObject.getString("Id"));// 将 name 为 "id" 的值保存到 map 中
            map.put("shop_name", jsonObject.getString("shop_name"));
            map.put("shop_address", jsonObject.getString("shop_address"));
            map.put("shop_price", jsonObject.getString("shop_price"));
            map.put("shop_tel", jsonObject.getString("shop_tel"));
            String imgUrl = hostip + jsonObject.getString("img"); // 每个店家的图片网址
            Log.i("imgUrl", imgUrl);
            // 通过 HttpclientGetImg 方法下载对应的图片 (bitmap 格式 ) 并将图片信息添加到 map 对象中
            map.put("img", oKhttpHelpher.sendRequestImg(imgUrl));
            map.put("shopDetail", jsonObject.getString("shopDetail"));
            shopInfoList.add(map);// 将一个节点的数据（一条商家信息）添加到 List 容器中
        }
    } catch (JSONException e) {
        e.printStackTrace();
    } catch (IOException e) {
```

```
            throw new RuntimeException(e);
        }
        Log.i("list", shopInfoList.toString());
        return shopInfoList;
    }
```

（11）重写消息处理方法 handleMessage，代码如下。

```
public  class MyHandler extends Handler {
    private WeakReference<Activity> reference;
    public MyHandler(Activity activity) {
        reference = new WeakReference<Activity>(activity);
    }
    @Override
    public void handleMessage(Message msg) {
        if (reference.get() != null) {
            shop_list = (List<Map<String, Object>>)msg.obj;// 收到的消息对象转为 List 对象
            SimpleAdapter adapter = new SimpleAdapter(ShopListActivity.this,
                    shop_list, R.layout.shoplistitem, new String[] {
                    "Id","shop_name", "shop_price", "shop_address", "img" },
                    new int[] { R.id.tv_id, R.id.shopname, R.id.price,R.id.address, R.id.icon});
            adapter.setViewBinder(new SimpleAdapter.ViewBinder() {
                public boolean setViewValue(View view, Object data, String arg2) {
                    // 判断是否为我们要处理的对象
                    if (view instanceof ImageView && data instanceof Bitmap) {
                        ImageView iv = (ImageView) view;
                        iv.setImageBitmap((Bitmap) data);
                        return true;
                    } else
                        return false;
                }
            });
            listView.setAdapter(adapter);
        }
    }
}
```

（12）在 ShopListActivity 中创建 Handler 对象，代码如下。

```
private Handler mHandler = new MyHandler(this);
```

（13）在 ShopListActivity 中启动新的线程获取服务器端数据。获取数据后将包含商家信息的 List

容器通过消息发送给 Handler 对象进行处理，代码如下。

```
private void getshoplist() {
    new Thread(new Runnable() {
        public void run() {
            JsonRe jsonRe = new JsonRe();
            Response response;
            //1. 连接服务器获取 JSON
            OKHttpHelpher  oKhttpHelpher=new OKHttpHelpher();
            String  ShopListJson= null;
            try {
                ShopListJson = oKhttpHelpher.sendRequestText(url);
                Log.i("json222", ShopListJson);
            } catch (IOException e) {
                throw new RuntimeException(e);
            }
            //2. 将 JSON 数据存到 List 容器中
            shop_list = jsonRe.getShopList( ShopListJson);
            mHandler.obtainMessage(0, shop_list).sendToTarget();
        }
    }).start();
}
```

（14）在 ShopListActivity 的 onCreate 方法中添加 getshoplist 方法的调用语句，实现商家数据的本地显示，代码如下。

```
protected void onCreate(Bundle savedInstanceState) {
    super.onCreate(savedInstanceState);
    setContentView(R.layout.activity_shop_list);
    listView = (ListView) findViewById(R.id.listView1);
    getshoplist();// 获取服务器端的数据
```

（15）运行程序，可以看到商家列表界面如图 6-30 所示。

图 6-30　商家列表界面

## 课后任务

完成商家详情信息界面的开发，从服务器端获取数据。

# 任务 6　点餐 App 提交 JSON 数据到服务器

## 任务要求

（1）部署服务器端程序。

（2）客户端的用户在登录时用 HTTP 协议的 POST 方式提交账号信息。在服务器端，程序接收到客户端提交的账号信息与查询数据库中是否有该账号并进行验证，返回对应的 JSON 数据给客户端。

（3）客户端解析服务器端返回的 JSON 数据判断账号是否合法，如果登录成功（即该账号在数据库中存在），则跳转到 MainActivity，登录失败给出提示。

### 6.6.1　提交客户端数据

使用 HTTP 协议与服务器进行交互（信息提交）一般有以下两种方式。

（1）使用 GET 方式。把 JSON 格式的参数作为地址栏的参数值传递到服务器端再进行处理，这种方式不安全，不推荐使用。

（2）使用 POST 方式。

① 提交数据为键值对。App 端的数据全部保存到键值对中然后提交服务器端，服务器端程序对键值对逐个读取。

②提交数据为 JSON。App 端的数据保存为 JSON 字符串，然后提交服务器端，服务器端程序对提交的 JSON 字符串进行解析（适合提交的数据格式复杂的时候使用）。

## 6.6.2 构建 JSON 数据

（1）创建 JSON 对象并转换为字符串。

① 创建一个 JSONObject 对象，代码如下。

```
JSONObject jo = new JSONObject();
```

②用 put 方法将键值对一一写入，代码如下。

```
jo.put("name"," 王小二 ");
jo.put("age",25.2);
jo.put("major",new String[]{" 语言 "," 计算机 "});
jo.put("has_girlfriend",false);
```

③ 通过 toString 方法将 JSON 对象转化为字符串并通过日志输出，代码如下。

```
Log.e(" 我构建的 JSON 数据 ",jo.toString());
```

（2）创建 JSON 数组，并转化为字符串。

① 创建一个 JSONArray 对象，代码如下。

```
JSONArray  ja = new JSONArray();
```

②用 put 方法逐个添加数组元素，代码如下。

```
ja.put(" 北京 ");
ja.put(" 广州 ");
ja.put(" 上海 ");
```

③ 通过 toString 方法将 JSON 数组转化为字符串并通过日志输出，代码如下。

```
Log.e(" 我构建的 JSON 数据 ",ja.toString());
```

## 6.6.3 部署登录验证服务器端程序

（1）启动服务器，将登录验证的服务器程序 Loginjson.php 复制到服务器程序的安装目录的 www\DinnerServer 子目录中。

（2）启动数据库管理程序 HeidiSQL，查看用户表 tb_users 中的数据记录，如图 6-31 所示。

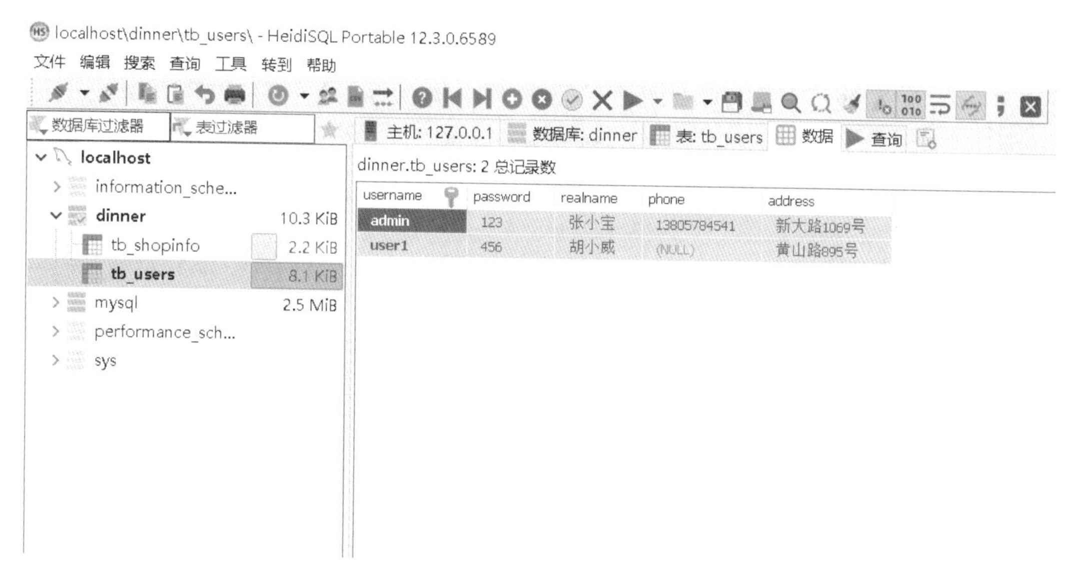


图 6-31　用户表 tb_users 中的数据记录

（3）Loginjson.php 服务器程序接口用于验证用户账号的合法性，接口请求地址为 http:/ 服务器 IP 地址 /Loginjson.php，请求参数使用 JSON 字符串，请求方式为 POST。

请求时传递的参数如下所示。

```
{
    "username":"admin",
    "password":"123"
}
```

登录成功的响应示例如下所示。

```
{
    "username": "admin",
    "password": "123",
    "realname": " 张小宝 ",
    "phone": "13805784541",
    "address": " 新大路 1069 号 "
}
```

登录失败的响应示例如下所示。

```
{
    "username": "null"
}
```

## 6.6.4　开发登录验证功能客户端程序

（1）创建项目 loginregjson。

（2）添加 LoginActivity 和 RegisterActivity。

（3）设计 MainActivity 的布局文件，代码如下。

```
<RelativeLayout xmlns:android="http://schemas.android.com/apk/res/android"
    xmlns:tools="http://schemas.android.com/tools"
    android:layout_width="match_parent"
    android:layout_height="match_parent"
    tools:context=".MainActivity" >
    <TextView
        android:layout_width="wrap_content"
        android:layout_height="wrap_content"
        android:layout_centerInParent="true"
        android:textColor="#0000AA"
        android:textSize="22sp"
        android:text=" 登录成功 !" />
</RelativeLayout>
```

（4）设计 LoginActivity 的布局文件，代码如下。

```
<LinearLayout xmlns:android="http://schemas.android.com/apk/res/android"
    xmlns:tools="http://schemas.android.com/tools"
    android:layout_width="match_parent"
    android:layout_height="match_parent"
    android:orientation="vertical">
    <LinearLayout
        android:layout_width="fill_parent"
        android:layout_height="100dp"
        android:orientation="vertical" >
        <LinearLayout
            android:layout_width="wrap_content"
            android:layout_height="100dp"
            android:layout_gravity="center_horizontal"
            android:orientation="horizontal" >
        </LinearLayout>
    </LinearLayout>
    <LinearLayout
        android:layout_width="match_parent"
        android:layout_height="100dp"
        android:orientation="vertical" >
        <EditText
            android:id="@+id/username"
            android:layout_width="fill_parent"
```

```
            android:layout_height="40dp"
            android:hint=" 请输入用户名 "
            android:inputType="textVisiblePassword"
            android:singleLine="true" />
        <View
            android:layout_width="wrap_content"
            android:layout_height="1dp" />
        <EditText
            android:id="@+id/password"
            android:layout_width="fill_parent"
            android:layout_height="wrap_content"
            android:hint=" 请输入密码 "
            android:password="true"
            android:singleLine="true" />
    </LinearLayout>
    <View
        android:layout_width="wrap_content"
        android:layout_height="40dp" />
    <LinearLayout
        android:layout_width="wrap_content"
        android:layout_height="wrap_content"
        android:orientation="horizontal" >
        <Button
<LinearLayout xmlns:tools="http://schemas.android.com/tools"
    xmlns:android="http://schemas.android.com/apk/res/android"
    android:layout_width="fill_parent"
    android:layout_height="fill_parent"
    android:orientation="vertical">
    <LinearLayout
        android:layout_width="fill_parent"
        android:layout_height="wrap_content"
            android:id="@+id/btn_login"
            android:layout_width="wrap_content"
            android:layout_height="wrap_content"
            android:text=" 登录 " />
    </LinearLayout>
    <LinearLayout
        android:layout_width="wrap_content"
        android:layout_height="40dp"
```

```
            android:orientation="horizontal" >
            <Button
                android:id="@+id/btn_register"
                android:layout_width="wrap_content"
                android:layout_height="wrap_content"
                android:layout_weight="1"
                android:text=" 注册 " />
        </LinearLayout>
    </LinearLayout>
```

（5）RegisterActivity 的布局文件代码如下。

```
<LinearLayout xmlns:tools="http://schemas.android.com/tools"
    xmlns:android="http://schemas.android.com/apk/res/android"
    android:layout_width="fill_parent"
    android:layout_height="fill_parent"
    android:orientation="vertical">
    <LinearLayout
        android:layout_width="fill_parent"
        android:layout_height="wrap_content"
        android:orientation="horizontal" >
        <TextView
            android:layout_width="100dp"
            android:layout_height="wrap_content"
            android:paddingLeft="10dp"
            android:text=" 用户名： "
            />
        <EditText
            android:id="@+id/edtRegUsername"
            android:layout_width="fill_parent"
            android:layout_height="wrap_content"
            android:singleLine="true"
            />
    </LinearLayout>
    <LinearLayout
        android:layout_width="fill_parent"
        android:layout_height="wrap_content"
        android:orientation="horizontal" >
        <TextView
            android:layout_width="100dp"
```

```
            android:layout_height="wrap_content"
            android:paddingLeft="10dp"
            android:text=" 密码： "
            />
        <EditText
            android:id="@+id/edtRegPass"
            android:layout_width="fill_parent"
            android:layout_height="wrap_content"
            android:singleLine="true"
            android:inputType="textPassword"
            />
    </LinearLayout>
    <LinearLayout
        android:layout_width="fill_parent"
        android:layout_height="wrap_content"
        android:orientation="horizontal" >
        <TextView
            android:layout_width="100dp"
            android:layout_height="wrap_content"
            android:paddingLeft="10dp"
            android:text=" 确认密码： "
            />
        <EditText
        android:layout_width="fill_parent"
        android:layout_height="wrap_content"
        android:orientation="horizontal" >
        <TextView
            android:layout_width="100dp"
            android:layout_height="wrap_content"
            android:paddingLeft="10dp"
            android:text=" 住址： "
            />
        <EditText
            android:id="@+id/edtRegAddress"
            android:layout_width="fill_parent"
            android:layout_height="wrap_content"
            android:inputType="textPostalAddress"
            />
    </LinearLayout>
```

```
    <LinearLayout
        android:layout_width="fill_parent"
        android:layout_height="wrap_content"
        android:orientation="horizontal" >
        <TextView
            android:layout_width="100dp"
            android:layout_height="wrap_content"
            android:paddingLeft="10dp"
            android:text=" 联系方式："
            />
        <EditText
            android:id="@+id/edtRegPhone"
            android:layout_width="fill_parent"
            android:layout_height="wrap_content"
            android:inputType="phone"
            android:singleLine="true"
            />
    </LinearLayout>
    <LinearLayout
        android:layout_width="fill_parent"
        android:layout_height="wrap_content"
        android:orientation="horizontal" >
        <Button
            android:id="@+id/btnRegsubmit"
            android:layout_width="wrap_content"
            android:layout_height="wrap_content"
            android:paddingLeft="10dp"
            android:layout_weight="1"
            android:text=" 提交 " />
        <Button
            android:id="@+id/btnRegreset"
            android:layout_width="wrap_content"
            android:layout_weight="1"
            android:layout_height="wrap_content"
            android:text=" 重置 " />
    </LinearLayout>
</LinearLayout>
```

（6）修改 AndroidManifest.xml 文件，添加网络权限，将 LoginActivity 设置为启动界面，代码如下。

```
<?xml version="1.0" encoding="utf-8"?>
<manifest xmlns:android="http://schemas.android.com/apk/res/android"
    xmlns:tools="http://schemas.android.com/tools">
    <uses-permission android:name="android.permission.INTERNET" />
    <application
        android:allowBackup="true"
        android:dataExtractionRules="@xml/data_extraction_rules"
        android:fullBackupContent="@xml/backup_rules"
        android:icon="@mipmap/ic_launcher"
        android:label="@string/app_name"
        android:roundIcon="@mipmap/ic_launcher_round"
        android:supportsRtl="true"
        android:theme="@style/Theme.Loginregjson"
        android:usesCleartextTraffic="true"
        tools:targetApi="31">
        <activity android:name=".MainActivity">
        </activity>
        <activity android:name=".RegisterActivity">
        </activity>
        <activity android:name=".LoginActivity"
            android:exported="true">
            <intent-filter>
                <action android:name="android.intent.action.MAIN" />
                <category android:name="android.intent.category.LAUNCHER" />
            </intent-filter>
        </activity>
    </application>
</manifest>
```

（7）在 build.gradle 中添加 OkHttp 的依赖。

（8）编写 LoginActivity 的初始化功能，代码如下。

```
private Handler mHandler = new MyHandler(this);
Button btn_login, btn_register;
EditText edtuname, edtpassword;
OKhttpHelpher  oKhttpHelpher;
String uname, pwd;
String ServerUrljson ="http:// 服务器 IP 地址 /Loginjson.php";
protected void onCreate(Bundle savedInstanceState) {
    super.onCreate(savedInstanceState);
```

```
        setContentView(R.layout.activity_login);
        oKhttpHelpher = new OKhttpHelpher();
        btn_login = (Button) findViewById(R.id.btn_login);
        btn_login.setOnClickListener(btn_loginclick);
        btn_register = (Button) findViewById(R.id.btn_register);
        btn_register.setOnClickListener(btn_registerclick);
        edtuname = (EditText) findViewById(R.id.username);
        edtpassword = (EditText) findViewById(R.id.password);
    }
```

（9）编写 MyHandler 类，代码如下。

```
public  class MyHandler extends Handler {
    private WeakReference<Activity> reference;
    public MyHandler(Activity activity) {
        reference = new WeakReference<Activity>(activity);
    }
    @Override
    public void handleMessage(Message msg) {
        if (reference.get() != null) {
            String userinfo = msg.obj.toString();       // 收到的消息对象转为 list 对象
            try {
                JSONObject jsonObject = new JSONObject(userinfo);
                if (jsonObject.getString("username").equals("null")) {
                    Toast.makeText(LoginActivity.this, " 用户名或者密码错误 ", Toast.LENGTH_SHORT).show();
                } else {// 跳转到主界面
                    Intent intent = new Intent(LoginActivity.this, MainActivity.class);
                    startActivity(intent);
                }
            } catch (JSONException e) {e.printStackTrace(); }
        }
    }
}
```

（10）编写登录验证的方法 LoginPostByJson，代码如下。

```
// 提交 JSON 数据
private void LoginPostByJson() {
    new Thread() {
    @Override
        public void run() {
            try {
```

```
                JSONObject object = new JSONObject();
                object.put("username", uname);
                object.put("password", pwd);
                Log.i("json",object.toString());
                String resultStr = oKhttpHelpher.postJson(ServerUrljson,object.toString());
                mHandler.obtainMessage(0, resultStr).sendToTarget();
            } catch (Exception e) {
                e.printStackTrace();
            }
        }
    }.start();
}
```

（11）编写登录按钮的单击事件，代码如下。

```
OnClickListener btn_loginclick = new OnClickListener() {
    @Override
    public void onClick(View arg0) {
        loginVerify();
        uname = edtuname.getText().toString().trim();
        pwd = edtpassword.getText().toString().trim();
        LoginPostByJson();
    }
};
```

（12）添加 OKHttpHelpher 类，代码如下。

```
public class OKHttpHelpher {
    public String postJson(String url,String jsonString) throws IOException {
        // 构造对象时需要传入参数 1，即计数器的值
        final CountDownLatch latch=new CountDownLatch(1);
        OkHttpClient okHttpClient = new OkHttpClient();
        MediaType mediaType = MediaType.parse("application/json;charset=utf-8");
        RequestBody requestBody = FormBody.create(mediaType, jsonString);
        Request request = new Request.Builder()
                .url(url)
                .post(requestBody)
                .build();
        Call call = okHttpClient.newCall(request);
        Response response = call.execute();
        String resultStr=response.body().string();
        latch.countDown();    // 接收到图片数据后 countDown-1
```

```
            Log.d("postJson", resultStr);
            try {
                latch.await();      // 等异步请求完成之后再执行 return
            } catch (InterruptedException e) {
                e.printStackTrace();
            }
            return  resultStr;
        }
    }
```

（13）运行程序，登录验证界面如图 6-32 所示，输入正确的用户账号和密码（密码为 123）后，单击“登录”按钮跳转到 MainActivity 界面，显示登录成功，输入错误的用户账号后单击“登录”按钮，提示用户名或者密码错误。

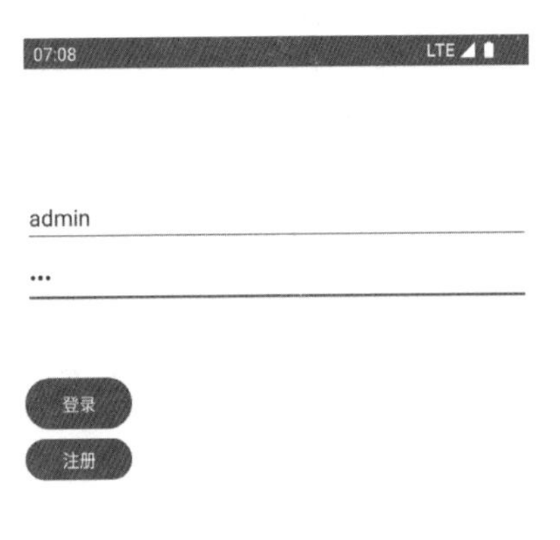


图 6-32 登录验证界面

## 课后任务

完成点餐 App 用户注册功能的开发，服务器端接口使用 register-json.php。

## 科技强国——国产OLED 行业的崛起之路

作为手机最核心的元器件之一，屏幕最能影响用户对设备的感知，一直以来也都是厂商竞争的焦点。就拿行业主流的 OLED 屏幕来说，自 2008 年全球第一台 OLED 屏幕手机诺基亚 N85 诞生以来，到如今入门级千元手机也都开始标配 OLED 屏幕，OLED 屏幕用时间证明了显示技术的走向。

国产 OLED 行业一直处于被垄断的状态，LG 和三星两大屏幕厂商一度占据了全球 OLED 市场超 92% 的市场份额，国产 OLED 的发展历程异常曲折。但是，随着京东方、TCL 华星光电、天马、维信诺等中国企业实现 OLED 屏幕大规模量产，曾经被三星、LG 等企业垄断的高端屏幕市场终于迎来了转变。2023 年中国厂商已建及在建的 OLED 产线超过 20 条，全球 OLED 产能逐步向中国转移，国产 OLED 出货量和市场份额也在持续提升。

# 项目 7 设计点餐 App 的交互界面

## 学习目标

### 知识目标

（1）掌握利用 Banner 组件进行图片轮播和利用 Glide 组件加载网络图片的方法。

（2）了解 Splash 界面的启动过程。

（3）了解 App 底部导航栏的创建方法，学习使用 Fragment 作为各个导航界面。

### 能力目标

（1）能够在布局中给视图添加自定义样式。

（2）能够设计 SplashActivity 启动界面。

（3）能够使用底部导航组件进行选项卡切换。

（4）能够实现 OnScrollListener 接口，对 ListVew 的滑动操作进行重新设计，支持滑动加载更多。

### 素质目标

（1）学习“螺丝钉”精神，在个人岗位上履行对社会、对国家的责任，全心全意为人民服务。

（2）在现实生活中自觉遵守各项规章制度，做遵纪守法的好公民。

## 核心知识点导图

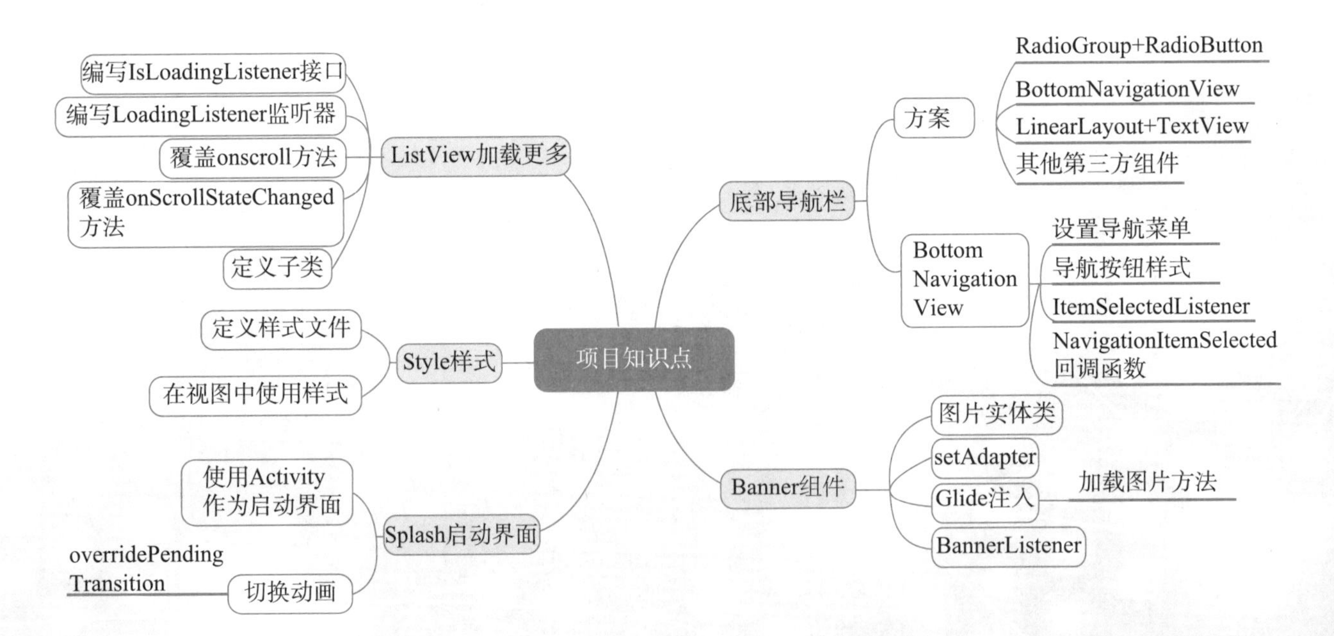

## 项目导入

本项目主要学习点餐 App 项目用户界面的交互设计。一个优秀的手机应用不仅有完善的软件功能，在 UI 设计和用户交互体验方面也需要进行用心的设计。在本项目中，我们主要实现以下功能：使用自定义布局和样式对登录界面进行 UI 界面美化设计；给 App 添加启动界面，在启动等待的过程中给用户展示一些软件功能和其他有用的消息；在程序的底部使用导航工具实现用户界面的切换，丰富用户界面的展示的信息量，方便用户找到重要的界面；在切换界面时结合图片轮播功能展示当前应用最新的资讯和消息，提升 UI 交互效果；在列表显示数据中支持拖拽和加载更多。

# 任务 1　点餐 App 登录与注册界面设计

## 任务要求

设计登录界面的外观效果，能够实现圆角按钮和无边框的文本框。使用样式文件设置文本视图的外观效果，在布局中引用配置文件的内容。登录界面完成后的效果如图 7-1 所示。

### 7.1.1　认识 Style 样式

Style 样式是一系列属性的集合，在 Android 开发中，常用的样式属性有 fontColor、fontSize、layout_width、layout_height 等。样式以独立的资源文件存放在 XML 文件中，开发者还可以设置样式的名称。Style 样式可以为视图或者窗口指定统一的外观和格式，比如可以指定宽高尺寸、字体颜色、字号、背景颜色等。

Android 的 Style 样式类似网页设计中的层叠样式表 CSS，可以使用单独的文件让样式与内容分离，并且可以方便地继承、覆盖、重用。Style 样式可以在 XML 资源文件中进行定义，然后在布局文件或者代码中进行引用。

图 7-1　登录界面完成后的效果

### 7.1.2　定义 Style 样式

在 res/values 目录中创建 styles.xml 文件，在该 XML 文件中定义 Style。

每个页面标题栏的标题基本会有的统一字体大小、颜色、对齐方式、内间距、外间距等样式，这些可以定义成单独的样式。很多按钮也都使用一致的背景、内间距、文字颜色、文字大小、文字对齐方式等，这些也可以定义成单独的样式，开发者还可以修改系统默认的一些样式。Style 样式示例代码如下。

```
<?xml version = "1.0" encodeing = "utf-8"? >
<resource>
    <style name = "CustomFont" parent = "@android:style/TextAppearance.Medium">
        <item name = "android:layout_width">fill_parent</item>
        <item name = "android:layout_height">wrap_content</item>
        <item name = "android:textColor">#0f0f0f</item>
    </style>
</resource>
```

### 7.1.3 使用 Style 样式

在视图中使用 Style 样式需要在视图的 XML 布局文件中引用样式名称，代码如下。

```
<TextView
    style="@style/CodeFont"
    android:text="Hello Wrold"/>
```

### 7.1.4 创建登录界面

（1）创建项目 login_reg_UI。

（2）添加一个 LoginActivity，将它设置为启动界面。

（3）设置 LoginActivity 的根布局为 RelativeLayout，代码如下。

```
<RelativeLayout xmlns:android="http://schemas.android.com/apk/res/android"
    xmlns:tools="http://schemas.android.com/tools"
    android:layout_width="match_parent"
    android:layout_height="match_parent" >
</RelativeLayout>
```

（4）在根布局中添加一个 id 为 loginUser 的图像视图作为用户头像，导入图片 me_2.jpg，代码如下。

```
<ImageView
    android:id="@+id/loginUser"
    android:layout_width="wrap_content"
    android:layout_height="wrap_content"
    android:layout_centerHorizontal="true"
    android:layout_marginTop="70dp"
    android:src="@mipmap/me_2" />
```

（5）在根布局中添加一个 id 为 loginli 的垂直的线性布局用于显示用户名和密码框，代码如下。

```
<LinearLayout
    android:id="@+id/loginli"
    android:layout_width="match_parent"
    android:layout_height="wrap_content"
    android:layout_below="@+id/loginUser"
    android:layout_marginTop="20dp"
    android:background="#ffffff"
    android:orientation="vertical" >
</LinearLayout>
```

（6）在 id 为 loginli 的线性布局中添加用户名和密码文本框视图和一个水平分割线视图，代码如下。

```
<EditText
    android:id="@+id/loginId"
    android:layout_width="match_parent"
    android:layout_height="45dp"
    android:layout_marginLeft="20dp"
    android:background="@null"
    android:hint=" 请填写用户名 "
    android:textSize="16sp" />
<View
    android:id="@+id/loginline"
    android:layout_width="match_parent"
    android:layout_height="0.5dp"
    android:background="#cccccc"
    android:orientation="vertical">
</View>
<EditText
    android:id="@+id/loginPassword"
    android:layout_width="match_parent"
    android:layout_height="45dp"
    android:layout_marginLeft="20dp"
    android:background="@null"
    android:hint=" 请填写密码 "
    android:inputType="textPassword"
    android:textSize="16sp" />
```

（7）在根布局中添加一个 id 为 loginBtn 的登录按钮视图，代码如下。

```
<Button
    android:id="@+id/loginBtn"
    android:layout_width="match_parent"
    android:layout_height="wrap_content"
    android:layout_below="@+id/loginli"
    android:layout_marginBottom="10dp"
    android:layout_marginLeft="20dp"
    android:layout_marginRight="20dp"
    android:layout_marginTop="20dp"
    android:includeFontPadding="false"
    android:text=" 登录 "
    android:textColor="#ffffff" />
```

（8）添加忘记密码按钮（放置到底部，左对齐）、修改密码按钮（放置到登录按钮下方，右对齐）、注册按钮（放置到底部，右对齐），代码如下。

```
<Button
    android:id="@+id/loginChangePw"
    android:layout_below="@+id/loginBtn"
    android:layout_width="wrap_content"
    android:layout_height="wrap_content"
    android:layout_alignParentRight="true"
    android:layout_marginRight="15dp"
    android:background="#00000000"
    android:textColor="#F34B4E"
    android:textSize="16sp"
    android:text=" 修改密码 "/>
<Button
    android:id="@+id/loginMissps"
    android:layout_width="wrap_content"
    android:layout_height="wrap_content"
    android:layout_alignParentBottom="true"
    android:layout_alignParentLeft="true"
    android:layout_marginLeft="15dp"
    android:background="#00000000"
    android:text=" 忘记密码？"
    android:textColor="#F34B4E"
    android:textSize="16sp" />
```

```
<Button
    android:id="@+id/loginNewUser"
    android:layout_width="wrap_content"
    android:layout_height="wrap_content"
    android:includeFontPadding="false"
    android:background="#00000000"
    android:textSize="16sp"
    android:textColor="#F34B4E"
    android:layout_marginRight="15dp"
    android:text=" 注册 "
    android:layout_alignParentBottom="true"
    android:layout_alignParentRight="true"
    android:gravity="center_vertical|right" />
<!-- 使用 android:gravity 让文字在文本框中右对齐，在垂直方向上居中 -->
```

（9）完成上述的布局设计后，布局文件的完整代码如下。

```
<RelativeLayout xmlns:android="http://schemas.android.com/apk/res/android"
    xmlns:tools="http://schemas.android.com/tools"
    android:layout_width="match_parent"
    android:layout_height="match_parent" >

    <ImageView
        android:id="@+id/loginUser"
        android:layout_width="wrap_content"
        android:layout_height="wrap_content"
        android:layout_centerHorizontal="true"
        android:layout_marginTop="70dp"
        android:src="@mipmap/me_2" />
    <LinearLayout
        android:id="@+id/loginli"
        android:layout_width="match_parent"
        android:layout_height="wrap_content"
        android:layout_below="@+id/loginUser"
        android:layout_marginTop="20dp"
        android:background="#ffffff"
        android:orientation="vertical" >
        <EditText
            android:id="@+id/loginId"
            android:layout_width="match_parent"
            android:layout_height="45dp"
            android:layout_marginLeft="20dp"
            android:background="@null"
            android:hint=" 请填写用户名 "
            android:textSize="16sp" />
        <View
            android:id="@+id/loginline"
            android:layout_width="match_parent"
            android:layout_height="0.5dp"
```

```
            android:background="#cccccc"
            android:orientation="vertical">
        </View>
        <EditText
            android:id="@+id/loginPassword"
            android:layout_width="match_parent"
            android:layout_height="45dp"
            android:layout_marginLeft="20dp"
            android:background="@null"
            android:hint=" 请填写密码 "
            android:inputType="textPassword"
            android:textSize="16sp" />
    </LinearLayout>
    <Button
        android:id="@+id/loginBtn"
        android:layout_width="match_parent"
        android:layout_height="wrap_content"
        android:layout_below="@+id/loginli"
        android:layout_marginBottom="10dp"
        android:layout_marginLeft="20dp"
        android:layout_marginRight="20dp"
        android:layout_marginTop="20dp"
        android:includeFontPadding="false"
        android:text=" 登录 "
        android:textColor="#ffffff" />
    <Button
        android:id="@+id/loginChangePw"
        android:layout_below="@+id/loginBtn"
        android:layout_width="wrap_content"
        android:layout_height="wrap_content"
        android:layout_alignParentRight="true"
        android:layout_marginRight="15dp"
        android:background="#00000000"
        android:textColor="#F34B4E"
        android:textSize="16sp"
        android:text=" 修改密码 "/>
    <Button
        android:id="@+id/loginMissps"
        android:layout_width="wrap_content"
        android:layout_height="wrap_content"
        android:layout_alignParentBottom="true"
        android:layout_alignParentLeft="true"
        android:layout_marginLeft="15dp"
        android:background="#00000000"
        android:text=" 忘记密码？"
        android:textColor="#F34B4E"
        android:textSize="16sp" />
    <Button
        android:id="@+id/loginNewUser"
        android:layout_width="wrap_content"
        android:layout_height="wrap_content"
        android:includeFontPadding="false"
        android:background="#00000000"
        android:textSize="16sp"
```

```
            android:textColor="#F34B4E"
            android:layout_marginRight="15dp"
            android:text=" 注册 "
            android:layout_marginRight="15dp"
            android:text=" 注册 "
            android:layout_alignParentBottom="true"
            android:layout_alignParentRight="true"
            android:gravity="center_verticalright" />
        <!-- 使用 android:gravity 让文字在文本框中右对齐，在垂直方向上居中 -->
</RelativeLayout>
```

（10）运行程序，登录界面效果如图 7-2 所示。

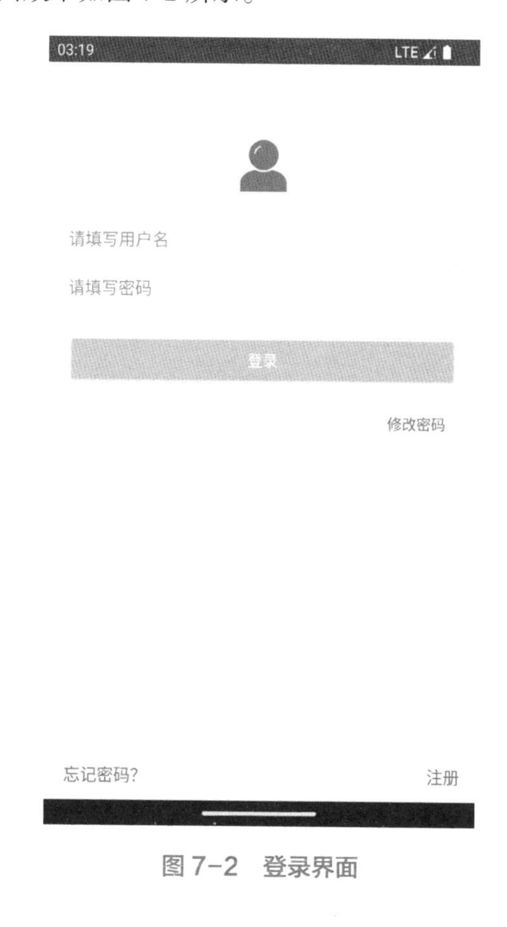


图 7-2 登录界面

## 7.1.5 设计圆角按钮

（1）设计圆角按钮的样式，在 drawable 目录下添加一个名为 shape.xml 的样式文件，代码如下。

```
<?xml version="1.0" encoding="UTF-8"?>
<shape
    xmlns:android="http://schemas.android.com/apk/res/android"
    android:shape="rectangle">
    <!-- 填充的颜色 -->
    <solid android:color="#F34B4E" />
    <!-- 设置按钮的四个角为弧形 -->
```

```
    <!-- android:radius 弧形的半径 -->
    <corners android:radius="8dip" />
    <!-- padding：按钮里面的文字与按钮边界的间隔 -->
    <padding
        android:left="10dp"
        android:top="10dp"
        android:right="10dp"
        android:bottom="10dp"
    />
</shape>
```

（2）在布局文件 activity_login.xml 的登录按钮中使用该样式，在 id 为 loginBtn 的布局中加入 android:background="@drawable/shape"，并且修改 textColor 为白色，代码如下，完成后的圆角按钮效果如图 7-3 所示。

```
<Button
    android:id="@+id/loginBtn"
    android:layout_width="match_parent"
    android:layout_height="wrap_content"
    android:layout_below="@+id/loginli"
    android:layout_marginBottom="10dp"
    android:layout_marginLeft="20dp"
    android:layout_marginRight="20dp"
    android:layout_marginTop="20dp"
    android:includeFontPadding="false"
    android:background="@drawable/shape"
    android:text=" 登录 "
    android:textColor="#ffffff" />
```

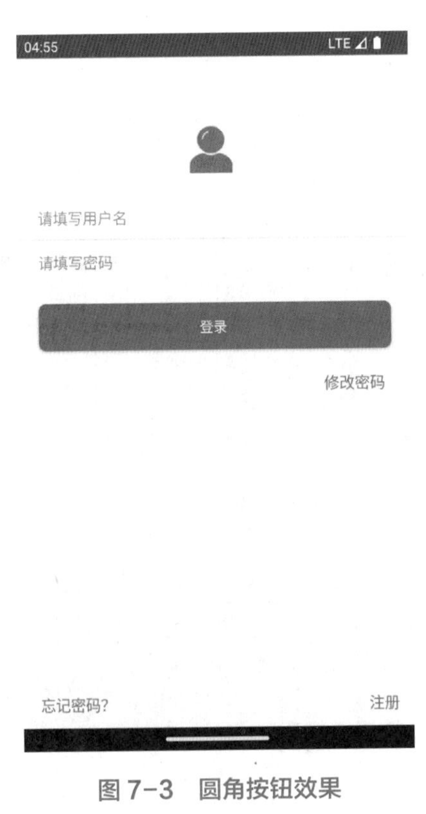


图 7-3　圆角按钮效果

【注意】如果按钮使用 shape.xml 样式文件后颜色没有改变，需要修改 themes.xml 文件中 style 标签中的 parent 属性。将原来的 Theme.Material3.DayNight.NoActionBar 改为 Theme.MaterialComponents.DayNight.NoActionBar.Bridge。

## 7.1.6 使用字符串资源

（1）在 strings.xml 中添加如下的字符串，代码如下。

```
<string name="activity_login_usernamehint"> 请填写用户名 </string>
```

（2）在 activity_login.xml 中的 id 为 loginId 的用户名文本框视图的 hint 属性，使用 activity_login_usernamehint 的字符串，完成后的代码如下。

```
android:hint="@string/activity_login_usernamehint"
```

（3）按照上述方法将 activity_login.xml 中所有的静态字符串改为引用 strings.xml 中的字符串，strings.xml 的代码如下。

```
<resources>
    <string name="app_name">login_reg_UI</string>
    <string name="activity_login_usernamehint"> 请填写用户名 </string>
    <string name="activity_login_passwordhint"> 请填写密码 </string>
    <string name="activity_login_loginBtn"> 登录 </string>
    <string name="activity_login_loginChangePwd"> 修改密码 </string>
    <string name="activity_login_loginMisspwd"> 忘记密码 ?</string>
    <string name="activity_login_loginNewUser"> 注册 </string>
</resources>
```

（4）修改完成后的 activity_login 布局文件的代码如下。

```
<RelativeLayout xmlns:android="http://schemas.android.com/apk/res/android"
    xmlns:tools="http://schemas.android.com/tools"
    android:layout_width="match_parent"
    android:layout_height="match_parent" >
    <ImageView
        android:id="@+id/loginUser"
        android:layout_width="wrap_content"
        android:layout_height="wrap_content"
        android:layout_centerHorizontal="true"
        android:layout_marginTop="70dp"
        android:src="@mipmap/me_2" />
    <LinearLayout
        android:id="@+id/loginli"
        android:layout_width="match_parent"
        android:layout_height="wrap_content"
        android:layout_below="@+id/loginUser"
        android:layout_marginTop="20dp"
        android:background="#ffffff"
        android:orientation="vertical" >
        <EditText
            android:id="@+id/loginId"
            android:layout_width="match_parent"
            android:layout_height="45dp"
```

```
            android:layout_marginLeft="20dp"
            android:background="@null"
            android:hint="@string/activity_login_usernamehint"
            android:textSize="16sp" />
        <View
            android:id="@+id/loginline"
            android:layout_width="match_parent"
            android:layout_height="0.5dp"
            android:background="#cccccc"
            android:orientation="vertical">
        </View>
        <EditText
            android:id="@+id/loginPassword"
            android:layout_width="match_parent"
            android:layout_height="45dp"
            android:layout_marginLeft="20dp"
            android:background="@null"
            android:hint="@string/activity_login_passwordhint"
            android:inputType="textPassword"
            android:textSize="16sp" />
    </LinearLayout>
    <Button
        android:id="@+id/loginBtn"
        android:layout_width="match_parent"
        android:layout_height="wrap_content"
        android:layout_below="@+id/loginli"
        android:layout_marginBottom="10dp"
        android:layout_marginLeft="20dp"
        android:layout_marginRight="20dp"
        android:layout_marginTop="20dp"
        android:includeFontPadding="false"
        android:background="@drawable/shape"
        android:text="@string/activity_login_loginBtn"
        android:textColor="#ffffff" />
    <Button
        android:id="@+id/loginChangePw"
        android:layout_below="@+id/loginBtn"
        android:layout_width="wrap_content"
        android:layout_height="wrap_content"
        android:layout_alignParentRight="true"
        android:layout_marginRight="15dp"
        android:background="#00000000"
        android:textColor="#F34B4E"
        android:textSize="16sp"
        android:text="@string/activity_login_loginChangePwd"/>
    <Button
        android:id="@+id/loginMissps"
        android:layout_width="wrap_content"
        android:layout_height="wrap_content"
        android:layout_alignParentBottom="true"
        android:layout_alignParentLeft="true"
        android:layout_marginLeft="15dp"
        android:background="#00000000"
        android:text="@string/activity_login_loginMisspwd"
```

```
            android:textColor="#F34B4E"
            android:textSize="16sp" />
    <Button
            android:id="@+id/loginNewUser"
            android:layout_width="wrap_content"
            android:layout_height="wrap_content"
            android:includeFontPadding="false"
            android:background="#00000000"
            android:textSize="16sp"
            android:textColor="#F34B4E"
            android:layout_marginRight="15dp"
            android:text="@string/activity_login_loginNewUser"
            android:layout_alignParentBottom="true"
            android:layout_alignParentRight="true"
            android:gravity="center_vertical|right"
            />
    <!-- 使用 android:gravity 让文字在文本框中右对齐，在垂直方向上居中 -->
</RelativeLayout>
```

## 7.1.7 使用自定义样式

（1）在 id 为 loginChangePw 的修改密码按钮的布局中将宽度、高度、背景颜色、文本颜色、文字大小定义为样式，代码如下。

```
android:layout_width="wrap_content"
android:layout_height="wrap_content"
android:background="#00000000"
android:textColor="#F34B4E"
android:textSize="16sp"
```

（2）在 resources 目录下新建 styles.xml 文件，添加如下样式，设置登录界面中按钮的宽度、高度、背景颜色、文本颜色、文字大小样式，代码如下。

```
<resources>
    <style name="login_button">
        <item name="android:includeFontPadding">false</item>
        <item name="android:layout_width">wrap_content</item>
        <item name="android:layout_height">wrap_content</item>
        <item name="android:textColor">#F34B4E</item>
        <item name="android:background">#00000000</item>
        <item name="android:textSize">16sp</item>
    </style>
</resources>
```

（3）给文件中的 activity_login.xml 修改密码按钮标签使用步骤（1）中的样式，并在按钮的布局中删除涉及的五个属性，代码如下。

```
<Button
    android:id="@+id/loginChangePw"
    android:layout_below="@+id/loginBtn"
    android:layout_alignParentRight="true"
    android:layout_marginRight="15dp"
    style="@style/login_button"
    android:text="@string/activity_login_loginChangePwd"/>
```

（4）按照上述方法自行完成忘记密码按钮和注册按钮的样式的引用，完成后的代码如下。

```
<RelativeLayout xmlns:android="http://schemas.android.com/apk/res/android"
    xmlns:tools="http://schemas.android.com/tools"
    android:layout_width="match_parent"
    android:layout_height="match_parent">
    <ImageView
        android:id="@+id/loginUser"
        android:layout_width="wrap_content"
        android:layout_height="wrap_content"
        android:layout_centerHorizontal="true"
        android:layout_marginTop="70dp"
        android:src="@mipmap/me_2" />
    <LinearLayout
        android:id="@+id/loginli"
        android:layout_width="match_parent"
        android:layout_height="wrap_content"
        android:layout_below="@+id/loginUser"
        android:layout_marginTop="20dp"
        android:background="#ffffff"
        android:orientation="vertical">
        <EditText
            android:id="@+id/loginId"
            android:layout_width="match_parent"
            android:layout_height="45dp"
            android:layout_marginLeft="20dp"
            android:background="@null"
            android:hint="@string/activity_login_usernamehint"
            android:textSize="16sp" />
        <View
            android:id="@+id/loginline"
            android:layout_width="match_parent"
            android:layout_height="0.5dp"
            android:background="#cccccc"
            android:orientation="vertical"></View>
        <EditText
            android:id="@+id/loginPassword"
            android:layout_width="match_parent"
            android:layout_height="45dp"
            android:layout_marginLeft="20dp"
            android:background="@null"
            android:hint="@string/activity_login_passwordhint"
            android:inputType="textPassword"
            android:textSize="16sp" />
    </LinearLayout>
    <Button
        android:id="@+id/loginBtn"
        android:layout_width="match_parent"
        android:layout_height="wrap_content"
        android:layout_below="@+id/loginli"
        android:layout_marginLeft="20dp"
        android:layout_marginTop="20dp"
        android:layout_marginRight="20dp"
        android:layout_marginBottom="10dp"
```

```
            android:background="@drawable/shape"
            android:includeFontPadding="false"
            android:text="@string/activity_login_loginBtn"
            android:textColor="#ffffff" />
        <Button
            android:id="@+id/loginChangePw"
            style="@style/login_button"
            android:layout_below="@+id/loginBtn"
            android:layout_alignParentRight="true"
            android:layout_marginRight="15dp"
            android:text="@string/activity_login_loginChangePwd" />
        <Button
            android:id="@+id/loginMissps"
            style="@style/login_button"
            android:layout_alignParentLeft="true"
            android:layout_alignParentBottom="true"
            android:layout_marginLeft="15dp"
            android:text="@string/activity_login_loginMisspwd" />
        <Button
            android:id="@+id/loginNewUser"
            style="@style/login_button"
            android:layout_alignParentRight="true"
            android:layout_alignParentBottom="true"
            android:layout_marginRight="15dp"
            android:gravity="center_vertical|right"
            android:includeFontPadding="false"
            android:text="@string/activity_login_loginNewUser" />
        <!-- 使用 android:gravity 让文字在文本框中右对齐，在垂直方向上居中 -->
    </RelativeLayout>
```

## 课后任务

设计如图 7-4 所示的注册界面。

**提示**

（1）添加布局文件 activity_register.xml，将根布局修改为垂直的线性布局。

（2）在根布局中添加一个表格布局 TableLayout。

（3）在表格布局中添加填写姓名的 UI 设计。

图 7-4　注册界面

# 任务 2　点餐 App 底部导航栏设计

## 任务要求

使用 BottomNavigationView 实现一个底部导航栏，导航栏中包含四个选项卡，单击选项卡能够在四个界面之间切换，如图 7-5 所示。

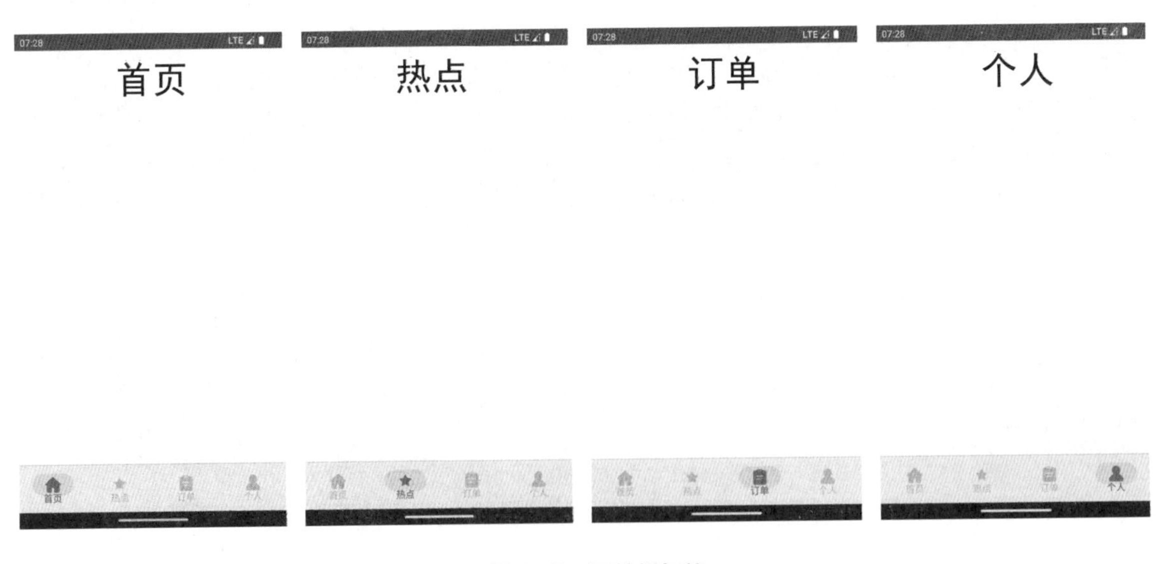


图 7-5　导航栏切换

### 7.2.1 认识 Android 底部导航栏

现在常用 App 会有顶部标题栏和底部导航栏，常见的聊天工具、购物软件都会设置底部导航栏，用户可以借助底部导航栏切换界面查看不同的内容。

在谷歌官方发布 BottomNavigationView 之前，开发者可以自己组合视图实现导航效果，比如利用 LinearLayout 和 TextView 实现导航、利用 RadioGroup 和 RadioButton 实现导航，本项目采用更为便捷的 BottomNavigationView 实现导航。

### 7.2.2 BottomNavigationView 的属性和方法

BottomNavigationView 能够方便地实现底部导航效果，它一般和 Fragment 一起使用。BottomNavigationView 的常用属性如表 7-1 所示。

表 7-1 BottomNavigationView 的常用属性

| 属性 | 作用 |
| --- | --- |
| android:background | 设置整个 BottomNavigationView 的背景色，设置背景色之后，切换选项时依旧会有水波纹效果（设置背景色是为了将底部导航和上方的内容进行分割区分） |
| app:menu | 引用的 menu 菜单和导航按钮布局（文字和图片都写在菜单文件中） |
| app:itemIconTint | 条目图标的颜色。可以是单一颜色，也可以是颜色选择器 selector。通常建议设置为 selector，当未选中时指定一种颜色，选中时再指定另一种颜色。该 selector 定义在 /res/color 目录下。（未设置该属性时，默认未选中状态为深灰色，选中状态时的颜色为当前主题的 colorPrimary 颜色） |
| app:itemTextColor | 条目文本的颜色。可以是单一颜色，也可以是颜色选择器 selector。通常建议设置为 selector，当未选中时指定一种颜色，选中时再指定另一种颜色。该 selector 定义在 /res/color 目录下。未设置该属性时，默认未选中状态为深灰色，选中状态时的颜色为当前主题的 colorPrimary 颜色） |
| app:iteamBackground | 导航栏的背景颜色，默认是主题的颜色 |

BottomNavigationView 的常用方法和说明如下。

setOnNavigationItemSelectedListener 方法可以设置导航条目被选中时的监听器。

getMenu 方法可以获取当前 BottomNavigationView 中所引用的 menu 菜单对象。

### 7.2.3 设计底部导航栏 UI

（1）创建一个项目 BottomNavigationView。

（2）设置根布局为 LinearLayout，添加一个 FrameLayout 布局用于显示导航的内容界面，添加一个水平分隔线和一个底部导航栏 BottomNavigationView，完成后的代码如下所示。

```
<?xml version="1.0" encoding="utf-8"?>
<LinearLayout xmlns:android="http://schemas.android.com/apk/res/android"
    xmlns:app="http://schemas.android.com/apk/res-auto"
    xmlns:tools="http://schemas.android.com/tools"
    android:layout_width="match_parent"
    android:layout_height="match_parent"
    android:orientation="vertical">
    <FrameLayout
        android:id="@+id/mainFrame"
        android:layout_width="match_parent"
        android:layout_height="600dp"
        android:layout_weight="10" >
    </FrameLayout>
    <View
        android:id="@+id/div_tab_bar"
        android:layout_width="match_parent"
        android:layout_height="2px"
        android:background="#cccccc" />
    <!-- app:labelVisibilityMode="labeled" 解决 BottomNavigationView 超过三个组件，
    文字不显示 -->
    <com.google.android.material.bottomnavigation.BottomNavigationView
        android:id="@+id/bottomNavigation"
        android:layout_height="70dp"
        android:layout_width="match_parent"/>
</LinearLayout>
```

（3）设计底部导航栏使用的图片资源，这里需要导入 4 个导航按钮对应的图片，它们分别为 icon_home.png、icon_my.png、icon_news.png、icon_order.png。

（4）设计导航栏按钮的菜单文件。在 res 目录中添加 menu 目录，在该目录中添加 navigation.xml 菜单文件，代码如下。

```
<?xml version="1.0" encoding="utf-8"?>
<menu xmlns:android="http://schemas.android.com/apk/res/android">
    <item
        android:id="@+id/main_home"
        android:icon="@mipmap/icon_home"
        android:title="@string/home_title" />
    <item
        android:id="@+id/main_news"
        android:icon="@mipmap/icon_news"
        android:title="@string/news_title" />
    <item
        android:id="@+id/main_order"
        android:icon="@mipmap/icon_order"
        android:title="@string/order_title" />
    <item
        android:id="@+id/main_my"
        android:icon="@mipmap/icon_my"
        android:title="@string/my_title" />
</menu>
```

（5）设置 navigation.xml 中的字符串，在 strings.xml 中添加字符串的定义，代码如下。

```
<resources>
```

```
    <string name="app_name">BottomNavigationView</string>
    <string name="home_title"> 首页 </string>
    <string name="news_title"> 热点 </string>
    <string name="order_title"> 订单 </string>
    <string name="my_title"> 个人 </string>
</resources>
```

（6）在 BottomNavigationView 中设置导航按钮菜单，代码如下。

```
<com.google.android.material.bottomnavigation.BottomNavigationView
    android:id="@+id/bottomNavigation"
    android:layout_height="70dp"
    android:layout_width="match_parent"
    app:menu="@menu/navigation">
</com.google.android.material.bottomnavigation.BottomNavigationView>
```

（7）在 drawable 目录下添加 main_bottom_navigation.xml 用于设置导航按钮选中和未选中的样式，这里设置选中的导航按钮为红色，未选中的导航按钮为灰色，代码如下。

```
<?xml version="1.0" encoding="utf-8"?>
<selector xmlns:android="http://schemas.android.com/apk/res/android">
    <item
        android:color="#ff2222"
        android:state_checked="true">
    </item>
    <item
        android:color="#cccccc"
        android:state_checked="false">
    </item>
</selector>
```

（8）在 BottomNavigationView 中添加 itemIconTint 和 itemTextColor 属性设置导航按钮样式，设置 labelVisibilityMode 属性，解决 BottomNavigationView 超过三个 item 时文字不显示的问题，代码如下。

```
<com.google.android.material.bottomnavigation.BottomNavigationView
    android:id="@+id/bottomNavigation"
    android:layout_height="70dp"
    android:layout_width="match_parent"
    app:itemIconTint="@drawable/main_bottom_navigation"
    app:itemTextColor="@drawable/main_bottom_navigation"
    app:labelVisibilityMode="labeled"
    app:menu="@menu/navigation">
</com.google.android.material.bottomnavigation.BottomNavigationView>
```

（9）添加 4 个 Fragment 和对应的布局文件，4 个 Fragment 分别是 HomeFragment（首页）、MyFragment（个人）、NewsFragment（热点）和 OrderFragment（订单）。HomeFragment 的代码如下。

```
public class HomeFragment extends Fragment {
    @Override
    public View onCreateView(LayoutInflater inflater, ViewGroup container,Bundle savedInstanceState) {
        View view = inflater.inflate(R.layout.fragment_home, container, false);
        return view;
    }
}
```

（10）设计 HomeFragment 的布局文件，fragment_home.xml 的代码如下。

```
<LinearLayout xmlns:android="http://schemas.android.com/apk/res/android"
    xmlns:tools="http://schemas.android.com/tools"
    android:layout_width="match_parent"
    android:layout_height="match_parent">
    <TextView
        android:id="@+id/textView1"
        android:layout_width="match_parent"
        android:layout_height="wrap_content"
        android:text=" 首页 "
        android:gravity="center_horizontal"
        android:textSize="50sp"/>
</LinearLayout>
```

（11）MyFragment（个人）、NewsFragment（热点）、OrderFragment（订单）和对应的布局文件参考 HomeFragment 和 fragment_home.xml 进行设计。

（12）MainActivity 的初始化代码如下。

```
private FrameLayout mainFrame;
private BottomNavigationView bottomNavigation;
private HomeFragment homeFragment;
private OrderFragment orderFragment;
private MyFragment myFragment;
private NewsFragment newsfragment;
@Override
protected void onCreate(Bundle savedInstanceState) {
    super.onCreate(savedInstanceState);
    setContentView(R.layout.activity_main);
    initView();
}
```

（13）编写导航栏初始化功能的 initView 方法，代码如下。

```
private void initView() {
    homeFragment = new HomeFragment();
    newsfragment = new NewsFragment();
    myFragment = new MyFragment();
    orderFragment = new OrderFragment();
    mainFrame = (FrameLayout) findViewById(R.id.mainFrame);
    bottomNavigation = (BottomNavigationView) findViewById(R.id.bottomNavigation);
    // 将 Fragment 设置到布局
    getSupportFragmentManager().beginTransaction(). add(R.id.mainFrame, homeFragment).commit();
    bottomNavigation.setOnItemSelectedListener(itemSelectedListener);
}
```

（14）编写导航栏按钮的单击事件监听器，代码如下。

```
private NavigationBarView.OnItemSelectedListener itemSelectedListener = new
                                    NavigationBarView.OnItemSelectedListener() {
    @Override
    public boolean onNavigationItemSelected(@NonNull MenuItem item) {
        if(item.getItemId()==R.id.main_home) {
            getSupportFragmentManager().beginTransaction()
                    .replace(R.id.mainFrame,homeFragment).commit();
            return true;
        }
```

```
            if(item.getItemId()==R.id.main_news) {
                getSupportFragmentManager().beginTransaction()
                        .replace(R.id.mainFrame,newsfragment).commit();
                return true;
            }
            if(item.getItemId()==R.id.main_order){
                getSupportFragmentManager().beginTransaction()
                        .replace(R.id.mainFrame,orderFragment).commit();
                return true;
            }
            if(item.getItemId()==R.id.main_my) {
                getSupportFragmentManager().beginTransaction()
                        .replace(R.id.mainFrame,myFragment).commit();
                return true;
            }
            return true;
        }
    };
```

（15）运行程序，单击主界面底部的导航栏按钮使程序界面可以在 4 个 Fragment 界面之间切换，如图 7-5 所示。

## 课后任务

在点餐 App 的主界面添加底部导航功能，并添加四个 Fragment，分别是首页、热点、订单和我的四个板块。单击选项卡能够在四个 Fragment 界面之间切换。

# 任务 3　点餐 App 中轮播图的使用

## 任务要求

使用 Banner 组件在程序界面中进行图片的轮播显示，使用 Glide 组件实现从网络上下载图片。

## 7.3.1　认识 Banner 组件

Banner 是用来实现图片轮播的第三方开源组件。使用 Banner 组件需要导入依赖包，目前有两个大版本可供选择：一个是 1.4.x 系列，支持旧的 support 库；另外一个是 2.x 版本，支持新的 Android X 库。两个版本的使用方法差异较大。

由于 Android 13.0 SDK 使用 Android X 库，已经不再支持使用 support 库开发旧的 1.4.x 版本的 Banner 组件。因此在 Android 13.0 SDK 开发环境下，必须使用 2.0 以上的 Banner 组件。

## 7.3.2　使用 Banner 组件

（1）导入 Banner 组件所需的依赖包，代码如下。

```
implementation 'io.github.youth5201314:banner:2.2.2'
```

使用 Banner 组件也可以下载对应的库文件（aar 格式的文件）并导入到项目中。

（2）如果轮播的图片是网络图片，需要添加网络权限。

（3）在布局文件中添加如下代码。

```
<com.youth.banner.Banner
    android:id="@+id/banner"
    android:layout_width="match_parent"
    android:layout_height="200dp"
    android:layout_margin="10dp"
    app:banner_indicator_normal_color="@color/white"
    app:banner_indicator_selected_color="@color/DEFAULT" />
```

Banner 组件的属性如表 7-2 所示。

表 7-2　Banner 组件的属性

| 属性 | 作用 |
| --- | --- |
| banner_loop_time | 轮播间隔时间，默认为 3000 |
| banner_radius | 圆角半径，默认为 0（不绘制圆角） |
| banner_indicator_normal_color | 指示器默认颜色，默认为 0x88ffffff |
| banner_indicator_selected_color | 指示器选中颜色，默认为 0x88000000 |
| banner_indicator_normal_width | 指示器默认的宽度，默认为 5dp（对 RoundLinesIndicator 无效） |
| banner_indicator_selected_width | 指示器选中的宽度，默认为 7dp |

## 7.3.3　Glide 组件的使用

Glide 是谷歌推荐的图片框架，借助 Glide 可以在 Android 平台上以极简单的方式加载和展示图片。要想使用 Glide 组件，首先需要将这个库引入到项目当中，在 app/build.gradle 文件中添加如下依赖：

```
dependencies {
    compile 'com.github.bumptech.glide:glide:4.1.0'
}
```

加载图片时只需要使用如下代码即可完成加载。

```
Glide.with(this).load(url).into(imageView);
```

## 7.3.4　配置服务器

（1）启动 phpEnv 服务器，将 s1.jpg、s2.jpg、s3.jpg、s4jpg、s5.jpg、s6.jpg 六张图片复制到服务器的 www\DinnerServer 子目录中。

（2）记录这六张图片的网址，在浏览器中输入图片网址查看是否能在浏览器中显示图片。

## 7.3.5 使用轮播图

（1）创建项目 banner。

（2）导入轮播图 Banner 组件。将轮播图组件 banner-2.1.0.aar 复制到项目的 app\libs 子目录中，在 build.gradle 中添加组件的引用依赖，代码如下。

```
implementation files('libs/banner-2.1.0.aar')    //Banner 轮播依赖
```

（3）在 build.gradle 中添加加载图片的组件 Glide 的依赖，代码如下。

```
implementation 'com.github.bumptech.glide:glide:4.10.0'    // Glide 图片加载依赖
```

（4）添加 Banner 组件和 Glide 组件后的 build.gradle 文件的代码如下。

```
dependencies {
    implementation 'androidx.appcompat:appcompat:1.6.1'
    implementation 'com.google.android.material:material:1.5.0'
    implementation 'androidx.constraintlayout:constraintlayout:2.1.4'
    implementation files('libs/banner-2.1.0.aar')    //Banner 轮播依赖
    implementation 'com.github.bumptech.glide:glide:4.10.0'    // Glide 图片加载依赖
    implementation 'com.android.volley:volley:1.2.1'
    testImplementation 'junit:junit:4.13.2'
    androidTestImplementation 'androidx.test.ext:junit:1.1.5'
    androidTestImplementation 'androidx.test.espresso:espresso-core:3.5.1'
}
```

（5）单击 build.gradle 文件右上角的“Sync Now”，完成组件的下载和配置。

（6）设计 activity_main.xml 的布局，在布局文件中添加轮播图组件 Banner，代码如下。

```
<?xml version="1.0" encoding="utf-8"?>
<LinearLayout xmlns:android="http://schemas.android.com/apk/res/android"
    xmlns:app="http://schemas.android.com/apk/res-auto"
    xmlns:tools="http://schemas.android.com/tools"
    android:layout_width="match_parent"
    android:layout_height="match_parent"
    android:orientation="vertical"
    tools:context=".MainActivity">
    <com.youth.banner.Banner
        android:id="@+id/mBanner"
        android:layout_width="match_parent"
        android:layout_height="200dp"
        app:banner_radius="8dp"
        android:layout_marginTop="15dp"
        android:layout_marginStart="10dp"
        android:layout_marginEnd="10dp"
        app:banner_loop_time="2000"/>
</LinearLayout>
```

（7）MainActivity 的初始化代码如下。

```
private Banner mBanner;
@Override
protected void onCreate(Bundle savedInstanceState) {
    super.onCreate(savedInstanceState);
```

```
        setContentView(R.layout.activity_main);
        initView();
    }
```

（8）编写实体类 IMGBean2 用于保存轮播图中显示的图片的网址，代码如下。

```
public class IMGBean2 {
    public String imageRes;
    public IMGBean2(String imageRes) {
        this.imageRes = imageRes;
    }
    public String getImageRes() {
        return imageRes;
    }
    public void setImageRes(String imageRes) {
        this.imageRes = imageRes;
    }
}
```

（9）Banner 轮播图组件的初始化代码如下。

```
public void initView() {
    mBanner = (Banner) findViewById(R.id.mBanner);
    List imgBean2List = new ArrayList<>();
    imgBean2List.add(new IMGBean2("http:// 服务器 IP 地址 /s1.jpg"));
    imgBean2List.add(new IMGBean2("http:// 服务器 IP 地址 /s2.jpg"));
    imgBean2List.add(new IMGBean2("http:// 服务器 IP 地址 /s3.jpg"));
    imgBean2List.add(new IMGBean2("http:// 服务器 IP 地址 /s4.jpg"));
    imgBean2List.add(new IMGBean2("http:// 服务器 IP 地址 /s5.jpg"));
    imgBean2List.add(new IMGBean2("http:// 服务器 IP 地址 /s6.jpg"));
    mBanner.setAdapter(new BannerImageAdapter<IMGBean2>(imgBean2List) {
            // 加载图片需要一个实体类，类型为 List
            @Override
            public void onBindView(BannerImageHolder holder, IMGBean2 data, int position, int size) {
            //data 是传过来的参数 imgBean2List
                Glide.with(holder.itemView).
                        load(data.imageRes).
                        into(holder.imageView);
            }
    }).addBannerLifecycleObserver(this)     // 添加生命周期
      .setIndicator(new CircleIndicator(this))     // 添加指示器
      .setIndicatorSpace(10)     // 设置指示器间隔
      .setIndicatorHeight(20)     // 设置指示器高度
      .setIndicatorWidth(20, 20);     // 设置指示器宽度
    // 给每一个 Banner 设置监听器
    mBanner.setOnBannerListener(new OnBannerListener() {
        @Override
        public void OnBannerClick(Object data, int position) {
            Toast.makeText(getApplicationContext()," 单击的图片的序号 :"+String.valueOf(position),
            Toast.LENGTH_SHORT).show();
        }
    });
}
```

（10）修改 AndroidManifest.xml 文件，添加网络访问的权限和访问外部存储器的权限，代码如下。

```
<uses-permission android:name="android.permission.INTERNET" />
<uses-permission android:name="android.permission.ACCESS_NETWORK_STATE" />
<uses-permission android:name="android.permission.WRITE_EXTERNAL_STORAGE" />
```

（11）运行程序，出现如图 7-6 所示的轮播图界面。

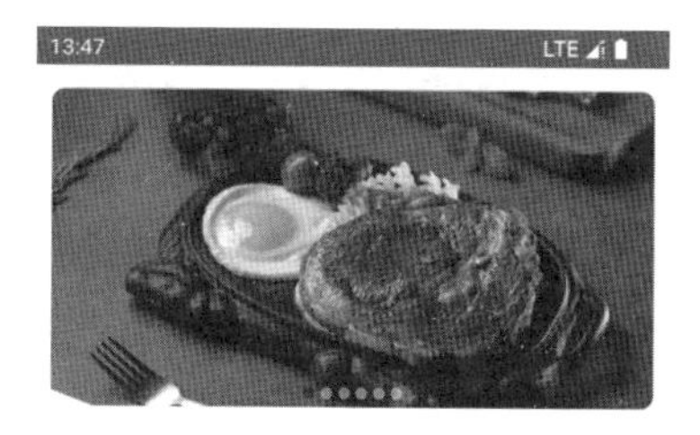

图 7-6　轮播图界面

## 课后任务

在点餐 App 的首页 Fragment 中添加轮播图，从服务器端下载 s1.jpg、s2.jpg、s3.jpg、s4jpg、s5.jpg 和 s6.jpg 这六张图片实现轮播功能。

### 科技强国——实现射频芯片的量产

5G 技术的快速发展在全球范围内引起了广泛关注。由于美国的封锁和制裁，国内手机企业在 5G 射频芯片领域一度受到限制，这也间接导致华为手机无法实现 5G 支持。

射频芯片作为 5G 技术的核心组成部分，在国产芯片发展早期一直是一个难题。由于美国和日本垄断了射频芯片的关键部件——滤波器，国内芯片企业一度难以突破。近年来，为了突破美国的封锁和制裁，国产芯片行业加大研发力度，逐渐突破了这一困境。

2022 年 9 月，国产芯片企业麦捷科技宣布已经成功实现 5G 射频芯片的量产，并且开始交付给手机企业。这一突破不仅凸显了国内技术人才的研发实力，也证明了国产芯片在 5G 时代的竞争能力。华为在 2022 年发布的 HUAWEI Mate 50 手机就已经使用了国产射频芯片和滤波器，手机芯片领域的国产化进程正在加快。

# 项目 8 实现点餐 App 的数据存储

## 学习目标

### 知识目标

（1）了解 SharedPreferences 的作用，掌握利用 SharedPreferences 实现数据存储的方法。
（2）了解 SQLite 数据库的特点和建立数据库的方法。
（3）掌握帮助类 SQLiteOpenHelper 类的相关函数。
（4）掌握在 SQLiteDatabase 类中使用 SQL 语句提交数据库查询的调用方法与参数格式。

### 能力目标

（1）能够使用 SharedPreferences 读取和存储数据。
（2）能够使用帮助类 SQLiteOpenHelper 类在 Android 系统中创建数据库与数据表。
（3）能够使用 SQLiteOpenHelper 类进行数据库表的创建，实现数据表的增删改查操作。

### 素质目标

（1）体验分工合作的重要性，培养集体责任感和团队协作精神。
（2）学会利用先进的手段解决问题，提高创新能力。

## 核心知识点导图

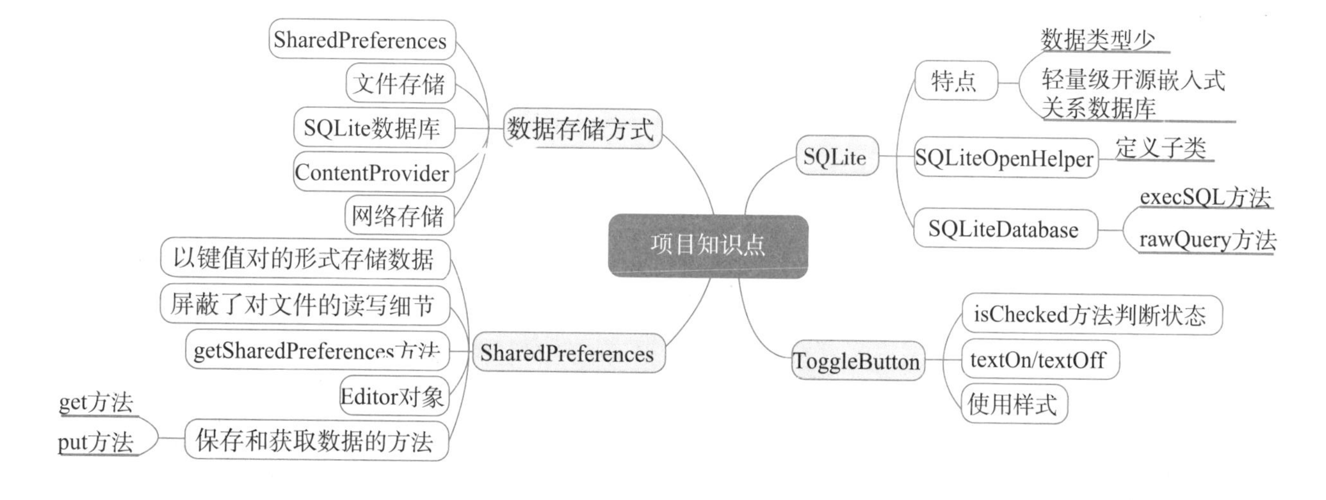

## 项目导入

在点餐操作过程中需要把服务器端的数据缓存到本地，实现离线浏览。本项目介绍在点餐 App 中使用 SharedPreferences 保存应用程序的配置信息，在项目中使用 SQLite 数据实现数据库的创建和数据库表的创建，并且使用 SQLiteDatabase 类提供的 SQL 语句接口实现对数据库表的添加、删除、修改和查询操作，实现点餐 App 数据的本地存储和访问。

# 任务 1 保存点餐 App 登录状态和个人信息

## 任务要求

（1）使用 SharedPreferences 保存用户在界面上输入的姓名、身高、年龄信息，当应用程序重新开启时，再通过 SharedPreferences 将姓名、身高、年龄信息读取出来，并重新呈现在用户界面上。

（2）在用户设置界面中设置用户是否允许 App 接收推送，设置自动下载更新程序，使用 SharedPreferences 保存用户设置。

### 8.1.1 认识 Android 系统的数据存储方式

在 Android 系统中，数据按其共享方式可以分为应用程序内自用数据和能被其他应用程序共享的数据两种。实现数据存储的方式有五种，分别是：使用 SharedPreferences 存储数据；使用文件存储数据；使用 SQLite 数据库存储数据；使用 ContentProvider 存储数据；在网络中存储数据。

### 8.1.2 认识 SharedPreferences

SharedPreferences 是 Android 平台上一个轻量级的存储类，SharedPreferences 接口位于 android.content 包下，特别适合用于保存软件配置参数。

通过 SharedPreferences，开发人员可以将键值对保存在 Android 的文件系统中，且开发人员仅通过调用 SharedPreferences 提供的函数就可以实现对键值对的保存和读取，完全屏蔽了对文件系统的操作过程。使用 SharedPreferences 保存数据最终是以 XML 文件存放数据的。

两个 Activity 之间的数据传递除了可以通过 Intent 传递，还可以使用 SharedPreferences 传递。

SharedPreferences 保存数据的文件存放在目录 /data/data/ 包名 /shared_prefs 下。SharedPreferences 不仅能够保存数据，还能够实现不同应用程序之间的数据共享，它支持保存整型、布尔型、浮点型和长整型等多种数据类型。

### 8.1.3 使用 SharedPreferences

（1）使用 SharedPreferences 实现存储数据的方法。

①定义 SharedPreferences 的访问模式。在使用 SharedPreferences 前，需要先定义 SharedPreferences

的访问模式，可以将访问模式定义为私有模式，代码如下。

```
public static int MODE = Context.MODE_PRIVATE;
```

②定义 SharedPreferences 的名称。SharedPreferences 的名称与在 Android 文件系统中保存的文件同名。因此，只要具有相同的 SharedPreferences 名称的键值对内容都会保存在同一个文件中，代码如下。

```
public static final String  PR_NAME = "SaveFile";
```

③ 获 取 SharedPreferences 对 象。使 用 SharedPreferences 时， 需 要 将 定 义 的 访 问 模 式 和 SharedPreferences 名称作为参数，传递给 getSharedPreferences 方法，并返回给 SharedPreferences 对象，代码如下。

```
SharedPreferences  sharedPreferences = getSharedPreferences(PR_NAME, MODE);
```

④ 在获取到 SharedPreferences 对象后，可以通 SharedPreferences.Editor 类对 SharedPreferences 进行修改。

```
Editor editor=sharedPreferences.edit();
```

⑤ 通过 Editor 对象存储键值对数据，例如：

```
editor.putString("Name", "John");
editor.putInt("Age",28);
editor.putFloat("Height", 1.77);
```

⑥ 通过 commit 方法提交数据。

```
editor.commit();
```

（2）使用 SharedPreferences 读取数据的方法。

①读取数据时同样是调用 getSharedPreferences 方法，并在方法的第 1 个参数中指明需要访问的 SharedPreferences 名称。

②通过 getXxx 方法获取保存在 SharedPreferences 中的键值对的值。

```
SharedPreferences sharedPreferences getsharedPreferences(PR_NAME,MODE);
String name sharedPreferences.getString("Name","DefaultName");
int age sharedPreferences.getInt("Age",20);
float height sharedPreferences.getFloat("Height",1.81f);
```

**提示**

上述代码中的 getXxx 方法的第 1 个参数是键值对中的键，第 2 个参数是在无法获取到数值时使用的默认值，如 getFloat 方法的第二个参数为缺省值，如果 sharedPreferences 中不存在该 key，将返回缺省值 1.81f。

## 8.1.4 认识 ToggleButton

ToggleButton（开关按钮）是 Android 系统中比较简单的一个组件，它有选中和未选中两种状态，并且可以为不同的状态设置不同的显示文本。

判断 Togglebutton 对象状态的代码如下。

```
if (togglebutton.isChecked()) {
    // 按钮开关打开
} else {
    // 按钮开关关闭
}
```

布局代码如下。

```
<ToggleButton
    android:id="@+id/toggleButton"
    android:layout_width="wrap_content"
    android:layout_height="wrap_content"
    android:textOn=" 开灯 "
    android:textOff=" 关灯 "
    android:text="ToggleButton" />
```

textOn 和 textOff 可以控制开和关两个状态的文字显示。

## 8.1.5 保存用户个人信息

（1）创建项目 sharedpreferenceinfo。

（2）设计界面布局代码如下。

```
<?xml version="1.0" encoding="utf-8"?>
<RelativeLayout xmlns:android="http://schemas.android.com/apk/res/android"
    android:id="@+id/RelativeLayout01"
    android:layout_width="wrap_content"
    android:layout_height="wrap_content" >
    <EditText android:id="@+id/name"
        android:text=""
        android:layout_width="280dip"
        android:layout_height="wrap_content"
        android:layout_alignParentRight="true"
        android:layout_marginLeft="10dip" >
    </EditText>
    <TextView android:id="@+id/name_label"
        android:text=" 姓名： "
        android:layout_width="wrap_content"
        android:layout_height="wrap_content"
        android:layout_alignParentLeft="true"
        android:layout_toRightOf="@id/name"
        android:layout_alignBaseline="@+id/name">
    </TextView>
    <EditText android:id="@+id/age"
        android:text=""
        android:layout_width="280dip"
        android:layout_height="wrap_content"
        android:layout_alignParentRight="true"
        android:layout_marginLeft="10dip"
        android:layout_below="@id/name"
        android:numeric="integer">
    </EditText>
    <TextView android:id="@+id/age_label"
```

```
            android:text=" 年龄： "
            android:layout_width="wrap_content"
            android:layout_height="wrap_content"
            android:layout_alignParentLeft="true"
            android:layout_toRightOf="@id/age"
            android:layout_alignBaseline="@+id/age" >
        </TextView>
        <EditText android:id="@+id/height"
            android:layout_width="280dip"
            android:layout_height="wrap_content"
            android:layout_alignParentRight="true"
            android:layout_marginLeft="10dip"
            android:layout_below="@id/age"
            android:numeric="decimal">
        </EditText>
        <TextView android:id="@+id/height_label"
            android:text=" 身高： "
            android:layout_width="wrap_content"
            android:layout_height="wrap_content"
            android:layout_alignParentLeft="true"
            android:layout_toRightOf="@id/height"
            android:layout_alignBaseline="@+id/height">
        </TextView>
        <Button
            android:id="@+id/btnExit"
            android:layout_width="match_parent"
            android:layout_height="wrap_content"
            android:layout_marginTop="20dp"
            android:layout_below="@id/height_label"
            android:text=" 保存并退出 " />
</RelativeLayout>
```

（3）界面初始化的代码如下。

```
private EditText nameText;
private EditText ageText;
private EditText heightText;
private Button btnExit;
//SharedPreferences 保存数据的配置文件名
public static final String PREFERENCE_NAME = "SaveSetting";
@Override
public void onCreate(Bundle savedInstanceState) {
    super.onCreate(savedInstanceState);
    setContentView(R.layout.activity_main);
    nameText = (EditText)findViewById(R.id.name);
    ageText = (EditText)findViewById(R.id.age);
    heightText = (EditText)findViewById(R.id.height);
    btnExit=(Button)findViewById(R.id.btnExit);
    btnExit.setOnClickListener(btnExitListener);
}
View.OnClickListener btnExitListener=new View.OnClickListener() {
    @Override
    public void onClick(View v) {
    }
};
```

（4）编写加载 SharedPreferences 数据的方法 loadSharedPreferences，代码如下。

```
private void loadSharedPreferences(){
    // 创建 SharedPreferences 对象
    SharedPreferences sharedPreferences = getSharedPreferences(PREFERENCE_NAME, Context.MODE_PRIVATE);
    // 读取保存的 SaveSetting.xml 文件中的值，如果该键对应的值不存在，则使用默认值
    String name = sharedPreferences.getString("Name","Tom");
    int age = sharedPreferences.getInt("Age", 20);
    float height = sharedPreferences.getFloat("Height",1.81f);
    nameText.setText(name);
    ageText.setText(String.valueOf(age));
    heightText.setText(String.valueOf(height));
}
```

（5）在 onStart 方法中调用 loadSharedPreferences 方法，读取保存在 SharedPreferences 中的姓名、年龄和身高信息，并显示在用户界面上，代码如下。

```
@Override      // 重载 Activity 的 onStart 方法
public void onStart(){
    super.onStart();
    loadSharedPreferences();      // 调用读取文件中存储数据的方法
}
```

（6）运行程序，SharedPreferences 加载的默认值如图 8-1 所示，第一次启动程序将读取其中设置的默认值 Tom、20 和 1.81。

图 8-1　SharedPreferences 加载的默认值

（7）编写保存 SharedPreferences 的 saveSharedPreferences 方法，代码如下。

```
// 保存 SharedPreferences 数据
private void saveSharedPreferences(){
```

```
        // 创建 SharedPreferences 对象，设置文件的权限为全局可读写 Context.MODE_PRIVATE
        SharedPreferences sharedPreferences = getSharedPreferences(PREFERENCE_NAME, Context.MODE_PRIVATE);
        SharedPreferences.Editor editor = sharedPreferences.edit();
        // 通过 Editor 对象存储键值对数据
        editor.putString(Name, nameText.getText().toString());
        editor.putInt("Age", Integer.parseInt(ageText.getText().toString()));
        editor.putFloat("Height", Float.parseFloat(heightText.getText().toString()));
        // 通过 commit 方法提交数据
        editor.commit();
    }
```

（8）编写保存并退出按钮的单击事件监听器，代码如下。

```
View.OnClickListener btnExitListener=new View.OnClickListener() {
    @Override
    public void onClick(View v) {
        saveSharedPreferences();        // 调用保存用户数据的方法
        finish();
    }
};
```

（9）运行程序，在程序界面输入姓名、年龄和身高信息，单击“保存并退出”按钮，该个人信息会保存到 SharedPreferences 的配置文件中，保存个人信息界面如图 8-2 所示。

（10）在开发环境中打开设备文件浏览器，找到保存的 SharedPreferences 配置文件 SaveSetting.xml，如图 8-3 所示。

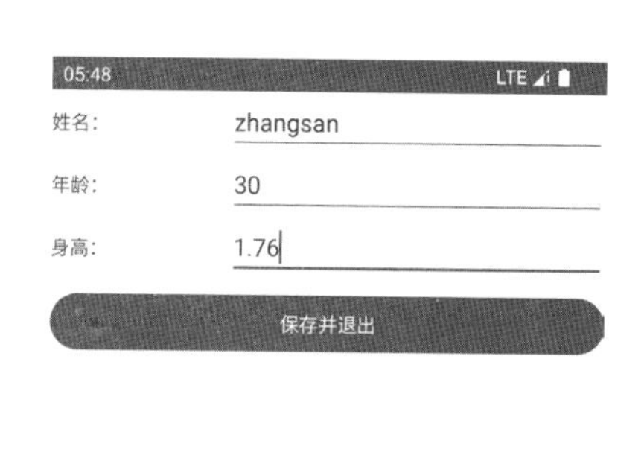


图 8-2　保存个人信息界面

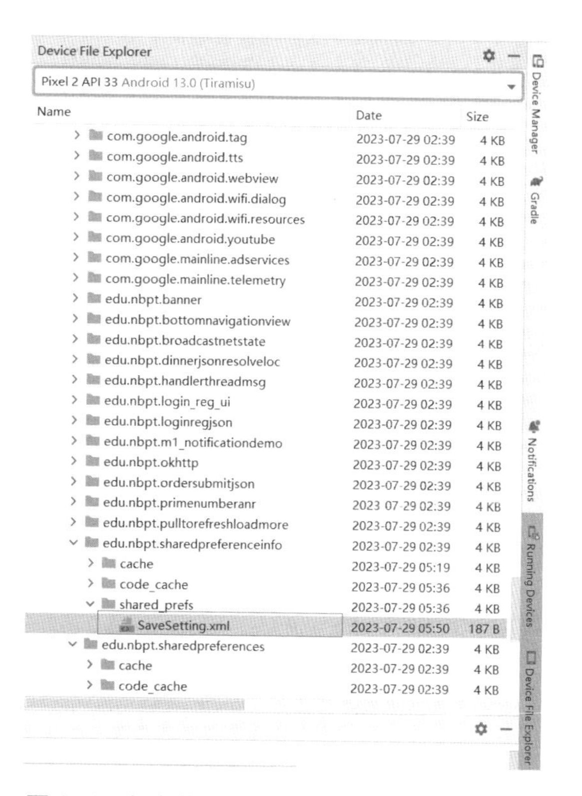


图 8-3　保存的 SharedPreferences 配置文件

（11）在“Device File Explorer”中双击打开 SaveSetting.xml 文件，文件内容如下。

```
<?xml version='1.0' encoding='utf-8' standalone='yes' ?>
<map>
    <float name="Height" value="1.76" />
    <int name="Age" value="30" />
    <string name="Name">zhangsan</string>
</map>
```

## 8.1.6 用户个人信息界面交互设计

（1）创建项目 SharedPreferences。

（2）添加 SettingsActivity 类，将 SettingsActivity 设置为启动类。

（3）设计 SettingsActivity 的界面布局文件 activity_settings.xml，代码如下。

```
<LinearLayout xmlns:android="http://schemas.android.com/apk/res/android"
    xmlns:tools="http://schemas.android.com/tools"
    android:layout_width="fill_parent"
    android:layout_height="fill_parent"
    android:background="#ffffff"
    android:orientation="vertical" >
    <RelativeLayout
        android:layout_width="match_parent"
        android:layout_height="50dip" >
        <TextView
            android:id="@+id/tvUpdate"
            android:layout_width="wrap_content"
            android:layout_height="wrap_content"
            android:layout_centerVertical="true"
            android:layout_marginLeft="10dip"
            android:text=" 更新程序 "
            android:textSize="18sp" />
    </RelativeLayout>
    <View
        android:id="@+id/div_tab_bar0"
        android:layout_width="match_parent"
        android:layout_height="1px"
        android:background="#cccccc" />
    <RelativeLayout
        android:layout_width="match_parent"
        android:layout_height="50dip" >
        <TextView
            android:id="@+id/textView1"
            android:layout_width="wrap_content"
            android:layout_height="wrap_content"
            android:layout_centerVertical="true"
            android:layout_marginLeft="10dip"
            android:text=" 推送设置 "
            android:textSize="18sp" />
        <ToggleButton
            android:id="@+id/btnPropelling"
            android:layout_width="wrap_content"
```

```
            android:layout_height="wrap_content"
            android:layout_alignParentRight="true"
            android:layout_alignParentTop="true"
            android:layout_centerVertical="true"
            android:layout_marginRight="10dip"
            android:text=" 是 "
            android:textOff=" 禁用推送 "
            android:textOn=" 允许推送 " />
    </RelativeLayout>
    <View
        android:id="@+id/div_tab_bar2"
        android:layout_width="match_parent"
        android:layout_height="1px"
        android:background="#cccccc" />
    <RelativeLayout
        android:layout_width="match_parent"
        android:layout_height="50dip" >
        <TextView
            android:id="@+id/textView2"
            android:layout_width="wrap_content"
            android:layout_height="wrap_content"
            android:layout_centerVertical="true"
            android:layout_marginLeft="10dip"
            android:background="@null"
            android:text=" 更新设置 "
            android:textSize="18sp" />
        <Button
            android:id="@+id/btnUpdate"
            android:layout_width="wrap_content"
            android:layout_height="wrap_content"
            android:layout_alignBaseline="@+id/textView2"
            android:layout_alignBottom="@+id/textView2"
            android:layout_alignParentRight="true"
            android:layout_marginRight="10dip"
            android:background="@null"
            android:text=" 从不更新 " />
    </RelativeLayout>
    <View
        android:id="@+id/div_tab_bar3"
        android:layout_width="match_parent"
        android:layout_height="1px"
        android:background="#cccccc" />
    <RelativeLayout
        android:layout_width="match_parent"
        android:layout_height="50dip" >
        <TextView
            android:id="@+id/tvAbout"
            android:layout_width="wrap_content"
            android:layout_height="wrap_content"
            android:layout_centerVertical="true"
            android:layout_marginLeft="10dip"
            android:text=" 关于本程序 "
            android:textSize="18sp" />
    </RelativeLayout>
```

```
    <View
        android:id="@+id/div_tab_bar1"
        android:layout_width="match_parent"
        android:layout_height="1px"
        android:background="#cccccc" />
    <RelativeLayout
        android:layout_width="match_parent"
        android:layout_height="50dip" >
        <TextView
            android:id="@+id/tvExit"
            android:layout_width="wrap_content"
            android:layout_height="wrap_content"
            android:layout_centerVertical="true"
            android:layout_marginLeft="10dip"
            android:text=" 退出 "
            android:textSize="18sp" />
    </RelativeLayout>
    <View
        android:id="@+id/div_tab_bar5"
        android:layout_width="match_parent"
        android:layout_height="1px"
        android:background="#cccccc" />
    <RelativeLayout
        android:layout_width="match_parent"
        android:layout_height="50dip" >
        <TextView
            android:id="@+id/tvLogout"
            android:layout_width="wrap_content"
            android:layout_height="wrap_content"
            android:layout_centerVertical="true"
            android:layout_marginLeft="10dip"
            android:text=" 注销 "
            android:textSize="18sp" />
    </RelativeLayout>
    <View
        android:id="@+id/div_tab_bar4"
        android:layout_width="match_parent"
        android:layout_height="1px"
        android:background="#cccccc" />
</LinearLayout>
```

（4）设计完成后的用户个人信息界面如图 8-4 所示。

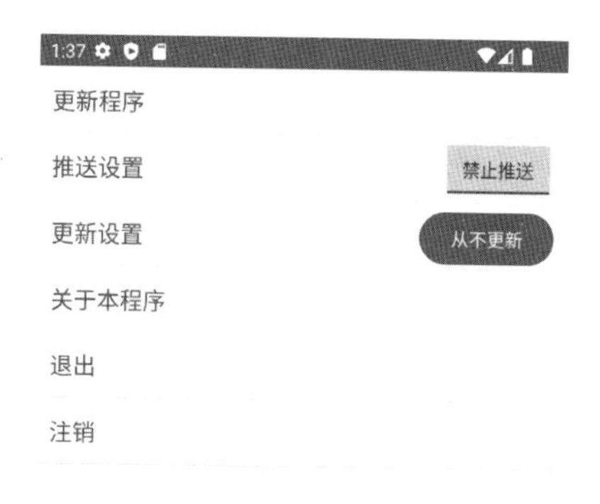


图 8-4　用户个人信息界面

（5）在 SettingsActivity 中定义对象和变量，代码如下。

```
ToggleButton TogbtnPropelling;
TextView tvExit, tvAbout;
Button btnUpdate;
//propellingStatus=1 表示允许推送；propellingStatus=0 表示禁止推送
//updateStatus=0 表示不更新；updateStatus=1 表示在 Wi-Fi 下更新；updateStatus=2 表示在 Wi-Fi、3G 或 4G 下更新
int propellingStatus, updateStatus;
public static final String PREFERENCE_NAME = "SaveSetting";
```

（6）在 SettingsActivity 中初始化功能，代码如下。

```
@Override
protected void onCreate(Bundle savedInstanceState) {
    super.onCreate(savedInstanceState);
    setContentView(R.layout.activity_settings);
    TogbtnPropelling = (ToggleButton) findViewById(R.id.btnPropelling);
    tvExit = (TextView) findViewById(R.id.tvExit);
    tvAbout = (TextView) findViewById(R.id.tvAbout);
    btnUpdate = (Button) findViewById(R.id.btnUpdate);
    /*
    * 因为 ToggleButton 组件继承自 CompoundButton，在代码中可以通过实现 CompoundButton.
    * OnCheckedChangeListener 接口，并实现其内部类的 onCheckedChanged 来监听状态变化
    */
    TogbtnPropelling.setOnCheckedChangeListener(new CompoundButton.OnCheckedChangeListener() {
        @Override
        public void onCheckedChanged(CompoundButton buttonView, boolean isChecked) {
        }
    });
}
```

（7）设置 TogbtnPropelling 按钮的单击事件功能，代码如下。

```
/*
* 因为 ToggleButton 组件继承自 CompoundButton，在代码中可以通过实现 CompoundButton.
* OnCheckedChangeListener 接口，并实现其内部类的 onCheckedChanged 方法来监听状态变化
*/
TogbtnPropelling.setOnCheckedChangeListener(new CompoundButton.OnCheckedChangeListener() {
    @Override
    public void onCheckedChanged(CompoundButton buttonView, boolean isChecked) {
        if (isChecked) {
            Toast.makeText(getApplicationContext(), " 推送功能已打开 ", Toast.LENGTH_SHORT).show();
            propellingStatus = 1;
        } else {
            Toast.makeText(getApplicationContext(), " 推送功能已禁用 ", Toast.LENGTH_SHORT).show();
            propellingStatus = 0;
        }
    }
});
```

（8）启动程序，单击“接受推送”设置右侧的 ToggleButton 按钮，测试能否看到按钮状态变化与现实对应的提示信息框，切换 ToggleButton 状态显示效果如图 8-5 所示。

图 8-5　切换 ToggleButton 状态显示效果

（9）添加 array.xml，在其中添加对话框的列表项，代码如下。

```
<?xml version="1.0" encoding="utf-8"?>
<resources>
    <string-array name="updateType">
        <item> 从不更新 </item>
        <item> 仅 Wifi </item>
        <item>Wifi 和移动数据 </item>
```

```
    </string-array>
</resources>
```

（10）编写对话框创建函数 onCreateDialog，代码如下。

```
@Override
protected Dialog onCreateDialog(int id) {
    Dialog dialog = null;
    AlertDialog.Builder builder = new AlertDialog.Builder(this);
    builder.setTitle(" 更新选择 ");     // 设置对话框标题
    DialogInterface.OnClickListener listener = new DialogInterface.OnClickListener() {
        @Override
        public void onClick(DialogInterface dialogInterface, int which) {
            Log.i("updatetype", String.valueOf(which));     // 显示对话框中列表项的索引号
            String selectedItem = getResources().getStringArray(R.array.updateType)[which];
            btnUpdate.setText(selectedItem);
            updateStatus = which;
        }
    };
    builder.setItems(R.array.updateType, listener);
    dialog = builder.create();
    return dialog;
}
```

（11）添加自动更新按钮的单击事件监听器（在 onCreate 方法中添加），实现单击按钮时弹出对话框，代码如下。

```
btnUpdate.setOnClickListener(new View.OnClickListener() {
    @Override
    public void onClick(View arg0) {
        showDialog(1);     // 显示对话框
    }
});
```

（12）启动程序，单击按钮观察能否看到对话框中的列表项，如图 8-6 所示。单击按钮，选择第 2 个列表项“仅 Wifi”，观察 Logcat 中的输出信息，如图 8-7 所示。

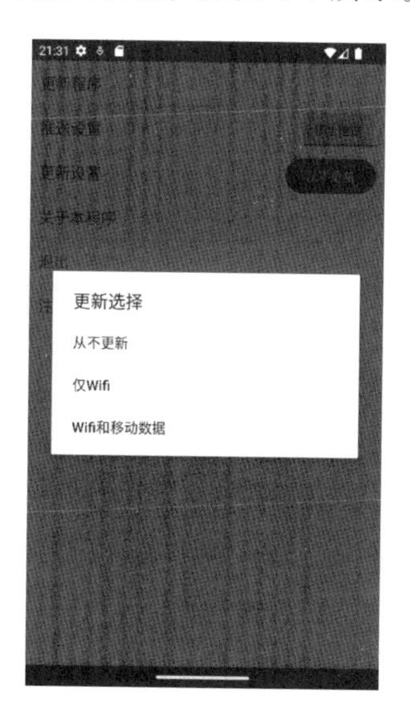


图 8-6　弹出的列表项

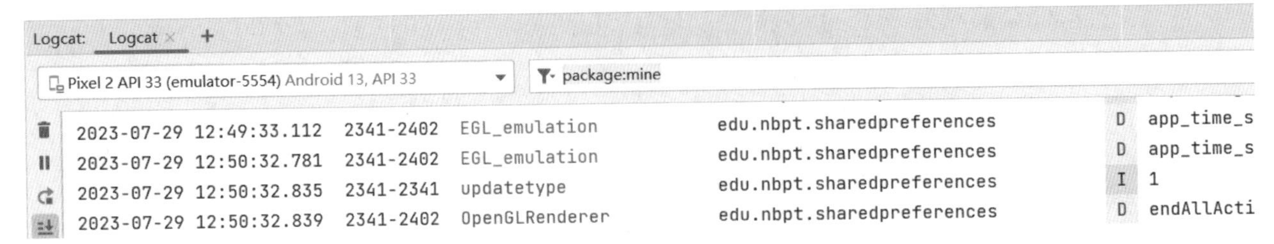


图 8-7　选中列表项后 Logcat 的输出信息

## 8.1.7　存储与读取用户个人信息

（1）将数据到保存 SharedPreferences，代码如下。

```
private void saveSharedPreferences() {
    SharedPreferences sharedPreferences = getSharedPreferences(PREFERENCE_NAME,
    MODE_PRIVATE);
    SharedPreferences.Editor editor = sharedPreferences.edit();
    editor.putInt("Propelling", propellingStatus);
    editor.putInt("updateStatus", updateStatus);
    editor.commit();
}
```

（2）编写 tvExit 视图中的单击事件监听器，单击标签关闭程序，代码如下。

```
tvExit.setOnClickListener(new View.OnClickListener() {
    @Override
    public void onClick(View arg0) {
        //finish();
        new AlertDialog.Builder( SettingsActivity.this ).setTitle(" 确认退出吗 ?")

                .setIcon(android.R.drawable.ic_dialog_info)
                .setPositiveButton(" 确定 ", new DialogInterface.OnClickListener() {

                    @Override
                    public void onClick(DialogInterface dialog, int which) {
                        finish();     // 单击确认按钮后的操作
                    }
                })
                .setNegativeButton(" 返回 ", new DialogInterface.OnClickListener() {
                    @Override
                    public void onClick(DialogInterface dialog, int which) {
                        // 单击返回按钮后的操作 , 这里不设置，没有任何操作
                    }
        }).show();
    }
});
```

（3）退出程序，保存 SharedPreferences 的代码如下。

```
@Override
public void onStop() {
    super.onStop() ;
    saveSharedPreferences();
}
```

（4）读取 SharedPreferences 的功能代码如下。

```
private void loadSharedPreferences() {
    SharedPreferences sharedPreferences = getSharedPreferences(PREFERENCE_NAME, MODE_PRIVATE);
    // 第一次启动默认状态为 Propelling=0，表示推送禁用，updateStatus=0，表示不更新
    int propellingStatus = sharedPreferences.getInt("Propelling", 0);
    int updateStatus = sharedPreferences.getInt("updateStatus", 0);
    switch (propellingStatus) {
        case 0:
            TogbtnPropelling.setChecked(false);
            break;
        case 1:
            TogbtnPropelling.setChecked(true);
            break;
    }
    switch (updateStatus) {
        case 0:
            btnUpdate.setText(" 从不更新 ");
            break;
        case 1:
            btnUpdate.setText( "仅 Wifi" );
            break;
        case 2:
            btnUpdate.setText( "Wifi 和 3/4G" );
            break;
    }
}
```

（5）启动程序读取 SharedPreferences 的代码如下。

```
@Override
public void onStart() {
    super.onStart();
    loadSharedPreferences();
}
```

（6）启动程序，设置推送状态为“禁用”，更新设置为“Wi-fi 和移动数据”，查看“Device Explorer”中保存的 SharedPreferences 的文件中配置信息是否为如下的代码。

```
<?xml version='1.0' encoding='utf-8' standalone='yes' ?>
<map>
    <int name="updateStatus" value="2" />
    <int name="Propelling" value="1" />
</map>
```

（7）关闭程序后，再次启动程序查看上次设置的状态是否在界面中正常显示。

## 课后任务

在点餐 App 中添加用户设置界面，使用 SharedPreferences 保存用户设置。

# 任务 2　访问点餐 App 的 SQLite 数据库

## 任务要求

在点餐 App 中使用 SQL 对数据表 dinner 进行操作，实现对商家信息的添加、修改和删除。对商家数据表 tb_shopinfo 进行查询，并且能够按照店名模糊查询。

## 8.2.1　SQLite 数据库

使用 SharedPreference 仅适合保存少量键对值形式的数据，比如软件的配置信息。如果需要保存的数据数量较大且结构复杂，比如保存的是歌曲库信息、输入法词库等本地可离线浏览的数据时，使用 SharedPreference 就不合适了。这种情况下，使用数据库保存数据就比较合适。Android 手机上可以使用 SQLite 数据库。

SQLite 数据库是一个轻量级的开源嵌入式关系数据库。它占用资源非常低，只需要几百 KB 的内存就能够保存大量数据。SQLite 数据库比传统数据库更适合用于嵌入式系统。SQLite 数据库的特点是占用资源少、运行高效、可靠、可移植性强。SQLite 数据库提供了零配置运行模式，一个数据库只有一个文件。它能够支持 Windows、Linux、Unix 和 Android 等主流的操作系统。

SQLite 数据库的数据类型如表 8-1 所示。

表 8-1　SQLite 数据库的数据类型

| 类型 | 含义 |
| --- | --- |
| NULL | 空值 |
| INTEGER | 带符号的整型，具体取决于存入数字的范围大小，根据大小可以使用 1、2、4、6、8 字节来储存 |
| REAL | 可以储存 8 字节的 IEEE 浮点数 |
| TEXT | 字符串文本 |
| BLOB | 二进制对象 |

## 8.2.2　创建 SQLite 数据库

Android 平台提供给了一个数据库辅助类 SQLiteOpenHelper 来帮助我们创建或打开数据库，这个辅助类继承自 SQLiteOpenHelper 类。在 Android 应用程序中创建 SQLite 数据库有下面两种方式。

（1）自定义子类继承 SQLiteOpenHelper 创建数据库。创建 SQLiteOpenHelper 的子类至少需要实现三个方法。

①构造函数，在构造函数必须要调用父类 SQLiteOpenHelper 的构造函数。这个方法需要四个参数：上下文环境（例如，一个 Activity）、数据库名字、一个可选的游标工厂（通常是 null）、一个代表正在使用的数据库模版本的整数。

② onCreate 方法，它需要一个 SQLiteDatabase 对象作为参数，可以根据需要使用这个对象填充表

或初始化数据。

③onUpgrade 方法，它需要三个参数，一个是 SQLiteDatabase 对象，一个是旧的版本号，另一个是新的版本号。通过这三个参数，SQLite 就可以知道如何把一个数据库从旧的模型转变为新的模型。

创建 SQLite 数据库的通常步骤如下。

①创建自己的 DatabaseHelper 类继承 SQLiteOpenHelper，并实现上述三个方法。

②获取 SQLiteDatabase 类对象实例，根据需要改变数据库的内容，决定是调用 getReadableDatabase 或 getWriteableDatabase 方法来获取 SQLiteDatabase 实例。

（2）调用 openOrCreateDatabase 方法创建数据库。android.content.Context 中提供了 openOrCreateDatabase 方法来创建数据库，代码如下。

```
db=context.openOrCreateDatabase(String DATABASE_NAME,int Context.MODE_PRIVATE,null);
```

其中 DATABASE_NAME 代表数据库的名字，MODE 代表操作模式，如 Context.MODE_PRIVATE，CursorFactory 代表指针工厂，在本例中传入的是 null。

### 8.2.3 使用 SQLiteDatabase 类的方法操作 SQLite 数据库

Android 提供了一个名为 SQLiteDatabase 的类，该类封装了一些操作数据库的接口。使用 SQLiteDatabase 对象可以对数据进行添加、查询、更新和删除操作。

（1）SQLiteDatabase 的 insert（插入记录）方法的原型为：

```
long insert(String table,String nullColumnHack,ContentValues values)
```

插入方法的参数说明如下。

table：代表想插入数据的表名。

nullColumnHack：代表强行插入 null 值的数据列的列名。

values：代表一行记录的数据。

（2）SQLiteDatabase 的 update（更新记录）方法的原型为：

```
update(String table,ContentValues values,String whereClause,String[] whereArgs)
```

更新方法的参数说明如下。

table：代表想要更新数据的表名。

values：代表想要更新的数据。

whereClause：满足该 whereClause 子句的记录才会被更新。

whereArgs：用于为 whereArgs 子句传递参数。

想要更新用户表，可调用如下方法：

```
ContentValues values=new ContentValues();
values.put(" 需要更新的字段名 1"," 新的字段值 1");
values.put(" 需要更新的字段名 2"," 新的字段值 2");
int result=SQLiteDatabase.update(" 要更新的表 ",values,"username=admin",null);
```

### 8.2.4 使用 SQL 语句操作 SQLite

使用 SQLiteDatabase 自带的方法可以实现数据表的增删改查操作，但是对于复杂的数据表查询操操作，特别是多表连接出现使用这种方式就不方便了，此时可以使用标准的 SQL 语句实现添加、删除、修改和查询操作。

（1）使用 SQLiteDatabase 的 rawQuery 方法进行查询，例如：

```
SQLiteDatabase db;
String query = "SELECT * FROM 表名 ";
Cursor result = db.rawQuery(query,null);
return result;
```

（2）使用 SQLiteDatabase 的 execSQL 方法进行修改，例如：

```
SQLiteDatabase db;
String query = " SELECT * FROM 表名" ;
db.execSQL("UPDATE Book SET price = ? WHERE name = ?",new String[]{" 参数 1", " 参数 2"});
```

## 8.2.5 SQLite 的 WAL 模式

在默认情况下，SQLite 的事务提交和回滚使用的是恢复日志（rollback journal）机制模式。但是在 3.7.0 版本（Android 9.0，api level=28）中，SQLite 引入了一种新的预写日志（ writeahead log ,WAL）机制。Android 9.0 默认启动了 WAL 机制。

默认的 rollback journal 机制工作原理大致为：进行写操作前先对数据库文件进行拷贝，然后再对数据库进行写操作，如果发生了 Crash 或者了 rallback，则将日志中的原始内容回滚到数据库中进行恢复操作，否则在提交（commit）完成时删除日志文件。

WAL 机制则采用了相反的做法。在进行数据库写操作时，它会先复制一份原始数据到日志文件中并且将写操作也更新到日志文件中，而原有数据库内容则保存不变。如果事务失败，WAL 中的记录会被忽略；如果事务成功，WAL 中的记录将在随后的某个时间被写到数据库文件中，该步骤被称为 checkpoint（检查点，可以保证数据库的一致性，缩短实例恢复的时间）。

在读的时候，SQLite 将在 WAL 文件中搜索，找到最后一个写入点，记住它，并忽略在此之后的写入点（这保证了读写操作和多个读操作可以并行执行）；随后，它确定所要读的数据所在页是否在 WAL 文件中，如果在，则读取 WAL 文件中的数据，如果不在，则直接读数据库文件中的数据。

在启用了 WAL 之后，数据库文件格式的版本号由 1 升级到了 2。因此，3.7.0 之前的 SQLite 无法识别启用了 WAL 机制的数据库文件。禁用 WAL 会使数据库文件格式的版本号恢复到 1，从而可以被 SQLite 3.7.0 之前的版本识别。使用 SQLiteDatabase.disableWriteAheadLogging() 关闭 WAL。如果对读写并发的要求比较低可以每次打开数据库时禁用 WAL 模式，即可完成 App 的版本兼容。

## 8.2.6 添加点餐 App 商家信息

添加点餐 App 商家信息

（1）创建一个 ShopSQLDAO 项目。

（2）设计布局文件 activity_main.xml，代码如下。

```
<?xml version="1.0" encoding="utf-8"?>
<LinearLayout xmlns:android="http://schemas.android.com/apk/res/android"
    android:layout_width="match_parent"
    android:layout_height="match_parent"
```

```
android:orientation="vertical" >
<LinearLayout
    android:layout_width="match_parent"
    android:layout_height="wrap_content" >
    <TextView
        android:layout_width="wrap_content"
        android:layout_height="wrap_content"
        android:layout_weight="1"
        android:text="ID:" />
    <EditText
        android:id="@+id/editId"
        android:layout_width="wrap_content"
        android:layout_height="wrap_content"
        android:layout_weight="5" />
</LinearLayout>
<LinearLayout
    android:layout_width="match_parent"
    android:layout_height="wrap_content" >
    <TextView
        android:layout_width="wrap_content"
        android:layout_height="wrap_content"
        android:layout_weight="1"
        android:text=" 店名： " />
    <EditText
        android:id="@+id/editShopName"
        android:layout_width="wrap_content"
        android:layout_height="wrap_content"
        android:layout_weight="5" />
</LinearLayout>
<LinearLayout
    android:layout_width="match_parent"
    android:layout_height="wrap_content" >
    <TextView
        android:layout_width="wrap_content"
        android:layout_height="wrap_content"
        android:layout_weight="1"
        android:text=" 地址： " />
    <EditText
        android:id="@+id/editAddress"
        android:layout_width="wrap_content"
        android:layout_height="wrap_content"
        android:layout_weight="5" />
</LinearLayout>
<LinearLayout
    android:layout_width="match_parent"
    android:layout_height="wrap_content" >
    <TextView
        android:layout_width="wrap_content"
        android:layout_width="wrap_content"
        android:layout_height="wrap_content"
        android:layout_weight="1"
        android:text=" 电话： " />
    <EditText
```

```
                android:id="@+id/editPhone"
                android:layout_height="wrap_content"
                android:layout_weight="1"
                android:text=" 人均价格：" />
            <EditText
                android:id="@+id/editPrice"
                android:layout_width="wrap_content"
                android:layout_height="wrap_content"
                android:layout_weight="5" />
        </LinearLayout>
        <LinearLayout
            android:layout_width=""wrap_content" >
            <TextView
                android:layout_width="wrap_content"
                android:layout_height="wrap_content"
                android:layout_weight="5" />
        </LinearLayout>
        <LinearLayout
            android:layout_width="match_parent"
            android:layout_height="wrap_content" >
            <Button
                android:id="@+id/btnFind"
                android:layout_width="100dip"
                android:layout_height="wrap_content"
                android:onClick="findGoods"
                android:text=" 查询 " />
            <Button
                android:id="@+id/btnAdd"
                android:layout_width="100dip"
                android:layout_height="wrap_content"
                android:text=" 添加 " />
            <Button
                android:id="@+id/btnUpdate"
                android:layout_width="100dip"
                android:layout_height="wrap_content"
                android:text=" 修改 " />
            <Button
                android:id="@+id/btnDelete"
                android:layout_width="100dp"
                android:layout_height="wrap_content"
                android:text=" 删除 " />
        </LinearLayout>
    </LinearLayout>
```

（3）对 MainActivity 视图进行初始化，添加按钮的监听器，代码如下。

```
EditText editShopName, editAddress, editPrice,editPhone, editId;
Button btnAdd,btnUpdate,btnDel,btnFind;
@Override
protected void onCreate(Bundle savedInstanceState) {
    super.onCreate(savedInstanceState);
    setContentView(R.layout.activity_main);
    editId = (EditText) findViewById(R.id.editId);
    editShopName= (EditText) findViewById(R.id.editShopName);
    editAddress = (EditText) findViewById(R.id.editAddress);
```

```
        editPrice= (EditText) findViewById(R.id.editPrice);
        editPhone= (EditText) findViewById(R.id.editPhone);
        btnAdd=(Button)findViewById(R.id.btnAdd);
        btnUpdate=(Button)findViewById(R.id.btnUpdate);
        btnDel=(Button)findViewById(R.id.btnDelete);
        btnFind=(Button)findViewById(R.id.btnFind);
        btnAdd.setOnClickListener(btnaddclicklistener);
        btnUpdate.setOnClickListener(btnupdateclicklistener);
        btnDel.setOnClickListener(btndelclicklistener);
        btnFind.setOnClickListener(btnfindgoodsclicklistener);
    }
```

（4）编写“添加”“修改”“删除”和“查询”按钮的监听器事件，代码如下。

```
// 添加按钮的单击事件监听器
View.OnClickListener btnaddclicklistener=new View.OnClickListener() {
    @Override
    public void onClick(View arg0) {
    }
};
// 修改信息按钮的单击事件监听器
View.OnClickListener btnupdateclicklistener=new View.OnClickListener() {
    @Override
    public void onClick(View arg0) {
    }
};
// 删除信息按钮的单击事件监听器
View.OnClickListener btndelclicklistener=new View.OnClickListener() {
    @Override
    public void onClick(View arg0) {
    }
};
// 查询按钮的单击事件监听器
View.OnClickListener btnfindgoodsclicklistener=new View.OnClickListener() {
    @Override
    public void onClick(View arg0) {
    }
};
```

（5）创建数据库创建类 CreateSQLiteDatabase.java，使用 SQL 语句创建数据库表，代码如下。

```
public class CreateSQLiteDatabase  extends SQLiteOpenHelper {
    public CreateSQLiteDatabase(Context context, String name, SQLiteDatabase.CursorFactory factory, int version) {
        super(context, name, factory, version);
    }
    @Override
    public void onCreate(SQLiteDatabase db) {
        String sql = "CREATE TABLE IF NOT EXISTS tb_shopinfo"
                + "(_id INTEGER primary key autoincrement, "
                +"shop_name TEXT,"
                +"shop_address  TEXT,"
                +"shop_price  DOUBLE,"
                +"shop_tel   TEXT)";
        db.execSQL(sql);
    }
```

```
        @Override
        public void onUpgrade(SQLiteDatabase db, int oldVersion, int newVersion) {
        }
}
```

（6）创建数据库访问类 ShopDAO.java，添加类的字段与创建数据库方法，代码如下。

```
String dabaseName;
SQLiteDatabase db;
CreateSQLiteDatabase dabaseHelper;
public void createdb(Context con) {
    dabaseName = "dinner.db";
    // 在构造方法中需要传入 Context 对象
    dabaseHelper = new CreateSQLiteDatabase(con, dabaseName, null, 1);
    try {
        /* 在调用 getWritableDatabase 或 getReadableDatabase 方法时才真正去创建数据库，
        返回一个 SQLiteDatabase 对象 */
        db = dabaseHelper.getWritableDatabase();
        db.disableWriteAheadLogging();
    } catch (Exception e) {
        db = dabaseHelper.getReadableDatabase();
    }
}
```

（7）编写 ShopDAO 类的添加商家信息的 insert 方法，启动程序测试添加商家信息功能，代码如下。

```
// 添加一条商家信息
public String insert(String shopname, String address, String price,String phone) {
    try {
        String sql = "insert into tb_shopinfo(_id,shop_name,shop_address,shop_price,shop_tel) values(?,?,?,?,?)" ;
        /* 所有参数都使用字符串，自动增长字段 [ 即 id 字段 ] 填 null,
          参数顺序与 sql 语句中的？一一对应 */
        Object[] a = {null,shopname,address,Double.parseDouble(price), phone};
        db.execSQL(sql, a);
        return " 添加成功 ";
    } catch (Exception exp) {
        Log.i("sql_error",exp.toString());
        return " 添加失败 ";
    }
}
```

（8）在 MainActivity 中编写定义 ShopDAO 的对象，并在 onCreate 方法中初始化，代码如下。

```
ShopDAO shopDAO=new ShopDAO();
EditText editShopName, editAddress, editPrice,editPhone, editId;
Button btnAdd,btnUpdate,btnDel,btnFind;
@Override
protected void onCreate(Bundle savedInstanceState) {
    super.onCreate(savedInstanceState);
    setContentView(R.layout.activity_main);
    editId = (EditText) findViewById(R.id.editId);
    editShopName= (EditText) findViewById(R.id.editShopName);
    editAddress = (EditText) findViewById(R.id.editAddress);
    editPrice= (EditText) findViewById(R.id.editPrice);
    editPhone= (EditText) findViewById(R.id.editPhone);
```

```
        btnAdd=(Button)findViewById(R.id.btnAdd);
        btnUpdate=(Button)findViewById(R.id.btnUpdate);
        btnDel=(Button)findViewById(R.id.btnDelete);
        btnFind=(Button)findViewById(R.id.btnFind);
        btnAdd.setOnClickListener(btnaddclicklistener);
        btnUpdate.setOnClickListener(btnupdateclicklistener);
        btnDel.setOnClickListener(btndelclicklistener);
        btnFind.setOnClickListener(btnfindgoodsclicklistener);
        shopDAO.createdb(this);       // 创建数据库
    }
```

（9）编写添加按钮的单击事件监听器，代码如下。

```
// 添加按钮的单击事件监听器
View.OnClickListener btnaddclicklistener=new View.OnClickListener() {
    @Override
    public void onClick(View arg0) {
        String shopname = editShopName.getText().toString().trim();
        String shopaddress = editAddress.getText().toString().trim();
        String price=editPrice.getText().toString().trim();
        String phone=editPhone.getText().toString().trim();
        if (shopname == null || shopaddress == null ||  phone== null)
            return;
        Toast.makeText(getApplicationContext(),
                    shopDAO.insert(shopname,shopaddress,price,phone),
                     Toast.LENGTH_SHORT).show();
    }
};
```

（10）启动程序，输入商家数据后，单击“添加”按钮，把数据保存到数据库表中，如图 8-8 所示。

图 8-8　添加商家记录

## 8.2.7 使用 Database Inspector 调试 SQLlite 数据库

（1）运行程序，在开发环境界面底部依次单击“App Inspection”→“Database Inspector”选项卡。首先选中当前运行的手机设备，然后选择当前程序的 package 名称，可以查看该应用程序的数据库和相应的数据表中的数据，可以看到在 8.2.6 中添加的一条数据记录，如图 8-9 所示。

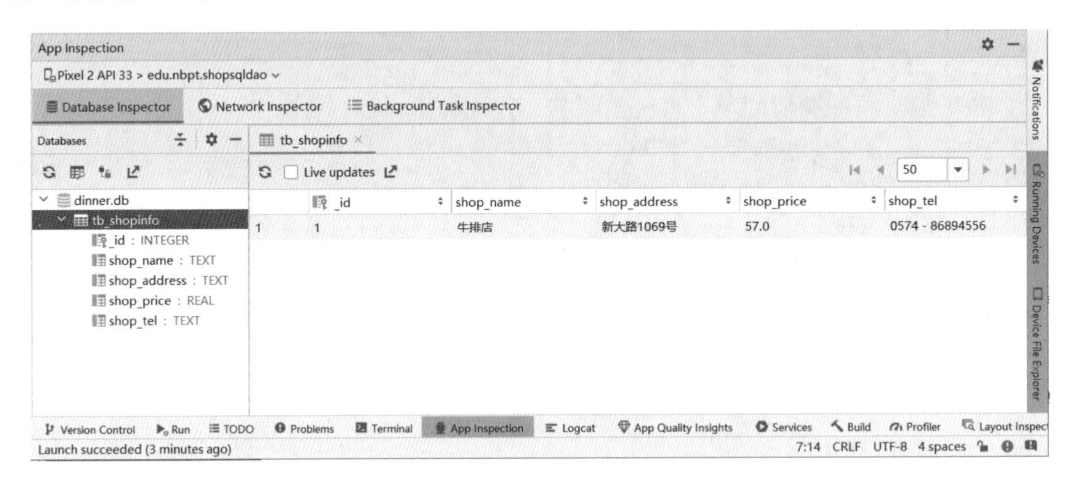


图 8-9 Database Inspector 数据库表显示界面

（2）查询数据库，选择查询数据库的按钮打开查询界面，输入查询的 SQL 语句后，单击“Run”按钮，查询的结果显示在下方的界面中，如图 8-10 所示。

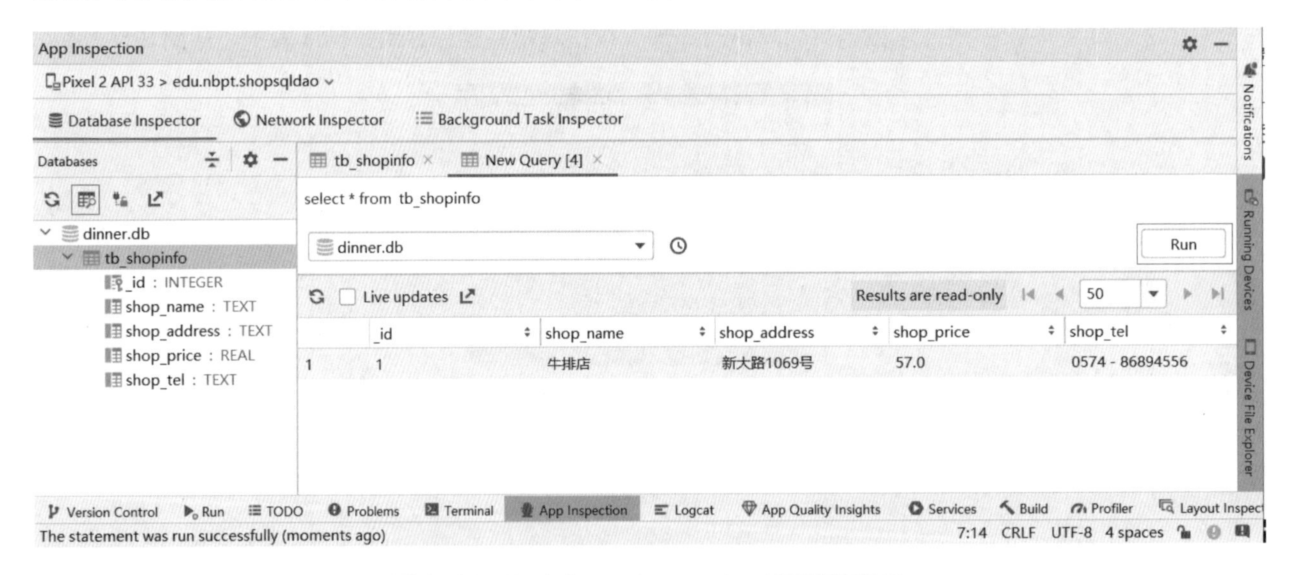


图 8-10 Database Inspector 显示查询结果

## 8.2.8 修改点餐 App 商家信息

（1）编写 ShopDAO 类的修改商家信息的 update 方法，代码如下。

```
// 修改商家信息
public String update(String shopname, String address, String price,String phone, String id) {
    try {
        String sql = "update tb_shopinfo set shop_name=?,shop_address=?,shop_price=?,
        shop_tel=? where _id=?";
        Object[] a = {shopname, address, price, phone, id };
        db.execSQL(sql, a);
        return " 更新成功 ";
    } catch (Exception exp) {
        Log.i("sql_error",exp.toString());
        return " 更新失败 ";
    }
}
```

（2）修改按钮的单击事件监听器，代码如下。

```
// 修改信息按钮的单击事件监听器
View.OnClickListener btnupdateclicklistener=new View.OnClickListener() {
    @Override
    public void onClick(View arg0) {
        String id = editId.getText().toString().trim();
        String shopname = editShopName.getText().toString().trim();
        String shopaddress = editAddress.getText().toString().trim();
        String price=editPrice.getText().toString().trim();
        String phone=editPhone.getText().toString().trim();
        Toast.makeText(getApplicationContext(), shopDAO.update(shopname, shopaddress,price,phone, id),
                    Toast.LENGTH_SHORT).show();
    }
};
```

（3）启动程序，输入修改后的商家信息后单击“修改”按钮，在“ Database Inspector”中查看数据是否有变化。

## 8.2.9 查询点餐 App 商家信息

（1）添加 QueryShopsActivity。

（2）设计对应的布局文件，代码如下。

```
<?xml version="1.0" encoding="utf-8"?>
<LinearLayout xmlns:android="http://schemas.android.com/apk/res/android"
    android:layout_width="match_parent"
    android:layout_height="match_parent"
    android:orientation="vertical" >
    <LinearLayout
        android:layout_width="match_parent"
        android:layout_height="wrap_content" >
        <TextView
            android:layout_width="wrap_content"
            android:layout_height="wrap_content"
            android:text=" 输入店名： " />
        <EditText
            android:id="@+id/editName"
```

```
                android:layout_width="wrap_content"
                android:layout_height="wrap_content"
                android:ems="10" />
        </LinearLayout>
        <LinearLayout
            android:layout_width="match_parent"
            android:layout_height="wrap_content"
            android:orientation="vertical" >
            <Button
                android:id="@+id/btnExactlyQuery"
                android:layout_width="150dip"
                android:layout_height="wrap_content"
                android:text=" 按店名查询 " />
            <Button
                android:id="@+id/btnQueryFuzzy"
                android:layout_width="wrap_content"
                android:layout_height="wrap_content"
                android:text=" 按名称模糊查询 " />
            <Button
                android:id="@+id/btnListAll"
                android:layout_width="150dip"
                android:layout_height="wrap_content"
                android:text=" 显示全部 " />
            <Button
                android:id="@+id/btnBack"
                android:layout_width="150dip"
                android:layout_height="wrap_content"
                android:text=" 返回 " />
        </LinearLayout>
        <ScrollView
            android:layout_width="match_parent"
            android:layout_height="wrap_content"
            android:scrollbarStyle="outsideOverlay" >
            <TextView
                android:id="@+id/tvShopInfo"
                android:layout_width="match_parent"
                android:layout_height="match_parent" />
        </ScrollView>
    </LinearLayout>
```

（3）在 QueryShopsActivity 中初始化按钮事件监听器，代码如下。

```
EditText edit_name;
TextView tvShopInfo;
Button btnExactlyQuery, btnqueryFuzzy, btnlistAll, btnback;
public void onCreate(Bundle savedInstanceState) {
    super.onCreate(savedInstanceState);
    setContentView(R.layout.activity_find_shops);
    edit_name = (EditText) findViewById(R.id.editName);
    tvShopInfo = (TextView) findViewById(R.id.tvShopInfo);
    btnExactlyQuery = (Button) findViewById(R.id.btnExactlyQuery);
    btnqueryFuzzy = (Button) findViewById(R.id.btnQueryFuzzy);
    btnlistAll = (Button) findViewById(R.id.btnListAll);
    btnback = (Button) findViewById(R.id.btnBack);
    btnExactlyQuery.setOnClickListener(btnExactlyQueryClickListener);
```

```
        btnqueryFuzzy.setOnClickListener(btnqueryFuzzyClickListener);
        btnlistAll.setOnClickListener(btnlistAllClickListener);
        btnback.setOnClickListener(btnbackClickListener);
        shopDAO.create(this)// 创建数据库
    }
```

（4）在 MainActivity 中添加查询按钮的单击事件监听器，代码如下。

```
// 查询按钮的单击事件监听器
View.OnClickListener btnfindgoodsclicklistener=new View.OnClickListener() {
    @Override
    public void onClick(View arg0) {
        Intent intent = new Intent(MainActivity.this, QueryShopsActivity.class);
        startActivity(intent);
    }
};
```

（5）QueryShopsActivity 按店名查询 ( 精确查询 ) 的代码如下。

```
OnClickListener btnExactlyQueryClickListener = new OnClickListener() {
    @Override
    public void onClick(View arg0) {
        String resulteString = shopDAO.queryExactly(edit_name.getText() .toString());
        tvShopInfo.setText(resulteString);
    }
};
```

（6）在 ShopDAO 类中编写 queryExactly( 精确查询 ) 方法，代码如下。

```
// 按照名称精确查找 ( 自行拼接 SQL 语句 )
public String queryExactly(String shopname) {
    String sql = "select * from tb_shopinfo where shop_name = " +shopname.trim() + " ";
    return query(sql);
    public void onClick(View arg0) {
        Intent intent = new Intent(MainActivity.this, QueryShopsActivity.class);
        startActivity(intent);
    }
};
```

（7）编写 ShopDAO 类的 query 方法，根据提供的 SQL 语句把查询结果集显示为多行的文本格式，代码如下。

```
// 输入查询语句提交查询，将查询记按行显示，表中记录保存为多行字符串
public String query(String sql) {
    String resultset = "";// 保存查询结果信息
    try {
        /* 调用 SQLiteDatabase 的 rawQuery 方法提交 SQL 语句 ( 仅用于 select 语句 )
        返回的结果为 Cursor 游标对象 cursor*/
        Cursor cursor = db.rawQuery(sql, null);
        //--------------- cursor 的遍历 ---------------
        /* 使用 while 循环逐条读取 cursor 中保存的查询结果记录
        第一次循环是 cursor 指向查询结果的第一条记录 , 调用 moveToNext 方法移动到下一条记录 */
        while (cursor.moveToNext()) {
            // 获取该条记录的第 1 个字段的值 , 即 _id 号
            int id = cursor.getInt(0);
            // 获取该条记录的第 2 个字段的值，即商家名称
```

```
                String shopname = cursor.getString(1);
                String address = cursor.getString(2);
                float price  = cursor.getFloat(3);
                String  tel = cursor.getString(4);
                // 将该条记录的每个字段的值拼接成字符串
                resultset = resultset + "\n" + id + "  " + shopname  + " " +address  + " " +price+ " "+ tel;
            }
            cursor.close();      // 关闭游标
        } catch (Exception exp) {
        }
        return resultset;
    }
```

## 课后任务

（1）实现删除点餐 App 商家信息。

**提示**

编写删除按钮的单击事件监听器，完成 ShopDAO 类的删除商家信息的 delete 方法，启动程序测试删除商家信息功能。

（2）实现按店名模糊查询，显示全部商家信息。

### 科技强国——CMOS 图像传感器的发展

无论是手机、数码相机，还是平板电脑、无人机、运动相机，但凡能拍出数码相片的设备，必然需要一种名为 CMOS 图像传感器的半导体器件。CMOS 图像传感器属于典型的精密电子元器件，该领域一直被发达国家的企业垄断。而在 CMOS 图像传感器榜单中，日本索尼占据接近一半的市场份额，韩国三星由于在手机领域的积累，其 CMOS 图像传感器也拿下了很大的市场，占据第二的位次。市场份额排名第三的美国企业豪威已经被中国企业收购。豪威科技本是一家成立于加利福尼亚的地道的美国半导体企业。一直到 2000 年初，豪威科技还是 CMOS 图像传感器领域中的领头羊，但后来日本索尼和韩国三星开始进入该市场。豪威科技的高端市场逐渐被蚕食瓜分，而低端市场更加竞争不过中国企业和韩国企业。每况愈下的豪威科技甚至彻底失去了苹果手机的图像传感器订单，最终在 2015 年 5 月，被中信资本、北京清芯华创和金石投资等组成的中资财团以 19 亿美元收购，并于 2019 年 5 月几经周折被转手到中国芯片企业韦尔股份。豪威科技成为中国 CMOS 图像传感器领域面向中端市场的定海神针。

在 CMOS 图像传感器全球市场份额排名榜单中还可以看到一家名为 GALAXYCORE 的企业，这其实是中国本土企业格科微。格科微虽然名声没有几家头部企业响亮，但是它却牢牢占据着低端市场的大部分份额。2021 年第一季度全球智能手机 CMOS 芯片出货量数据显示，格科微拿下了 34% 的份额，位居全球首位。

# 参 考 文 献

[1] 林学森．深入理解 Android 内核设计思想 [M]．2 版．北京：人民邮电出版社，2017.

[2] 刘望舒．Android 进阶指北 [M]．北京：电子工业出版社，2020.

[3] 马西卡诺，加德纳，菲利普斯，等．Android 编程权威指南：第 4 版 [M]．王明发，译．北京：人民邮电出版社，2020.

[4] 欧阳燊．Android Studio 开发实战：从零基础到 App 上线 [M]．3 版．北京：清华大学出版社，2022.

[5] 郭霖．第一行代码：Android[M]．3 版．北京：人民邮电出版社，2020.

[6] 李磊，王国辉，刘志铭．Android 开发详解 [M]．长春：吉林大学出版社，2018.